数控铣床（加工中心）编程与图解操作

顾其俊　卢孔宝　编著

机 械 工 业 出 版 社

本书以 FANUC 0i Mate-MD 数控铣削系统为介绍对象，以图解形式为表现手法，主要详解手工编程，同时将数控铣床（加工中心）的基本操作步骤以及常用加工刀具以图解形式做了详细介绍。

本书中的操作画面与实际数控系统画面完全一致，读者按照书中的操作图解步骤结合机床的数控系统，可快速掌握并能自己进行独立操作。

本书适合具有数控铣床（加工中心）的各类企业中相关数控操作与编程技术人员培训、使用，也适合作为各类职业技术院校数控编程与数控实训的教学参考书。

图书在版编目（CIP）数据

数控铣床（加工中心）编程与图解操作/顾其俊，卢孔宝编著．—北京：机械工业出版社，2014.11（2023.3 重印）

ISBN 978-7-111-48373-1

Ⅰ.①数…　Ⅱ.①顾…②卢…　Ⅲ.①数控机床—铣床—程序设计②数控机床—铣床—操作　Ⅳ.①TG547

中国版本图书馆 CIP 数据核字（2014）第 248281 号

机械工业出版社（北京市百万庄大街 22 号　邮政编码 100037）
策划编辑：李万宇　责任编辑：李万宇　张丹丹
版式设计：赵颖喆　责任校对：张　薇
封面设计：马精明　责任印制：常天培
北京机工印刷厂有限公司印刷
2023 年 3 月第 1 版第 11 次印刷
169mm×239mm · 11 印张 · 212 千字
标准书号：ISBN 978-7-111-48373-1
定价：29.00 元

凡购本书，如有缺页、倒页、脱页，由本社发行部调换

电话服务
服务咨询热线：010-88361066
读者购书热线：010-68326294
010-88379203
策划编辑电话：010-88379732

网络服务
机 工 官 网：www.cmpbook.com
机 工 官 博：weibo.com/cmp1952
金 书 网：www.golden-book.com
教育服务网：www.cmpedu.com

前 言

数控机床已经成为21世纪现代制造业的主流装备，随着数控机床的普及，目前企业急需掌握数控机床应用技术的人员。这些人员中除了一些是经过数控技术培训后上岗的生产工人骨干外，其他都是来自高等和中等职业院校的学生。但据了解，与之相配套的、能够满足职业院校学生学习的、数控机床操作与实习相配套的、实践性强的教材却很少。

为了满足高素质高技能型人才培养的需要，本书着重介绍了现代数控机床的编程与操作方法。在内容选择上，采用了大量与数控系统完全相同的图片，使这本书变得非常通俗易懂，很适合学生及企业初学人员；在数控系统介绍方面，以目前国内高等和中等职业院校以及大多数企业中数控铣床（加工中心）常用的FANUC 0i Mate-MD数控铣削系统为主。该系统的教材目前已出版的几乎没有。本书中理论编程部分内容由浅入深、要点难点突出且例题充分、翔实。为方便学生和企业员工编程训练，本书第5章还配有一定量的编程加工练习题图样。

本书第1、2、3章由浙江机电职业技术学院从事数控机床理论教学和实际机床操作加工十多年的顾其俊老师编著，第4、5章由浙江水利水电学院卢孔宝老师编著。在本书编著过程中，浙江机电职业技术学院的叶俊老师也提出了许多宝贵意见。

本书在编写时参考了北京发那科机电有限公司的数控系统操作和编程说明书，同时也参照了部分同行的书籍，编者在此也表示衷心的感谢。

本书可作为从事数控加工的企业员工的学习和提高用书，也可作为各类高等、中等职业院校数控编程与数控实训教材。

本书在编写时虽然力求完善并经过反复校对，但因编者水平有限，书中难免存在不足和疏漏之处，敬请广大读者批评指正，以便进一步修改。也欢迎大家加强交流，一同进步。

编著者邮箱：guqj11@ aliyun. com。

编著者

目录

第4章 数控铣床（加工中心）的操作加工示例

第5章 数控铣床（加工中心）编程练习题

附 录

参考文献

第 1 章

数控铣床（加工中心）基础知识

数控铣床（加工中心）是一种加工功能很强的数控机床，就连柔性加工单元等目前迅速发展起来的数控机床都是在数控铣床（加工中心）和数控镗床的基础上产生的，这两者都离不开铣削加工方式。

1.1 数控铣床（加工中心）的结构、组成与工作原理

数控铣床（加工中心）一般为轮廓控制（也称连续控制）机床，控制的联动轴数一般为 2.5 或 3 轴。数控铣床（加工中心）除了具有普通铣床所具有的功能外，由于控制方式上实现了数字化自动控制，可完成平面、曲面轮廓零件加工，还可以加工复杂型面的零件。

1.1.1 数控铣床（加工中心）的分类

1. 按数控铣床（加工中心）主轴的位置分类

（1）立式数控铣床（加工中心）

立式数控铣床（加工中心）是铣床中最常见的一种布局形式，主轴轴线与水平面垂直，其结构形式多为固定立柱式，工作台为长方形，主轴上装刀具，主轴带动刀具做旋转的主运动，工件装于工作台上，工作台移动带动工件做进给运动，适合加工盘、套、板类零件，如图 1-1a 所示。

立式数控铣床（加工中心）在数量上一直占据数控铣床（加工中心）的大多数，应用范围也最广。从数控铣床（加工中心）控制的坐标数量来看，目前三坐标数控立式铣床（加工中心）仍占大多数，无分度回转功能，大都可进行三坐标联动加工，但也有部分机床只能进行 3 个坐标中的任意两个坐标联动加工（常称为 2.5 坐标加工）。一般具有 3 个直线运动坐标，并可在工作台上安装一个水平轴的数控回转台，用来加工螺旋线零件。

立式数控铣床（加工中心）装夹工件方便、便于操作、易于观察加工情况，但加工时切屑不易排除，且受立柱高度和换刀装置的限制，不能加工太高的零件。

立式数控铣床（加工中心）的结构简单、占地面积小、价格相对较低，因而

应用广泛。

a)

b)

图 1-1 数控铣床（加工中心）
a）立式数控铣床（加工中心） b）卧式数控铣床（加工中心）

（2）卧式数控铣床（加工中心）

卧式数控铣床（加工中心）的主轴轴线与工作台面平行（即水平状态设置），主要用来加工箱体类零件，如图 1-1b 所示。为了扩大加工范围和扩充功能，卧式数控铣床（加工中心）通常采用增加数控转盘或万能数控转盘来实现 4、5 坐标加工。这样，不但工件侧面上的连续回转轮廓可以加工出来，而且可以实现在一次安装中，通过转盘改变工位，进行“4 面加工”。

卧式数控铣床（加工中心）调试程序及试切时不便观察，加工时不便监视，零件装夹和测量不方便，但加工时排屑容易，对加工有利。

与立式数控铣床（加工中心）相比，卧式数控铣床（加工中心）的结构复杂，占地面积大，价格也较高。

（3）立、卧两用数控铣床（加工中心）

立、卧两用数控铣床（加工中心）的主轴轴线可以变换，使一台铣床具备立式数控铣床（加工中心）和卧式数控铣床（加工中心）的功能，如图 1-2 所示。目前，这类数控铣床（加工中心）已不多见。由于这类铣床的主轴方向可以更换，能达到在一台机床上既可以进行立式加工，又可以进行卧式加工，所以其使用范围更广，功能更全，选择加工对象的余地更大，且给用户带来不少方便。特别是生产批量小，品种较多，又需要立、卧两种方式加工时，用户只需买一台这样的机床就可以了。

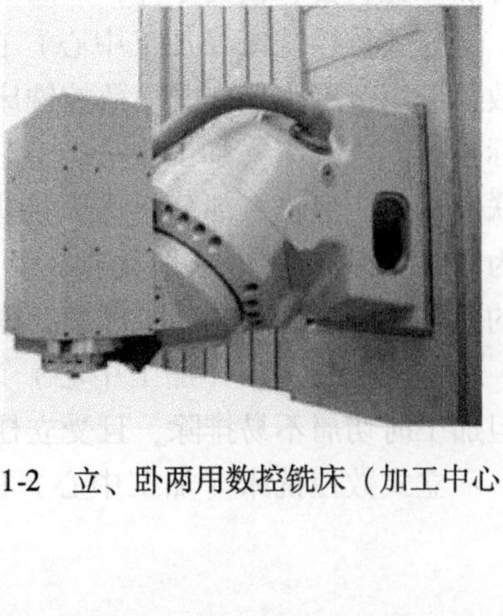

图 1-2 立、卧两用数控铣床（加工中心）

2. 按数控铣床（加工中心）构造分类

（1）工作台升降式数控铣床（加工中心）

工作台升降式数控铣床（加工中心）采用工作台移动、升降，而主轴不动的方式。小型数控铣床（加工中心）一般采用此种方式。

（2）主轴头升降式数控铣床（加工中心）

主轴头升降式数控铣床（加工中心）采用工作台纵向和横向移动，且主轴沿垂向溜板上下运动；主轴头升降式数控铣床（加工中心）在精度保持、承载重量、系统构成等方面具有很多优点，已成为数控铣床（加工中心）的主流。

（3）龙门式数控铣床（加工中心）

龙门式数控铣床（加工中心）主轴可以在龙门架的横向与垂向溜板上运动，而龙门架则沿床身做纵向运动。大型数控铣床（加工中心），因要考虑扩大行程、缩小占地面积和刚性等技术上的问题，往往采用龙门架移动式，如图 1-3 所示。

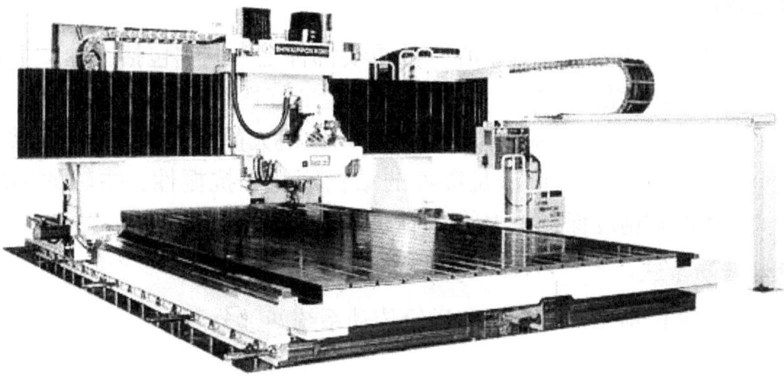

图 1-3　龙门式数控铣床

1.1.2　数控铣床（加工中心）的组成

数控铣床（加工中心）具有自动化程度高、加工精度高和生产效率高等优点。为与之相适应，就要求数控铣床（加工中心）的结构具有高刚度、高灵敏度、高抗振性、热变形小、精度保持性好和高可靠性等优点。数控铣床（加工中心）总体上是由以下几部分组成。

1. 数控系统

数控系统是数控铣床（加工中心）的核心部分，它指挥数控铣床（加工中心）完成各项功能，保证加工的顺利进行。数控系统由计算机数控装置、可编程序控制器、伺服驱动系统等组成。

2. 基础部件

基础部件主要是指床身、立柱、工作台等，它是数控铣床（加工中心）的基础结构，主要承担数控铣床（加工中心）的静载荷和加工时产生的切削负载。因此必须具备极高的刚度，也是数控铣床（加工中心）中质量和体积最大的部件。

工作台是数控铣床（加工中心）的重要部件，其形式尺寸往往体现了数控铣床（加工中心）的规格和性能。数控铣床（加工中心）一般采用上表面带有 T 形槽的矩形工作台。T 形槽主要用来协助装夹工件，不同工作台的 T 形槽的深度和宽度不一定相同。数控铣床（加工中心）工作台的四周往往带有凹槽，以便于冷却液的回流和金属屑的清除。

某些卧式数控铣床（加工中心）还附带有分度工作台或数控回转工作台。分度工作台一般都用 T 形螺钉紧固在铣床的工作台上，可使工件回转一定角度。数控回转工作台主要出现在多坐标控制卧式数控铣床中，其分度工作由数控指令完成，增加了机床的自动化程度。

3. 主轴部件

主轴部件是数控铣床（加工中心）的重要部件之一，它包括主轴、主轴支承、主轴准停装置、主轴端部结构等。主轴部件质量的好坏直接影响加工质量，不同的数控铣床（加工中心）在主轴结构上有些区别，但大同小异。不管哪类数控铣床（加工中心），其主轴部件都应满足部件的结构刚度和抗振性、主轴的回转精度、热稳定性、耐磨性和精度保持能力等几个方面的要求。

4. 运动传动系统

运动传动系统包括主传动系统和进给传动系统两部分。

(1) 主传动系统

主传动系统是传递切削转速和功率的装置，主要保证主轴有足够的转速范围、足够的功率及转矩。数控铣床（加工中心）的主轴电动机主要采用直流主轴电动机和交流主轴电动机，实现主运动的无级调速。

直流主轴伺服电动机的研制较早，驱动技术成熟，使用比较普及；但电刷结构容易烧毁，必须定期维修。近年来，新一代高功率交流电动机研制成功、交流变频技术的发展，且交流主轴电动机具有没有电刷结构、不产生火花，维护方便和使用寿命长等优点，使交流主轴电动机应用更加广泛，逐渐成为数控铣床主传动系统的主要驱动元件。

无级变速是指主轴转速直接由主轴电动机的变速来实现，其配置方式通常有两种。

1）主轴电动机通过带传动驱动主轴转动。这种传动方式在加工过程中传动平稳、噪声小，但主轴输出转矩较小，因而主要用于小型数控铣床上。

2）主轴电动机直接驱动主轴转动。这种传动方式大大简化了主轴箱与主轴的结构，有效地提高了主轴部件的刚度。这种传动方式同样存在主轴输出转矩小的缺点，且电动机的发热对主轴精度影响较大，所以主要用于小型数控铣床。

注：在无级变速中目前还有一种分段无级变速，主要用在大中型数控铣床和部分要求强切削力的小型数控铣床中。为了满足加工转矩的要求，在无级变速的基础上增加齿轮变速机构，使之成为分段无级变速。

（2）进给传动系统

数控铣床（加工中心）进给传动系统是把进给伺服电动机的旋转运动转变为工作台或刀架的直线运动的机械结构，如图 1-4 所示，其性能好坏直接影响工件的加工精度。大部分数控铣床（加工中心）的进给传动系统都包括齿轮传动副、滚珠丝杠螺母副以及导轨等。

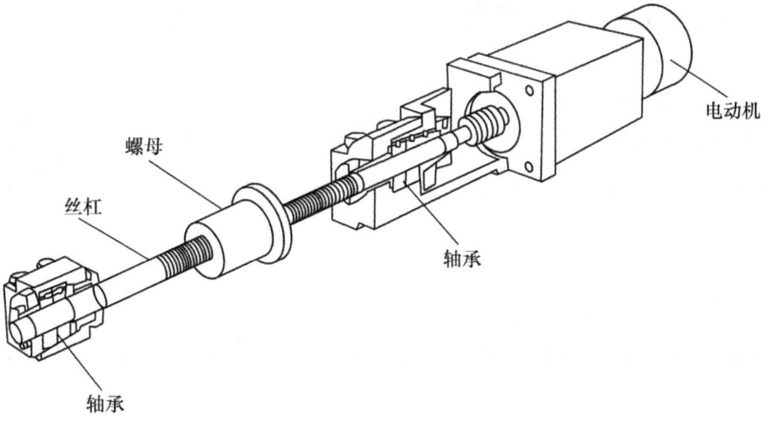

图 1-4　伺服进给系统

5. 自动换刀装置（ATC）

自动换刀装置是加工中心区别于其他机床的主要标志，由刀库、机械手等组成。自动换刀装置应当满足换刀时间短、刀具重复定位精度高、具有足够的刀具储存量、刀库占地面积小等基本要求。

6. 辅助装置

辅助装置包括液压系统、气动系统、润滑系统、冷却系统等。它们虽然没有直接参与切削运动，但对加工中心的效率、加工精度和可靠性起着保障作用，是数控铣床（加工中心）中不可忽略的部分。

1.2　数控铣床（加工中心）的坐标轴与坐标系

在数控铣床（加工中心）上，为了使机床和系统可以按照给定的位置加工，简化编程、保证程序的通用性，并使所编程序具有互换性，人们对数控机床的坐标轴和方向命名制订了统一的标准。

1.2.1 机床坐标轴及其相互关系

基本坐标轴——国家标准规定直线进给坐标轴用X、Y、Z表示。

右手直角笛卡儿法则——X、Y、Z坐标轴的相互关系符合右手直角笛卡儿法则。如图1-5所示，右手的大拇指、食指和中指保持相互垂直，拇指的指向为X轴的正方向，食指指向Y轴的正方向，中指指向Z轴的正方向。

围绕X、Y、Z轴旋转的圆周进给坐标轴分别用A、B、C表示，根据右手螺旋定则，分别以大拇指指向+X、+Y、+Z方向，其余四指则分别指向+A、+B、+C轴的旋转方向。即三旋转轴的正方向皆定义为顺着移动轴正方向看，顺时针回转为正，逆时针回转为负。

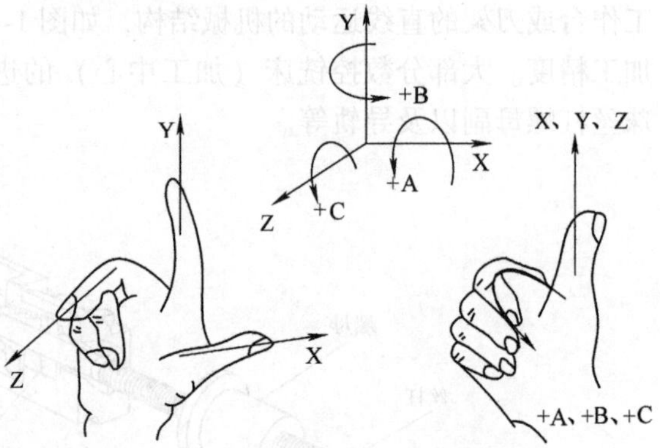

图1-5 右手直角笛卡儿坐标系

对数控铣床坐标系的坐标轴、坐标原点、运动方向规定如下：

1）数控机床的坐标轴及其运动方向。X、Y、Z坐标轴的相互关系用右手定则决定。

2）数控机床的进给运动有的由主轴带动刀具运动来实现，有的由工作台带动工件运动来实现，上述坐标轴正方向，是假定工件不动，刀具相对于工件做进给运动的方向。编程人员在编程过程中也是按照刀具相对工件的运动来进行编程的。

3）对于工件运动而不是刀具运动的机床，必须将前述条件作为刀具运动所做的规定，做相反的安排。

4）由于数控铣床有立式和卧式之分，所以机床坐标轴的方向也因其布局的不同而不同。

1.2.2 机床坐标轴的方向

机床坐标轴的方向取决于机床的类型和各组成部分的布局，通常有以下规律。

1. Z轴

通常把传递切削力的主轴定为Z轴。对于工件旋转的机床（如数控车床、磨床等），工件转动的轴为Z轴；对于刀具旋转的机床（如数控镗床、铣床、钻床等），刀具转动的轴为Z轴，如图1-6所示。Z轴的正方向取刀具远离工件的方向。

2. X轴

X轴一般平行于工件装夹面且与Z轴垂直。对于工件旋转的机床（如数控车床、磨床等），X坐标的方向是在工件的径向上，且平行于横向滑座，刀具远离工件旋转中心的方向为X轴的正向；对于刀具旋转的机床（如数控铣床、镗床、钻床等），若Z轴是垂直的，面对刀具主轴向立柱看时，X轴正向指向右；若Z轴是水平的，当从主轴向工件看时，X轴正向指向右。

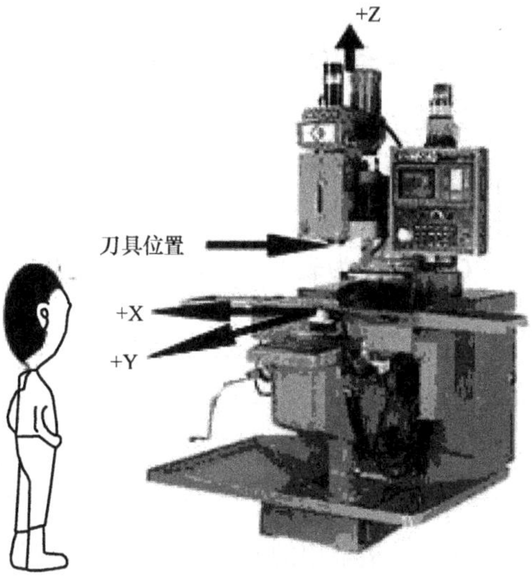

图1-6　立式数控铣床坐标系

3. Y轴

利用已确定的X、Z坐标的正方向，用右手直角笛卡儿法则或右手螺旋定则，确定Y轴的正方向。

右手直角笛卡儿法则：大拇指指向+X，中指指向+Z，则+Y方向为食指指向。

右手螺旋定则：在X Z平面，从Z至X，大拇指所指的方向为+Y。

1.2.3　机床坐标系与工件坐标系

1. 机床坐标系

为了确定机床的运动方向和移动距离，要在机床上建立一个坐标系，该坐标系称为机床坐标系，也称为标准坐标系。机床坐标系是确定工件位置和机床运动的基本坐标系，是机床固有的坐标系。

2. 工件坐标系

工件坐标系是编程人员在编写程序时根据零件图样及加工工艺，以工件上某一固定点为零点建立的笛卡儿坐标系，其原点即为工件原点。

一般应遵循如下原则：

1）尽可能将工件原点选择在工艺定位基准上。

2）尽量将工件原点选择在零件的尺寸基准上。

3）尽量选在精度较高的工件表面上，以提高被加工零件的加工精度。

4）对于对称零件，应设在对称中心上。

5）对于卧式加工中心，最好把工件原点设在回转中心上。

6）应将刀具起点和编程原点设在同一处。

1.3 FANUC 0i-MD 数控系统指令表

1.3.1 准备功能（G 功能）

准备功能（G 功能）是命令机械准备以何种方式切削加工或移动。以位址 G 后面接 2 位数字组成，其范围为 G00 ~ G99，不同的 G 功能代表不同的意义与不同的动作方式。

G 代码分为表 1-1 中列举的两种类型。

表 1-1 G 代码的两种类型

类　型	含　义
单一 G 代码	该 G 代码只在指定的单节有效
模态 G 代码	该 G 代码在另一个同一群 G 码指定前一直有效

表 1-2 是常用的 G 功能，字母 G 跟一个数字决定所涉及的单节的含义。

表 1-2 G 功能代码表

<table>
<tr><th>G 代码</th><th>组　别</th><th colspan="2">功　能</th></tr>
<tr><td>★G00</td><td rowspan="4">01</td><td colspan="2">定位</td></tr>
<tr><td>G01</td><td colspan="2">直线插补</td></tr>
<tr><td>G02</td><td colspan="2">顺时针圆弧插补/螺旋线插补</td></tr>
<tr><td>G03</td><td colspan="2">逆时针圆弧插补/螺旋线插补</td></tr>
<tr><td>G04</td><td rowspan="6">00</td><td colspan="2">暂停，确实停止</td></tr>
<tr><td>G05</td><td colspan="2">高速循环加工</td></tr>
<tr><td>G07.1（G107）</td><td colspan="2">圆柱插补</td></tr>
<tr><td>G09</td><td colspan="2">确实停止</td></tr>
<tr><td>G10</td><td colspan="2">数据设定</td></tr>
<tr><td>G11</td><td colspan="2">数据设定取消</td></tr>
<tr><td>G12.1（G112）</td><td rowspan="2">25</td><td colspan="2">极坐标插补模式</td></tr>
<tr><td>G13.1（G113）</td><td colspan="2">极坐标插补模式取消</td></tr>
<tr><td>★G15</td><td>17</td><td colspan="2">极坐标指令取消</td></tr>
<tr><td>G16</td><td>17</td><td colspan="2">极坐标指令</td></tr>
<tr><td>★G17</td><td rowspan="3">02</td><td>选择 X_pY_p 平面</td><td>X_p：X 轴或平行于 X 轴</td></tr>
<tr><td>G18</td><td>选择 Z_pX_p 平面</td><td>Y_p：Y 轴或平行于 Y 轴</td></tr>
<tr><td>G19</td><td>选择 Y_pZ_p 平面</td><td>Z_p：Z 轴或平行于 Z 轴</td></tr>
</table>

（续）

G代码	组别	功能
G20	06	英制输入
G21		米制输入
★G22	04	存储行程检查开
G23		存储行程检查关
G27	00	原点返回检查
G28		原点返回
G29		从参考位置返回
G30		第二、三、四原点返回
G30.1		浮动原点返回
G31		跳跃功能
G33	01	螺纹切削
G37	00	自动刀具长度测量
G39		圆弧插补转角偏移量
★G40	07	刀具半径补偿取消
G41		刀具半径左补偿
G42		刀具半径右补偿
★G40.1（G150）	19	通常方向控制取消模式
G41.1（G151）		通常方向控制左边开
G42.1（G152）		通常方向控制右边开
G43	08	刀具长度正向补偿
G44		刀具长度负向补偿
G45	00	刀具偏移量增加
G46		刀具偏移量缩小
G47		刀具偏移量双倍增加
G48		刀具偏移量双倍缩小
★G49	08	刀具长度补偿取消
★G50	11	比例取消
G51		比例
★G50.1	18	可编程镜像取消
G51.1		可编程镜像
G52	00	局部坐标系设定
G53		机床坐标系

（续）

G代码	组　别	功　能
★G54	14	工件坐标系1
G54.1		附加工件坐标系
G55	14	工件坐标系2
G56		工件坐标系3
G57		工件坐标系4
G58		工件坐标系5
G59		工件坐标系6
G60	00	单向定位
G61	15	停止检查模式
G62		自动转角超弛
G63		攻螺纹模式
★G64		切削模式
G65	00	巨指令呼叫
G66	12	模态巨指令呼叫
★G67		模态巨指令呼叫取消
G68	16	坐标系旋转
★G69		坐标系旋转取消
G73	09	啄进钻孔循环
G74		左螺纹攻螺纹循环
G76	09	精镗孔循环
★G80	09	固定循环取消/外部操作功能取消
G81		钻孔循环
G82		钻孔或反镗孔循环
G83		啄进钻孔循环
G84		攻螺纹循环
G85		镗孔循环
G86		镗孔循环
G87		反镗孔循环
G88		镗孔循环
G89		镗孔循环
★G90	03	绝对坐标指令
G91		相对坐标指令

（续）

G 代码	组　别	功　能
G92	00	设定工件坐标系/或钳住主轴最高转速
★G94	05	每分钟进给
G95		每转进给
G96	13	恒定表面速度控制
★G97		恒定表面速度控制取消
★G98	10	固定循环初始点返回
G99		固定循环 R 点返回

提示：

1）标有★的 G 代码是开机时初始状态的 G 代码。G20 和 G21 是保持关机前状态的 G 代码。G00/G01/G17/G18/G19 可以由参数（No. 3402）的设定来选择。

2）00 组的 G 代码是单一 G 代码。G10 是一次设定，在 G11 取消设定之前一直有效。

3）如果输入了不在 G 代码表中的 G 代码，或者选择了在系统中没有指定的 G 代码，会显示报警 No. 010。

4）在同一单节中可以指定几个 G 代码。在同一单节指定同一组 G 代码超过一个时，最后指定的 G 代码有效。

5）如果在固定循环中指定了 01 组的 G 代码，则固定循环自动取消即 G80 输入。总之，01 组的 G 代码在任一固定循环的 G 代码中是无效的。

1.3.2　辅助功能（M 功能）

辅助功能（M 功能）的范围由 M00 至 M99，不同的 M 功能代表不同的动作，见表 1-3。通常 M 功能除某些有通用性的标准码外（如 M03、M05、M08、M09、M30 等），也可由制造厂商根据机械动作要求，设计出不同的 M 指令，控制不同的开/关动作。

提示：

在同一段程序中若有两个 M 功能同时出现，虽然其动作不相冲突，但排列在最后面的 M 功能有效，前面的 M 功能皆忽略不执行。

表 1-3　M 功能代码表

M 代码	功　能
M00	程序停止
M01	选择单节停止
M02	程序结束
M03	主轴顺时针旋转

（续）

M代码	功　能
M04	主轴逆时针旋转
M05	主轴旋转停止
M06	自动刀具交换
M07	切削液2开（通过主轴/刀具冷却）
M08	切削液1开（喷射冷却）
M09	切削液1、2、3关
M10	工作台（B轴）锁紧
M11	工作台（B轴）松开
M12	喷淋冷却开
M13	切削液4开（间歇冷却）
M19	主轴定位
M29	刚性攻螺纹
M30	程序结束并返回
M34	刀具数据比较开
M35	刀具数据比较关
M46	间歇冷却30s停止
M48	超弛100%锁住
M49	超弛100%锁住取消
M60	自动梭台交换
M61	梭台1使用
M62	梭台2使用
M68	主轴刀具锁紧
M69	主轴刀具松开
M80	镜像取消
M81	X轴镜像
M82	Y轴镜像
M84	主轴停止轴移动有效
M85	主轴停止轴移动无效
M98	呼叫子程序
M99	呼叫子程序结束

1.3.3　主轴转速功能（S功能）

主轴转速功能（S功能）用于指定主轴的回转转速数值（r/min）。S功能以地址S后面接相应数字组成。当指令的数值大于或小于制造厂家所设定的最高或最低转速时，将以厂家所设定的最高或最低转速为实际转速。一般数控铣床（加工中心）的转速为 0 ~ 6000r/min。

在操作中为了实际加工条件的需要，也可由机床操作面板上的“主轴转速倍率”旋钮来调整主轴实际转速。

S 指令只是设定主轴转速大小，并不会使主轴回转，需待有 M03（主轴正转）或 M04（主轴反转）指令时，主轴才开始旋转。

如：S1000 M03；主轴以 1000r/min 的转速沿顺时针方向旋转。

主转转速计算公式为：

$$S = 1000V/(\pi D)$$

式中　S——主轴转速（r/min）；

V——切削速度（m/min）；

D——刀具直径（mm）；

π——圆周率 3.14。

1.3.4　刀具功能（T 功能）

刀具功能（T 功能）是以地址 T 后面接 2 位数字组成的。数控铣床无自动换刀装置（ATC），因此必须用手换刀，所以 T 功能是用于加工中心的。

机床的刀具库有两种：一种是圆盘型，另一种为键条型。换刀的方式分无臂式（即无换刀机械手）如图 1-7 所示和有臂式（即有换刀机械手）如图 1-8 所示两种。

图 1-7　无臂式刀库

图 1-8　有臂式刀库

无臂式换刀方式是刀具库靠向主轴，先卸下主轴上的刀具，再旋转至欲换的刀具位，主轴下降将刀具装上主轴，刀库离开主轴。此种刀具库大都用于圆盘型较多，且是固定刀号式（即 1 号刀必须插回 1 号刀具库内），故换刀指令的书写方式如下：

M06 T02；

其中 M06 为换刀指令，执行时，主轴上的刀具先装回刀具库，再旋转至 2 号刀，将 2 号刀装上主轴孔内。

执行刀具交换时，并非刀具在任何位置均可交换，各制造厂商依其设计不同，均在一安全位置，实施刀具交换动作，以避免与床台、工件发生碰撞。Z 轴的机械原点位置是离工件最远的安全位置，故一般以 Z 轴先回归机械原点后，才能执行换刀指令。

1.3.5 进给速率功能（F 功能）

进给速率功能（F 功能）用于控制刀具移动时的速率，如图 1-9 所示。F 后面所接数值代表每分钟刀具的进给量，单位为 mm/min。

F 功能指令值如超过制造厂家所设定的范围，则以厂家所设定的最高或最低进给率为实际进给率。

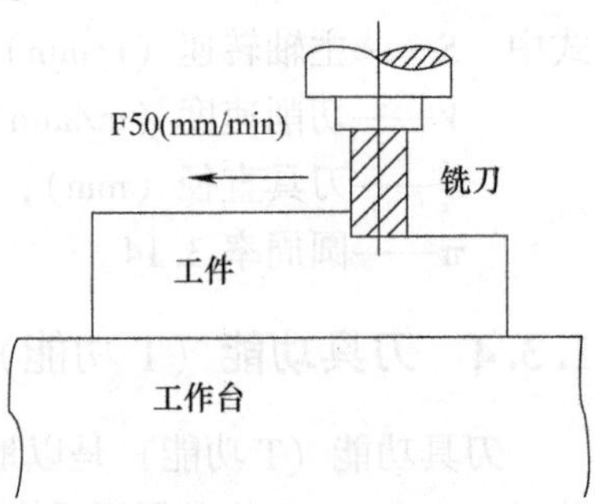

图 1-9 F 功能示意图

在操作中为了实际加工条件的需要，也可由机床操作面板上的“切削进给倍率”旋钮来调整机床实际进给率。

F 功能一经设定后如未被重新指定，则表示先前所设定的进给率继续有效。

F 功能的数值计算公式为

$$F = F_z \times Z \times S$$

式中 F_z——铣刀每刃的进给量（mm）；

Z——铣刀的刀刃数；

S——刀具的转速（r/min）。

1.4 数控铣床（加工中心）基本编程指令图解与分析

1.4.1 坐标系指令

1. 机床坐标系指令（G53）

机床坐标系是由机床厂家在生产机床时所确定的固有坐标系，其原点称为机械零点，是通过“回参考点”建立的机床坐标系。也可以用 G 代码指令 G53 进行选择，指令格式为

G53 X$\underline{x}$ Y$\underline{y}$ Z$\underline{z}$;

执行该指令可以将刀具移动到机床坐标系中指令指定的位置（x、y、z）点上。

提示：

1）该指令只能在机床进行了“回参考点”动作后才能使用。

2）采用绝对位置检测元件的数控机床（即不需要回参考点的数控机床），开

机后能直接运用该指令进行选择。

3）该指令是单段有效指令，仅在程序段中有效。

2. 工件坐标系选择指令（G54 ~ G59）

机床坐标系的建立保证了刀具在机床上的正确运动。但是，加工程序的编制通常是针对某一工件，而且是根据零件图样进行编程的，为了便于尺寸计算、检查，加工程序的坐标原点一般都与零件图样的尺寸基准相一致。这种针对某一工件，根据零件图样建立的坐标系称为工件坐标系。

考虑到数控铣床（加工中心）机床有同时装夹多个零件进行加工的需要，在数控机床上，一般都允许建立多个工件坐标系。不同的工件坐标系，可以同时在机床上存在，加工时通过不同的指令进行工件坐标系的选择，如图 1-10 所示。

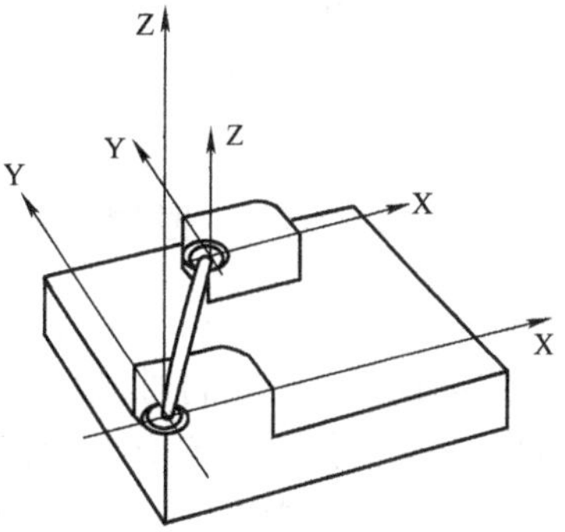

图 1-10　多个工件坐标系的建立

工件坐标系坐标轴的方向和机床坐标系坐标轴方向相同，但坐标原点不同。

为了保证加工程序能正确执行，必须明确工件坐标系和机床坐标系的相互关系，这一过程称为建立工件坐标系。

在数控铣床（加工中心）系统中，可以通过 CRT/MDI 面板设定 G54 ~ G59 这 6 个工件坐标系，使用时选择 6 个坐标系中的一个或多个，如图 1-11 所示。

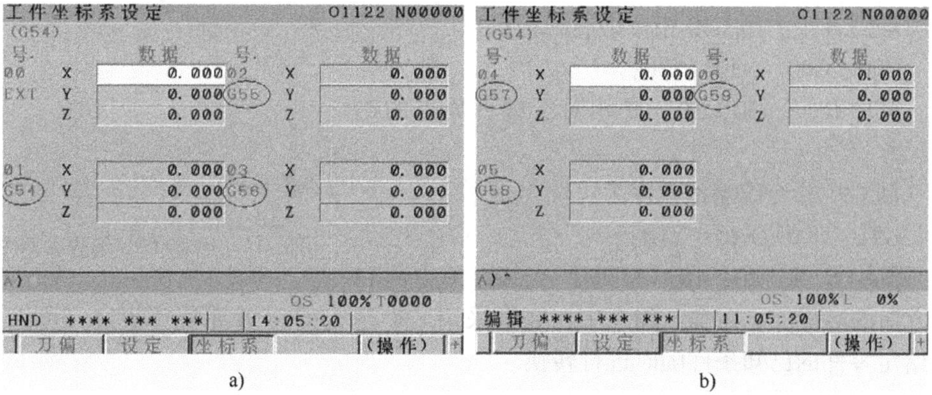

图 1-11　工件坐标系设定画面

1.4.2　英制/米制转换指令（G20/G21）

G20：设定程序以“in”为单位，最小数值 0.0001in。

G21：设定程序以“mm”为单位，最小数值0.001mm。

我国采用米制单位，故数控铣床（加工中心）一开机即自动设定为米制单位“mm”。程序中不需再指令G21。但若欲加工以“in”为单位的工件，则程序的第一行必须先使用G20指令，这样以下所指令的坐标值、进给速率、螺纹导程、刀具半径补偿值、刀具长度补偿值、手摇脉冲发生器（即手轮）每格的单位值等皆被设定为英制单位。

提示：

1）G20或G21通常单独使用，不和其他指令一起出现在同一程序段中，且应位于程序的第一行。

2）同一程序中，只能使用一种单位，不可米制、英制混合使用。

3）刀具补偿值及其他有关数值均需随单位系统改变而重新设定。

1.4.3 绝对式、增量式编程（G90、G91）

在数控铣床（加工中心）上，作为刀具移动量的制订方法有绝对式编程和增量式编程两种，它们通过G代码指令G90和G91进行选择。绝对式编程程序段中的运动坐标数字为绝对坐标值，即相对于工件零点的坐标值，用G90进行指令。增量式编程是指直接指定刀具移动量的编程方法，它是以刀具现在位置作为基准，给出相对位置值，用G91进行指令。

绝对值指令格式为G90　X*x*　Y*y*　Z*z*；

增量值指令格式为G91　X*x*　Y*y*　Z*z*；

如图1-12所示的情况，若要求刀具从*A*点快速移动到*B*点，用G90指令编制的程序为

G90　G00　X30　Y30；

其中*B*点（30，30）是相对于编程原点的绝对尺寸。

用G91指令编制的程序为

G91　G00　X20　Y10；

其中*B*点（20，10）相对于*A*点的X方向和Y方向的增量值。在实际编程中，究竟采用G90还是G91并无特殊规定，可以根据给定零件的已知条件随时进行转换。

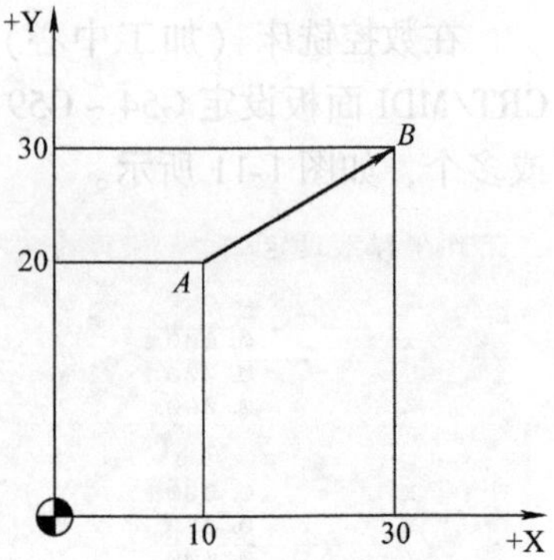

图1-12　绝对/增量编程举例图

1.4.4 基本移动指令编程

1. 快速定位指令（G00）

G00指令是使刀具（用绝对指令或相对指令）快速移到系统指定的加工位置。

指令格式为G00　X*x*　Y*y*　Z*z*；

G00 为模态指令（即持续有效指令）。在绝对值编程方式下，x、y、z 代表刀具的运动终点坐标为（x，y，z）；在增量值编程方式下，则代表了 X、Y、Z 轴分别运动 x、y、z 距离，程序中 G00 也可以用 G0 表示。

执行 G00 指令刀具的移动轨迹可以是直线型和非直线型两种，这取决于系统或机床参数的设置，如图 1-13 所示。

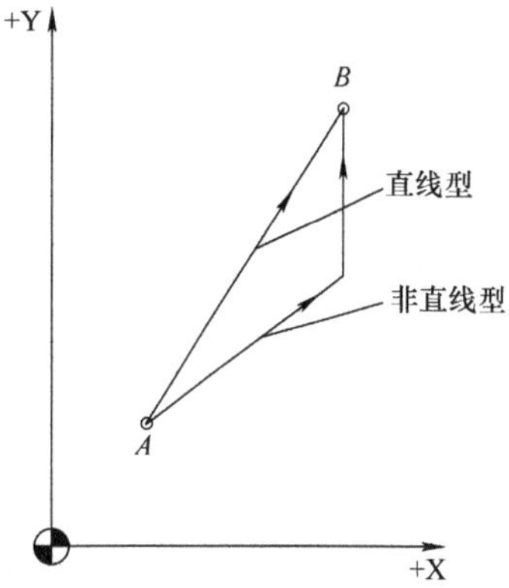

图 1-13　G00 移动轨迹

1）直线型定位。直线型定位的移动轨迹是连接起点和终点的直线。其中，移动距离最短的坐标轴按快进速度运动，其余的坐标轴按移动距离的大小相应减小，保证各坐标轴同时到达终点。

2）非直线型定位。非直线型定位的移动轨迹是一条各坐标轴都快速运动而形成的折线。

应用举例：

如图 1-14 所示，刀具由 A 点快速定位至 B 点，用绝对值表示为

G90　G00　X55　Y20；

用增量值表示为

G91　G00　X35　Y－30；

提示：

1）G00 指令格式中可根据要求实现 3 轴同动或 2 轴同动或单轴移动。

2）快速移动的速率可由机床操作面板上的“快速进给率”旋钮调整，并非由 F 功能指定。

2. 直线插补（G01）

执行 G01 指令，结合绝对指令或相对指令，刀具按照规定的进给速度沿直线移动到终点。指令格式为

G01　X<u>x</u>　Y<u>y</u>　Z<u>z</u>　F<u>f</u>；

G01 为模态指令。与 G00 相同，在绝对式编程时，x、y、z 代表刀具的运动终点坐标为（x、y、z）；在增量式编程时，则代表 X、Y、Z 轴分别运动 x、y、z 距离，程序中 G01 亦可以用 G1 表示。F 值为指定切削时的进给速率，单位为 mm/min。

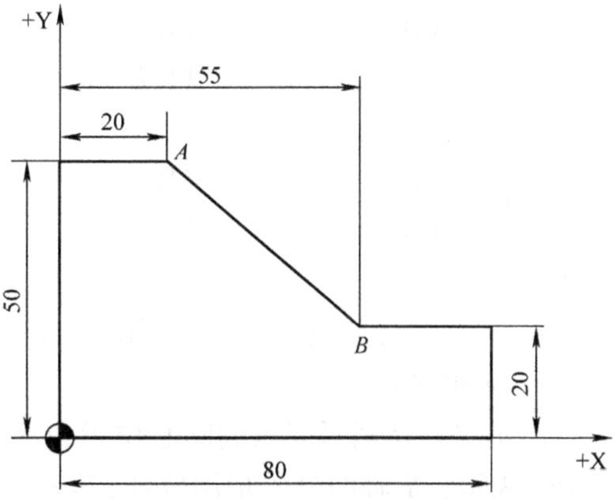

图 1-14　G01 加工举例

应用举例：

以图 1-14 为例，假设刀具由程序原点向上铣削轮廓外形直至 *A* 点。

程序如下：

```
…
G90  G01  Y50  F100;
X20;
…
```

提示：

1）G01 指令格式中可根据加工要求实现 3 轴同动或 2 轴同动或单轴移动。

2）F 功能是持续有效指令（即在指定新的 F 值以前，该指令一直有效），故切削速率相同时，下一单节可省略。

3）G01 指令运动的开始阶段和接近终点的过程，各坐标轴都能自动进行加减速。

3. 圆弧插补（G02、G03）**与加工平面选择**（G17、G18、G19）

G02：顺时针方向（CW）圆弧切削。

G03：逆时针方向（CCW）圆弧切削。

工件上有圆弧轮廓皆以 G02 或 G03 切削，因铣床工件是立体的，故在不同平面上，其圆弧切削方向（G02 或 G03）如图 1-15 所示。其定义方式为：依右手笛卡儿坐标，视线朝向平面垂直轴的正方向往负方向看，顺时针为 G02，逆时针为 G03。其指令格式为

X-Y 平面上的圆弧

$$\mathrm{G17}\ \begin{Bmatrix}\mathrm{G02}\\ \mathrm{G03}\end{Bmatrix}\ \ \mathrm{X}\underline{x}\ \ \mathrm{Y}\underline{y}\ \ \begin{Bmatrix}\mathrm{R}\,\underline{r} & \\ \mathrm{I}\,\underline{i} & \mathrm{J}\,\underline{j}\end{Bmatrix}\ \ \mathrm{F}\underline{f};$$

Z-X 平面上的圆弧

$$\mathrm{G18}\ \begin{Bmatrix}\mathrm{G02}\\ \mathrm{G03}\end{Bmatrix}\ \ \mathrm{Z}\underline{z}\ \ \mathrm{X}\underline{x}\ \ \begin{Bmatrix}\mathrm{R}\,\underline{r} & \\ \mathrm{K}\,\underline{k} & \mathrm{I}\,\underline{i}\end{Bmatrix}\ \ \mathrm{F}\underline{f};$$

Y-Z 平面上的圆弧

$$\mathrm{G19}\ \begin{Bmatrix}\mathrm{G02}\\ \mathrm{G03}\end{Bmatrix}\ \ \mathrm{Y}\underline{y}\ \ \mathrm{Z}\underline{z}\ \ \begin{Bmatrix}\mathrm{R}\,\underline{r} & \\ \mathrm{J}\,\underline{j} & \mathrm{K}\,\underline{k}\end{Bmatrix}\ \ \mathrm{F}\underline{f};$$

其中：

x、*y*、*z*：终点坐标位置，可用绝对值（G90）或增量值（G91）表示。

r：圆弧半径。

i、*j*、*k*：从圆弧起点到圆心位置在 X、Y、Z 轴上的分矢量，X 轴的分矢量用位址 *i* 表示，Y 轴的分矢量用位址 *j* 表示，Z 轴的分矢量用位址 *k* 表示。

提示：

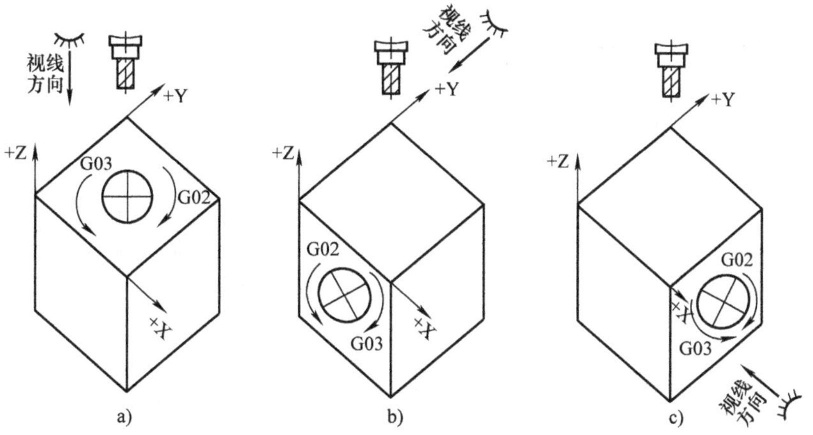

图 1-15　圆弧切削方向与平面关系
a）X-Y 平面（G17）　b）Z-X 平面（G18）　c）Y-Z 平面（G19）

R 表示圆弧半径。是以起点、终点和圆弧半径来表示圆弧的，这样的方式在画圆弧时会有两段弧出现，如图 1-16 所示。为表示区别定义：R 为正值时（即 R），表示圆心角小于等于 180°的圆弧（如图 1-16 中的 α 角所对应的圆弧）；R 为负值时（即 R－），表示圆心角大于 180°的圆弧（如图 1-16 中的 β 角所对应的圆弧）。

应用举例：

1）如图 1-17 所示，运用 G01、G02、G03 指令加工图中由 *A* 点到 *H* 点的轮廓，假设刀具由原点开始。

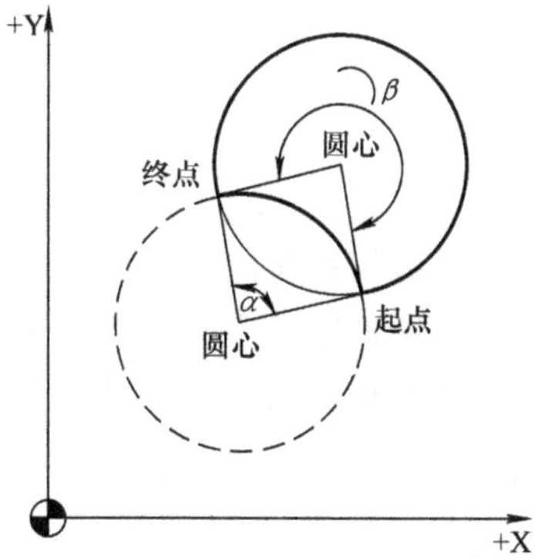

图 1-16　半径 R 的应用

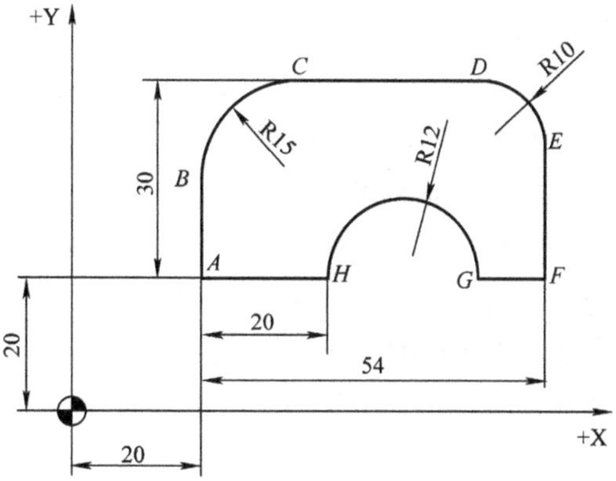

图 1-17　G01、G02、G03 应用举例

程序如下：

…

G90　G01　X20　F100；　　　　刀具由原始点沿 X 轴正向移动

Y35；	刀具移动到 *B* 点
G02 X35 Y50 R15；	刀具由 *B* 点顺时针圆弧加工至 *C* 点
G01 X64；	刀具由 *C* 点直线加工至 *D* 点
G02 X74 Y40 R10；	刀具由 *D* 点顺时针圆弧加工至 *E* 点
G01 Y20；	刀具由 *E* 点直线加工至 *F* 点
X64；	刀具由 *F* 点直线加工至 *G* 点
G03 X40 R12；	刀具由 *G* 点逆时针圆弧加工至 *H* 点
G01 X0；	刀具由 *H* 点直线加工到 Y 轴
…	

2）整圆加工编程如图 1-18 所示，刀具由 Y 轴的正半轴开始顺时针加工。

…	
G02 J－20；	整圆加工编程
…	

提示：

1）在铣削一整圆（即 $\alpha=360°$）时，只能用 I、J、K 来表示，用半径 R 的方法无法执行。若用两个半圆相接，其整圆度误差会偏大。

2）一般数控铣床（加工中心）开机后，系统自动设定为 G17（X-Y 平面），故在 X-Y 平面上铣削圆弧，可省略 G17 指令。

3）当一行程序中同时出现 I、J 和 R 时，以 R 优先（即有效），I、J 无效。

4）省略 X、Y、Z 终点坐标指令时，表示起点和终点为同一点，即切削整圆。

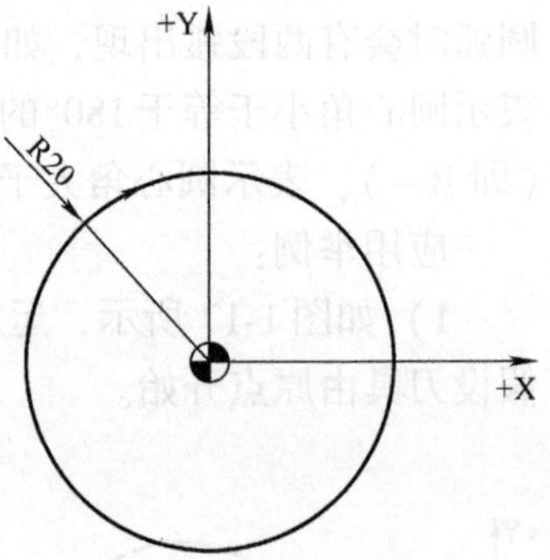

图 1-18 整圆加工举例

4. 螺旋线插补（G02、G03）

在数控铣床（加工中心）上，利用 G02、G03 指令通过数控系统的 3 轴联动功能，在两个坐标轴的进行圆弧插补（G02、G03）的同时，增加与圆弧所在平面垂直轴的直线移动，即可以使刀具实现螺旋线插补。螺旋线插补指令与圆弧插补指令基本相同，其 G17 平面指令格式为

$$G17\ \begin{Bmatrix}G02\\G03\end{Bmatrix}\ X\underline{x}\ \ Y\underline{y}\ \ \begin{Bmatrix}R\ \underline{r}\\I\ \underline{i}\quad J\ \underline{j}\end{Bmatrix}\ \ Z\underline{z}\ \ F\underline{f};$$

应用举例：

如图 1-19 所示，用螺纹梳齿铣刀加工 M60×2 的内螺纹。

程序如下：

…

G01　Z－19　F500；　　　　　　刀具在坐标中心（X0，Y0），沿 Z 轴下刀

（G42　X－30　Y0　D1　F200；）

G02　I30　J0　Z－21；　　　　　刀具顺时针旋转一周，Z 轴移动一个螺距

G00　G40　X0　Y0；

…

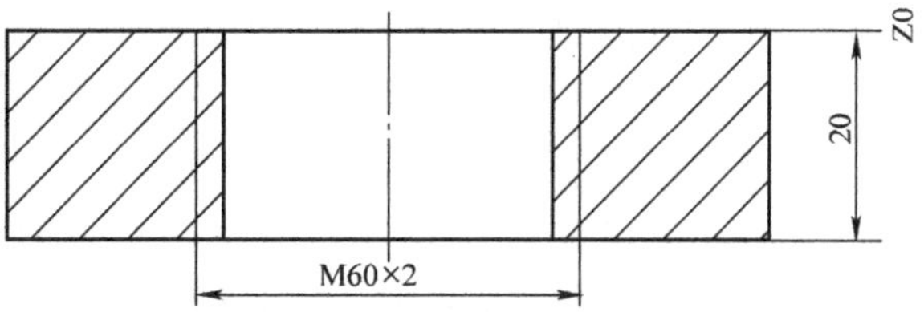

图 1-19　螺纹加工举例

5. 程序暂停（G04）

G04 暂停指令为单段有效指令，执行 G04 指令可以使程序进入暂停状态，机床进给运动暂停，其余工作状态（如：主轴等）保持不变。暂停时间可以通过编程进行控制。其指令格式为

G04　X$\underline{x}$；

其中：

x：指令 G04 指定的暂停时间，时间单位可以是秒或毫秒。在部分系统中，暂停时间也可以由地址 P 或 F 等指定。

6. 自动回参考点指令（G28）

此指令的功能使刀具以快速定位（G00）移动回到机械原点，其指令格式为

G28　X$\underline{x}$　Y$\underline{y}$　Z$\underline{z}$；

其中：

x、y、z：指定的是在自动“回参考点”过程中，刀具需要经过的中间点坐标值。

执行本指令将进行两次定位：刀具首先快速向中间点（x、y、z）运动并进行定位，定位完成后，再从中间点快速向参考点运动并进行定位。

提示：

1）该指令通常用于自动换刀，它可以使机床到达“换刀点”。设置中间点的目的是防止机床在“回参考点”过程中可能产生的碰撞。

2）执行此指令时，原则上应取消刀具补偿和偏置。

应用举例：

…

G28　G91　Z0；
G28　X0　Y0；
G00　G90　X－90　Y－90；
…

7. 刀具补偿指令（G40、G41、G42、G43、G44、G49）

为了方便编程以及增加程序的通用性，数控机床编程时，一般都不考虑实际使用刀具的长度和半径，即程序中的轨迹（程编轨迹）都是针对刀具中心点运动进行编制的。因此，实际加工时必须通过刀具补偿指令，使数控机床根据实际使用的刀具尺寸自动调整各坐标轴的移动量，确保实际加工轮廓和编程轨迹完全一致。数控机床的这种根据实际刀具尺寸自动改变坐标轴位置，使实际加工轮廓和编程轨迹完全一致的功能，称为刀具补偿功能。

（1）刀具半径补偿指令（G40、G41、G42）

刀具半径补偿功能用于铣刀半径的自动补偿。在数控铣床（加工中心）编程时都是按刀具中心轨迹进行编程的，但实际加工时，由于刀具半径的存在，机床必须根据不同的进给方向，使刀具中心沿编程的轮廓偏置一个半径，才能使实际加工轮廓和编程的轨迹相一致。这种根据刀具半径和编程轮廓，数控系统自动计算刀具中心点移动轨迹的功能，称为刀具半径补偿功能。

指令格式为（G17 平面）

G41　X$\underline{x}$　Y$\underline{y}$　D$\underline{d}$；

G42　X$\underline{x}$　Y$\underline{y}$　D$\underline{d}$；

G40　X$\underline{x}$　Y$\underline{y}$；

其中：

G41：刀具半径左补偿。即顺着刀具运动方向看，刀具在工件左侧加工，如图 1-20 所示。

G42：刀具半径右补偿。即顺着刀具运动方向看，刀具在工件右侧加工，如图 1-20 所示。

G40：取消刀具半径补偿。

x、y：加工轮廓段的终点坐标。

d：刀具半径补偿值的寄存器号码，以 3 位数字表示：如 D001，可简写成 D1，表示刀具半径补偿值的寄存器号码（即补偿号），“形状（D）”中的数据为 8，表示刀具半径值为

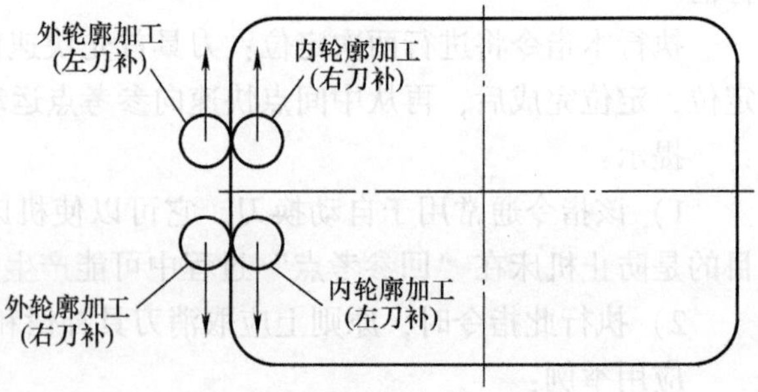

图 1-20　刀具半径补偿示图

8mm，如图1-21所示（该数据由操作者在加工前预先输入）。

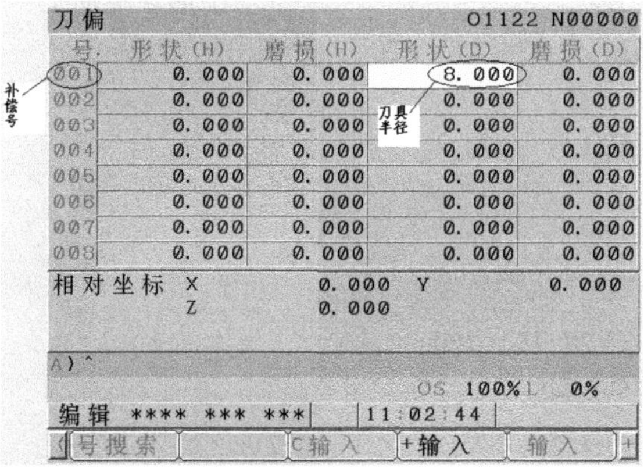

图1-21　刀具半径补偿号及半径值

应用举例：

如图1-22所示应用刀具半径自动补偿功能，编写出加工程序。已知刀具半径为8mm（刀具半径补偿值寄存器中的刀具半径值也为8mm，且寄存器号码为“01”号），刀具起点坐标为（－60，－60），图1-22中坐标原点即为编程原点。

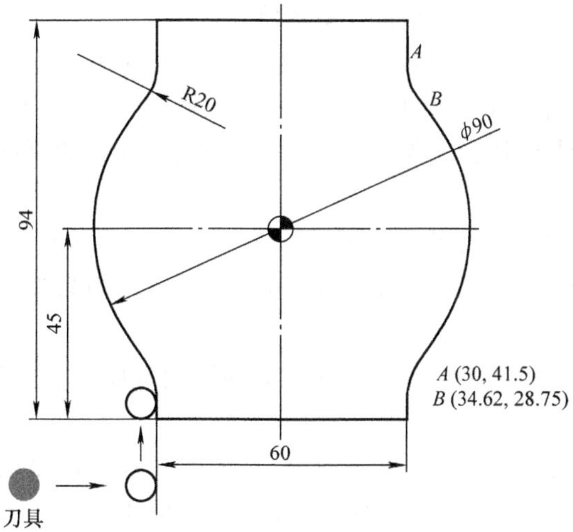

图1-22　刀具半径补偿举例

程序如下：

…

G00　X－60　Y－60；　　　　刀具起点位置

…

```
G41  G01  D01  X-30  F150;          建立刀具半径补偿
Y-41.5;                             图形轮廓加工
G03  X-34.62  Y-28.75  R20;
G02  Y28.75  R45;
G03  X-30  Y41.5  R20;
G01  Y49;
X30;
Y41.5;
G03  X34.62  Y28.75  R20;
G02  Y-28.75  R45;
G03  X30  Y-41.5  R20;
Y45;
X-50;
…
```

提示：

1）刀具半径补偿（G41、G42）通常是建立在 G01 程序段中，一般不建立在 G00 程序段中（有些加工中心用 G00、G01 均可）。需在 G00 程序段中进行刀具半径补偿时，若系统设置了 G00 非直线型定位，应注意刀具移动过程中的轨迹。

2）刀具半径补偿取消（G40）可以建立在 G00、G01 程序段中。

3）为了使刀具半径补偿（G41、G42）能够顺利建立，必须结合一段刀具移动的程序指令，并且该指令的移动距离要大于刀具半径补偿值寄存器中所设定的刀具半径值。

4）为了使刀具半径补偿取消（G40）能够顺利执行，在取消时也必须结合一段刀具移动的程序指令，并且该指令的移动距离要大于刀具半径补偿值寄存器中所设定的刀具半径值。

5）刀具半径补偿（G41、G42）的建立和取消（G40）不能出现在 G02、G03 程序段中。

6）刀具半径补偿（G41、G42）应该在刀具进入工件之前就建立好；同理，刀具半径补偿取消（G40）应该在刀具走出工件之后才能执行。

7）在刀具半径补偿有效期间，一般不允许存在两段以上在非补偿平面内移动的程序段。因为系统在加工时的轨迹判断和生成是通过预先读入下一程序段的移动轨迹生成的。在非补偿平面内移动的程序段包括：

只有 M、S、T、F 代码的程序段，如 M03 S800；

暂停程序段，如 G04 X4；

改变补偿平面的程序段，如 G01 Z-5；等等。

8）在刀具半径补偿生效期间，如果执行部分指令（如 G92、G28、G29），刀具半径补偿将被暂时取消，具体情况可参见系统操作说明书。

9）如果刀具半径补偿值寄存器中的刀具半径值是负值，则加工时工件方位改变，即 G41 方位变成 G42 方位，G42 方位变成 G41 方位。

10）在更换新的刀具前或要更改刀具半径补偿方向时，中间必须取消刀具补偿。目的是为了避免产生加工错误。

11）补偿号的地址码 D 是模态值，指定后一直有效，只能由另一个 D 代码取代或者使用 G40 或 D00 取消（D00 中的偏置量规定永远为零）。

12）更换刀具时，一般应取消原来的补偿量。

（2）刀具长度补偿（G43、G44、G49）

在数控铣床（加工中心）上，刀具长度补偿是用来补偿实际刀具长度的功能。当实际刀具长度和编程长度不一致时，通过该功能可以自动补偿长度差额，确保 Z 向的刀尖位置和编程位置一致。

实际刀具长度和编程时设置的刀具长度（通常将这一长度定为“0”）之差称为“刀具长度偏置值”。“刀具长度偏置值”可以通过操作面板输入数控系统的“刀具长度偏置值”存储器中，编程时根据不同的数控系统，可以在执行刀具长度补偿指令（G43、G44）前，通过指定“刀具长度偏置值”存储器号（H 代码）加以选择。通过执行刀具长度补偿指令，系统可以自动将“刀具长度偏置值”存储器中的值与程序中要求的 Z 轴移动距离进行加/减处理，以保证 Z 向的刀尖位置和编程位置一致。

指令格式为（G17 平面）

G43（G00/G01）Z$\underline{z}$ H$\underline{h}$;

G44（G00/G01）Z$\underline{z}$ H$\underline{h}$;

G49;

其中：

G43：刀具长度正向补偿（相当于“+”）。

G44：刀具长度负向补偿（相当于“-”）。

G49：取消刀具长度补偿。

z：指令欲定位到 Z 轴的坐标位置。

h：刀具长度补偿值的寄存器号码，以 3 位数字表示。如 H001，可简写为 H1，表示刀具补偿值的寄存器号码（即补偿号）为“001”号，如图 1-23 所示。寄存器中的数据为“-50”，表示刀具长度补偿值为“-50mm”（该数据由操作者在加工前预先输入），如图 1-23 所示。当用 G43（即“+”指令）时，该值的系统最终计算的结果为“+(-50)=-50”；当用 G44（即“-”指令）时，该值的系统最终计算的结果为“-(-50)=50”。

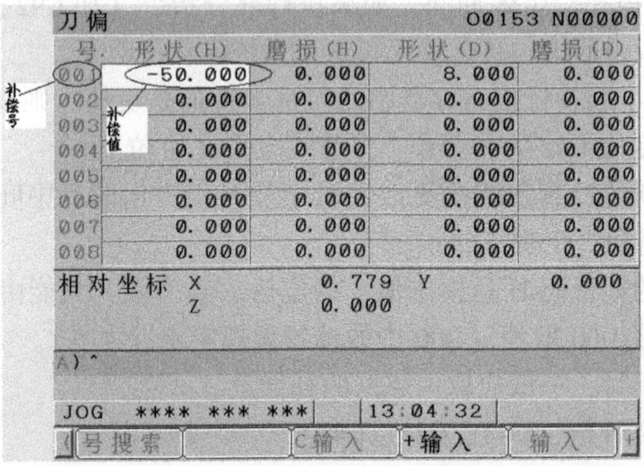
刀偏 O0153 N00000
号 形状(H) 磨损(H) 形状(D) 磨损(D)
001 -50.000 0.000 8.000 0.000
002 0.000 0.000 0.000 0.000
003 0.000 0.000 0.000 0.000
004 0.000 0.000 0.000 0.000
005 0.000 0.000 0.000 0.000
006 0.000 0.000 0.000 0.000
007 0.000 0.000 0.000 0.000
008 0.000 0.000 0.000 0.000
补偿号
补偿值
相对坐标 X 0.779 Y 0.000
Z 0.000
JOG **** *** *** 13:04:32
号搜索
C输入
+输入
输入

图 1-23　刀具长度补偿号与补偿值

应用举例：

如图 1-24 所示的情况，假设编程时以 1 号刀作为基准刀具（刀具长度补偿值为“0”）；当刀具碰到工件上表面时，机床的机械坐标数值显示为“-414.667”，如图 1-25 所示。将上述坐标数值输入工件坐标系（G54），如图 1-26 所示（画圈处）。输入 2 号刀的“刀具长度补偿值”H2 = 35mm；3 号刀的“刀具长度补偿值”H3 = -20mm，如图 1-27 所示（或 2 号刀的“刀具长度补偿值”H2 = -35mm；3 号刀的“刀具长度补偿值”H3 = 20mm）。

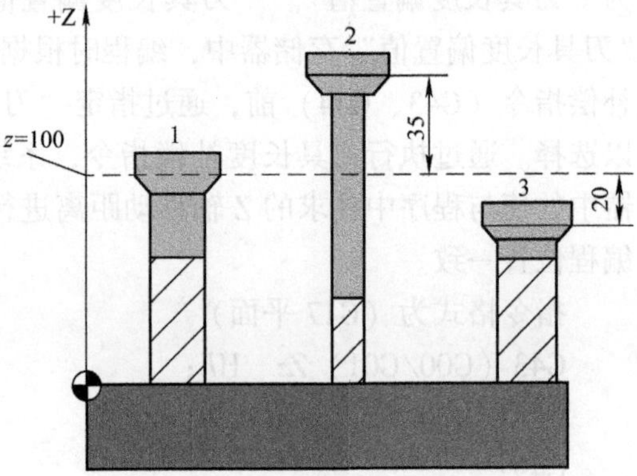

图 1-24　刀具对刀状态图

2 号刀、3 号刀在 Z 轴上的工件坐标系与基准刀具的关系为

G43（G00/G01）Z0 H2；Z = -414.667mm + (35) mm = -379.667mm

G43（G00/G01）Z0 H3；Z = -414.667mm + (-20) mm = -434.667mm

或者

G44（G00/G01）Z0 H2；Z = -414.667mm - (-35) mm = -379.667mm

G44（G00/G01）Z0 H3；Z = -414.667mm - (20) mm = -434.667mm

提示：

1）使用 G43 或 G44 指令进行刀具长度补偿时，指令中只能有 Z 轴的移动量（即 G43、G44 指令后面不能有 X 或 Y 坐标指令出现），若指令中有其他轴向的移动，则会出现报警。

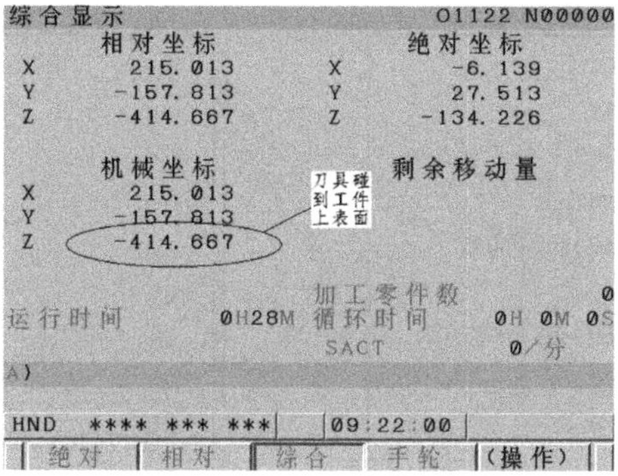

图1-25　机床坐标值显示

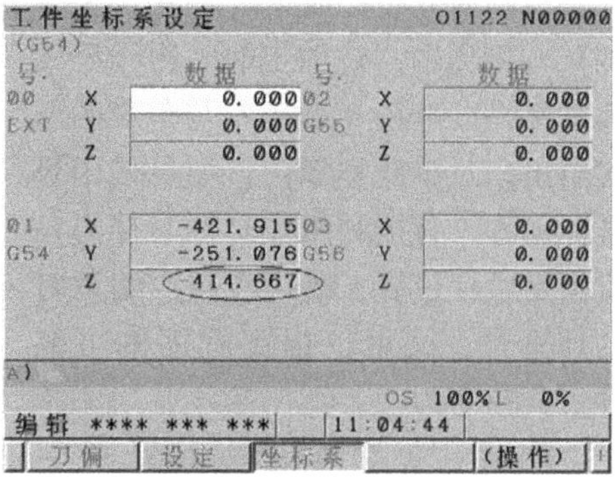

图1-26　Z向对刀数值的输入

2）G43、G44指令在使用中没有特别规定，但必须保证刀具Z轴坐标的正确。

3）G43、G44为持续有效功能指令，如欲取消刀具长度补偿功能，则需以G49或H00指令来完成（G49为刀具长度补偿取消，H00表示补偿值为零）。

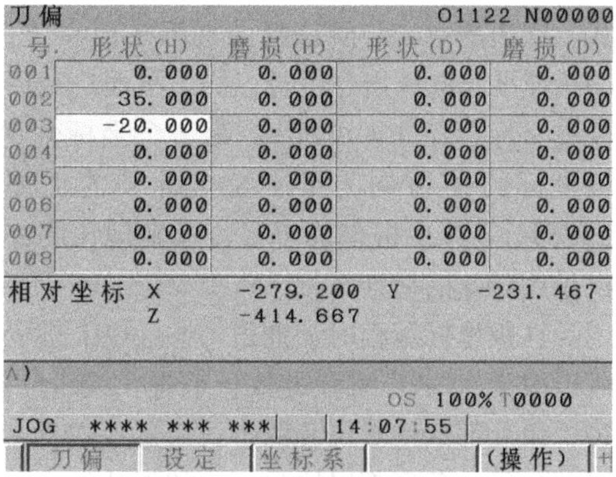

图1-27　刀具补偿值的输入

8. 简化编程指令

编程时为了使程序简化，提高编程的效率，当在零件上出现形状相同、形状对称、形状成比例等加工内容时，可以使用一些特殊的编程指令，达到缩短程序长度，减少编程时间的目的。

（1）子程序

当一个工件上有相同的加工内容时，可采用调子程序的方法进行编程，调用子程序的程序叫做主程序，被调用的程序叫做子程序。子程序就是加工图形的程序，只是程序结束代码为M99，表示子程序结束并返回到调用子程序的主程序中。其指令格式为

M98　P$\underline{p}$　L$\underline{1}$；

其中：

p：调用的子程序号。

1：调用次数（调用次数为1时可省略）。

子程序的用法如图1-28所示。

（2）极坐标编程（G15、G16）

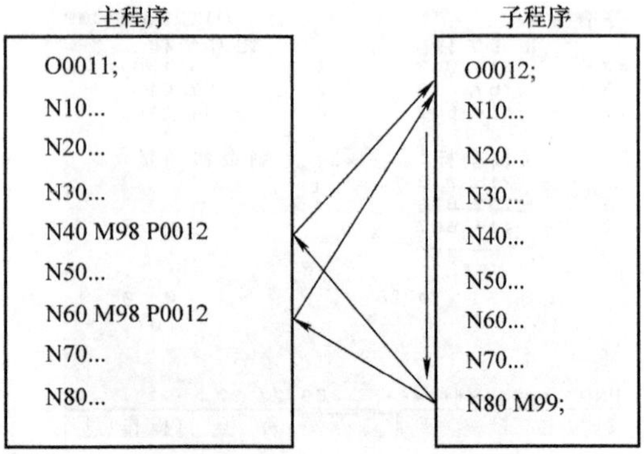

图 1-28 子程序的用法

在圆周分布孔加工（如法兰类零件）与圆周镗、铣加工时，图样尺寸通常都是以半径（直径）与角度的形式给出。对于此类零件，如果采用极坐标编程，直接利用极坐标半径与角度指定坐标位置，既可以减少编程时的计算量，又可以提高程序的可靠性。其指令为

G15； 撤销极坐标编程

G16； 极坐标编程生效

极坐标编程时，编程指令的格式、代表的意义与所选择的加工平面有关，加工平面的选择仍然利用 G17、G18、G19 等平面选择指令进行。加工平面选定后，其指令的第 1 个坐标轴地址是用来指令极坐标半径（即极径）；第 2 个坐标轴地址是用来指令极坐标角度（即极角），极坐标的 0° 方向为第 1 个坐标轴的正方向（在部分系统中极坐标半径、极坐标角度亦可以采用特殊的地址）。

在极坐标编程时，通过 G90、G91 指令也可以改变尺寸的编程方式，选择 G90 时，半径、角度都以绝对尺寸的形式给定；选择 G91 时，半径、角度都以增量尺寸的形式给定。

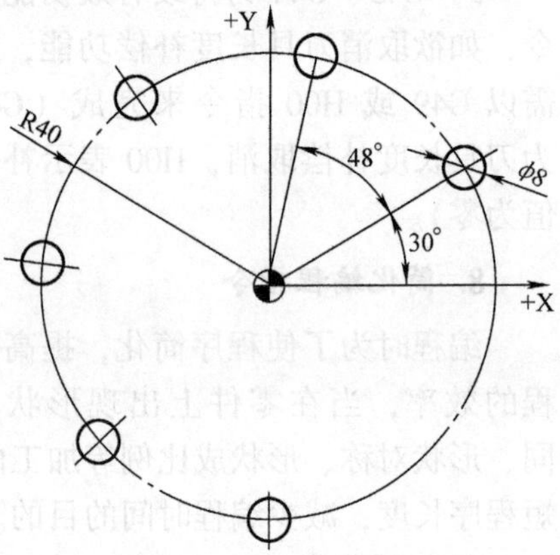

图 1-29 极坐标编程

应用举例：

加工如图 1-29 所示的圆周孔（钻孔指令将在固定循环部分介绍），已知起始角度为 30°，其余 5 个孔每孔增量角度为 48°，钻孔的深度为 6mm，利用极坐标编程时，其程序如下：

程序一：

```
…
G90  G17  G16;                        绝对坐标编程，XY 平面极坐标编程生效
G00  Z10;
G81  X40  Y30  Z-6  R5  F80;          极坐标半径 40，角度 30°
Y78;                                  极坐标半径 40，角度 78°
Y126;
Y174;
```

```
Y222;
Y270;
G15  G80;                          撤销极坐标编程
…
```

程序二：

```
…
G90  G17  G16;                     绝对坐标编程，XY平面极坐标编程生效
G00  Z10;
G81  X40  Y30  Z-6  R5  F80;       极坐标半径40，角度30°
G91  Y48;                          极坐标半径40，增加角度48°
Y48;
Y48;
Y48;
Y48;
G15  G80;                          撤销极坐标编程
…
```

（3）可编程镜像（G50.1、G51.1）

镜像加工亦称对称加工，它是数控镗铣床常见的加工之一。镜像加工功能要通过系统的镜像控制信号进行，当该信号生效时，需要镜像加工的坐标轴将自动改变坐标值的正、负符号，实现坐标轴对称图形的加工。当加工某些对称图形时，为了避免重复编制相类似的程序，缩短加工程序，可采用镜像加工功能。在一般情况下，镜像加工指令需要和子程序调用一起使用，镜像的指令格式如下（G17平面）：

G51.1　X$\underline{x}$　Y$\underline{y}$;

G50.1　X$\underline{x}$　Y$\underline{y}$;

其中：

G51.1：镜像设定。

G50.1：镜像取消。

x、y：镜像坐标轴，如同在坐标轴位置上放一面镜子一样。

具体用法如下：

G51.1 X0：程序关于X坐标轴上的数值对称，其对称轴为X=0的直线，即Y轴。

G51.1 Y0：程序关于Y坐标轴上的数值对称，其对称轴为Y=0的直线，即X轴。

G51.1 X0 Y0：程序关于（0，0）对称（即关于原点对称），其对称轴为X、Y数值相同并经过坐标轴中心的一条斜线。

镜像取消的具体用法如下：

G50.1 X0：取消 X=0 的对称轴，即取消了以Y轴为对称轴的镜像（留下X轴镜像）。

G50.1 Y0：取消 Y=0 的对称轴，即取消了以X轴为对称轴的镜像（留下Y轴镜像）。

G50.1 X0 Y0：取消程序关于（0，0）对称（即取消关于原点对称）。

应用举例：

如图1-30所示的图形轮廓要求用镜像指令来编程加工。工件坐标系选用G54，图1-30中标注为“1”的图形为编程的原始图形，其完整加工程序如下：

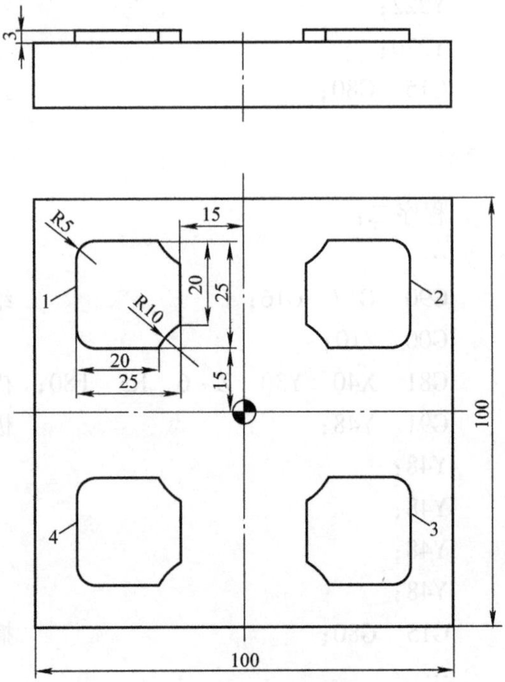

图1-30 镜像举例

完整程序如下：

O0123;	（主程序）
G90 G40 G50.1;	
G54;	
M03 S1000;	
G00 Z50;	
X0 Y0;	
Z5;	
M98 P0001;	用M98调出原始图形程序，对标记为“1”的图形进行加工
G51.1 X0;	以Y轴为镜像轴，进行第1次镜像
M98 P0001;	对标记为“2”的图形进行加工
G51.1 Y0;	再以X轴为镜像轴，此时已叠加成X轴、Y轴镜像，进行第2次镜像
M98 P0001;	对标记为“3”的图形进行加工
G50.1 X0;	取消Y轴（即X=0的轴）镜像，留下X轴以原

	始轮廓图形再次镜像
M98　P0001；	对标记为“4”的图形进行加工
G50.1　Y0；	再次取消 X 轴（即 Y = 0 的轴）镜像，此时已无镜像轴
G00　Z100；	
M05；	
M30；	
O0001；	子程序
G00　X－65　Y0；	刀具移动到工件外一点
G01　Z－3　F100；	
G41　D1　X－45；	建立刀补
Y35；	图形加工
G02　X－40　Y40　R5；	
G01X－20；	
G03　X－15　Y35　R10；	
G01　Y20；	
G03　X－20　Y15　R10；	
G01　X－35；	
G02　X－40　Y20　R5；	
G03　X－50　Y30　R10；	圆弧出刀
G00　Z10；	抬刀
G40X0　Y0；	取消刀补
M99；	由子程序返回主程序

提示：

1）因数控铣床（加工中心）的 Z 轴一般都用来安装刀具，因此，Z 轴一般都不能进行镜像（对称）加工。

2）镜像指令一旦被使用，如没有取消指令将持续有效，此时如果再使用镜像指令，将会产生叠加。

3）由于使用了镜像功能，刀具的行走方向会随之变化。如在加工第二象限内的轮廓时用的是左补偿（顺铣），而加工第一象限内的轮廓时则变成了右补偿（逆铣）；加工第四象限内的轮廓时用的是左补偿（顺铣），加工第三象限内的轮廓时用的是右补偿（逆铣）。切削方向的变化，会使加工表面质量的产生变化，因此加工表面质量要求较高的零件时，要慎用镜像功能。

（4）比例缩放指令（G50、G51）

比例缩放功能主要用于模具加工，当比例缩放功能生效时，对应轴的坐标值与移动距离将按程序指令固定的比例系数进行放大（或缩小）。这样，就可以将编程的轮廓根据实际加工的需要进行放大和缩小。比例缩放功能的编程指令如下：

格式一：各轴以相同的比例放大或缩小。

G51　X*x*　Y*y*　Z*z*　P*p*；

其中：

x、*y*、*z*：比例缩放中心的绝对坐标值。

p：缩放比例。

格式二：各轴以不同比例放大或缩小。

G51　X*x*　Y*y*　Z*z*　I*i*　J*j*　K*k*；

其中：

i、*j*、*k*：X、Y、Z 各轴对应的缩放比例（缩放倍率不能使用小数点编程），如 X 轴放大 2 倍表示为 $i=2000$。

G51：比例缩放功能生效。

G50：比例缩放功能撤销。

提示：

1）缩放不能用于刀具半径补偿值、刀具长度偏置值和刀具位置偏置值。

2）在下列固定循环中，Z 轴运动不会缩放：深孔加工循环（G83、G73）的每次钻进量 Q 和回退量；精镗循环 G76；反精镗循环 G87 中在 X 轴和 Y 轴上的让刀量 Q。

3）圆弧插补的缩放：即使在圆弧插补中各轴使用不同的放大倍率，刀具也不会沿椭圆运动（即对圆弧插补的数据缩放后再执行圆弧插补）。

当用半径 R 指令的圆弧插补各轴使用不同的放大倍数时，将如图 1-31 所示。该例中，X 轴的放大倍数为 2，Y 轴的放大倍数为 1。

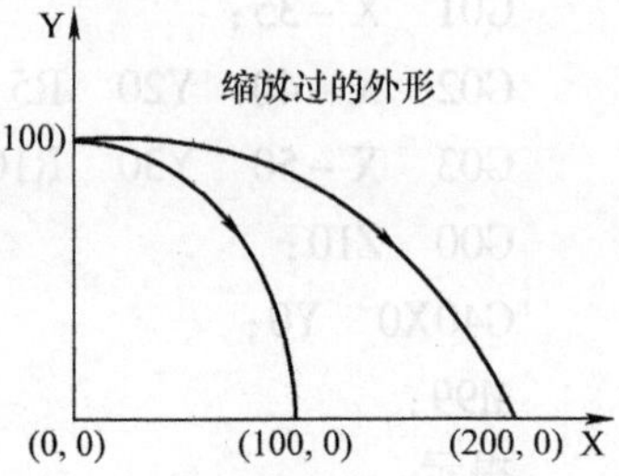

图 1-31　圆弧插补的缩放

G90　G00　X0　Y100；

G51　X0　Y0　Z0　I2000　J1000；

G02　X100　Y0　R100　F200；

上述指令等价于下列指令：

G90　G00　X0　Y100　Z0；

G02　X200　Y0　R200　F200；　　半径 R 的放大倍数为 I、J 中较大的

（5）旋转指令（G68、G69）

某些围绕中心旋转得到的特殊轮廓，在数控铣床（加工中心）加工过程中，

如果根据旋转后的实际加工轨迹进行编程，可能大大增加坐标计算的工作量。而通过图形坐标旋转功能，可以大大简化编程的工作量。用旋转指令可以使编程图形按指定的旋转中心及旋转方向旋转一定的角度。如果工件的形状由许多相同的图形组成，可将其中一个图形单元编成子程序，然后用主程序调用指令结合旋转指令实现编程加工，这样可简化程序且省时，如图 1-32 所示。

G68：开始坐标旋转。

G69：结束坐标旋转。

其编程格式为（G17 平面）

G68　X*x*　Y*y*　R*r*；

其中：

x、*y*：旋转中心的坐标值。

r：旋转角度（*r* 为正值表示逆时针旋转；*r* 为负值表示顺时针旋转，旋转角度范围为 –360° ~ +360°）。

应用举例：

为了简化编程如图 1-33 所示的零件，用坐标旋转指令编写图中凸出部分的加工程序。

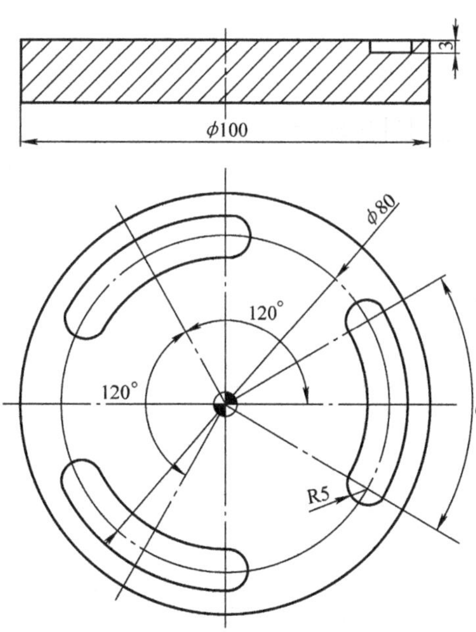

图 1-32　旋转指令应用图例

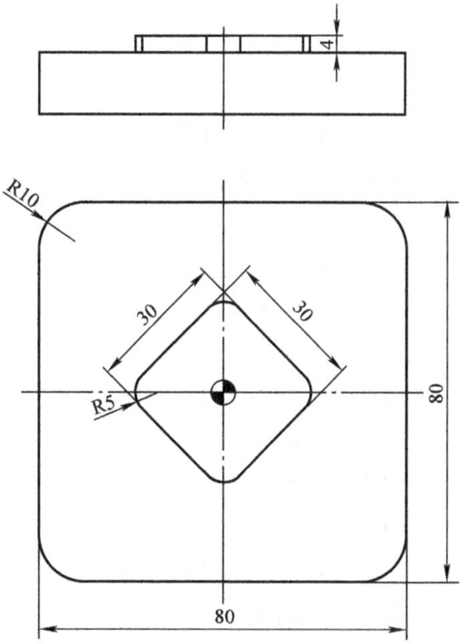

图 1-33　旋转指令应用举例

因为采用了旋转指令，所以编程的原程序就是一个正方形凸台，正方形凸台旋转 45°后则变成了所需的图形，如图 1-34 所示。

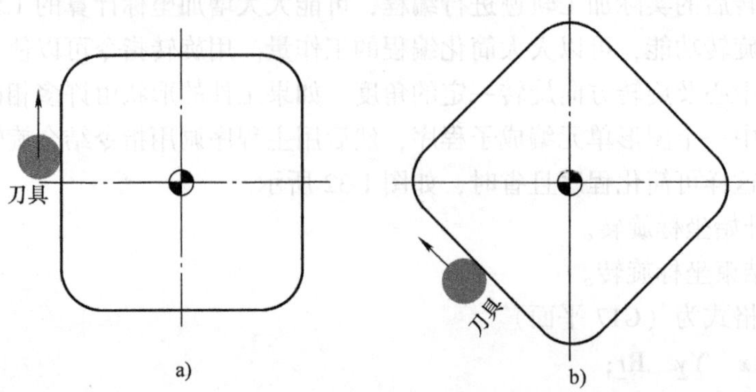

图 1-34
a）编程图形 b）旋转 45°后的图形

完整程序如下：

```
O0008;
G90  G40  G69;
G54;                          建立工件坐标系
M03  S800;
G00  Z100;
X0  Y0;
G68  X0  Y0  R45;             坐标系逆时针旋转 45°
X-50  Y-50;
Z5;
G01  Z-4  F100;
G41  D1  X-15  F120;          建立刀补
Y10;
G02  X-10  Y15  R5;
G01  X10;
G02  X15  Y10  R5;
G01  Y-10;
G02  X10  Y-15  R5;
G01  X-10;
G02  X-15  Y-10  R5;
G03  X-25  Y0  R10;           为了光滑交接采用圆弧切出
G00  Z100;                    抬刀
G40  X0  Y0;                  取消刀补
```

G69;　　　　　　　　　　　　取消旋转

M30;

提示：

1）坐标旋转 G68 指令可以用 G90（绝对坐标）和 G91（增量坐标）来表示。

2）取消坐标系旋转指令 G69 可以单独成一行编写，也可以放在其他指令程序段中一起编写。如 G00 G69 X__Y__。

（6）倒圆角指令（G01）

直线插补指令 G01 在数控铣床（加工中心）编程中还有一种特殊用法，即倒圆角。其指令格式为

G01　X*x*　Y*y*，R*r*　F*f*;

其中：

x、*y*：所夹圆弧的两条直线延长线的交点（见图 1-35）。

r：圆弧半径（0° < *r* < 180°）

应用举例：

如图 1-36 所示加工图中 70mm × 70mm 处轮廓，图 1-36 中 4 处 R10 圆弧部分可采用倒圆角指令 G01 来编程。

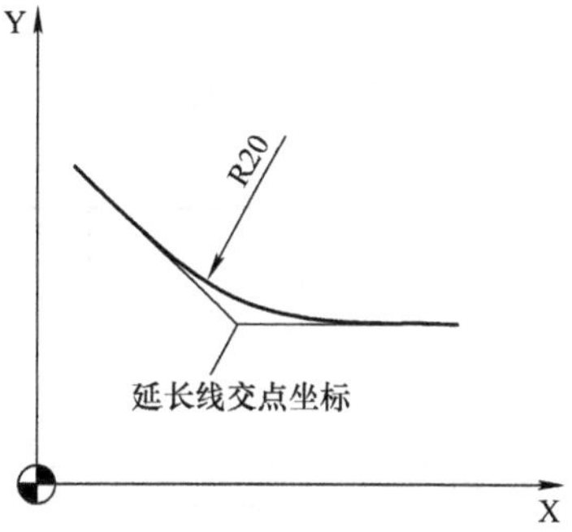

图 1-35　G01 倒圆角图例

完整程序如下：

```
O0012;
G90   G40;
G54;                            建立工件坐标系
M03   S1000;
G00   Z100;
X0   Y0;
X-70   Y-70;
Z5;
G01   Z-4   F100;
G41   D1   X-35   F120;         建立刀补
Y35   R10;                      结合倒圆角指令进行轮廓加工
X35   R10;
Y-35   R10;
X-35   R10;
Y-25;                           此处的直线段在编程时不可省略
G03   X-45   Y-15   R10;        为了光滑交接采用圆弧出刀
```

G00　Z100；
G40　X0　Y0；　　　　　　　　　取消刀补
M30；

9. 固定循环指令

在前面介绍的常用加工指令中，每一个 G 指令一般都对应机床的一个动作，它需要用一个程序段来实现。为了进一步提高编程的工作效率，FANUC 系统设计了固定循环功能，它规定对于一些典型孔加工中的固定的、连续的动作用一个 G 指令表达。

常用的固定循环指令能完成钻孔、攻螺纹和镗孔等工作。这些循环通常包括下列几个基本操作动作，如图 1-37 所示。

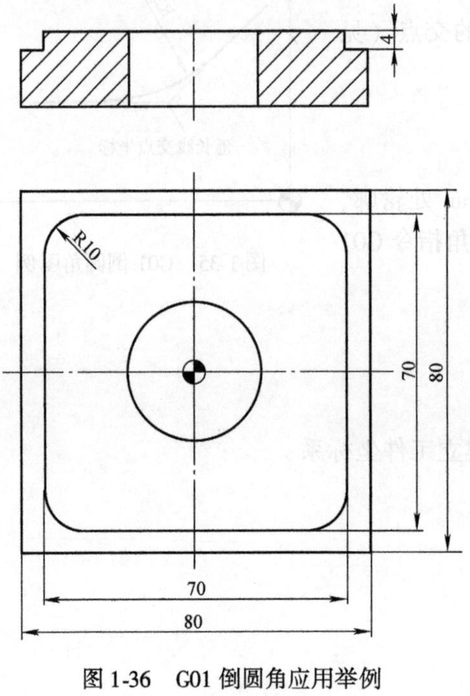

图 1-36　G01 倒圆角应用举例

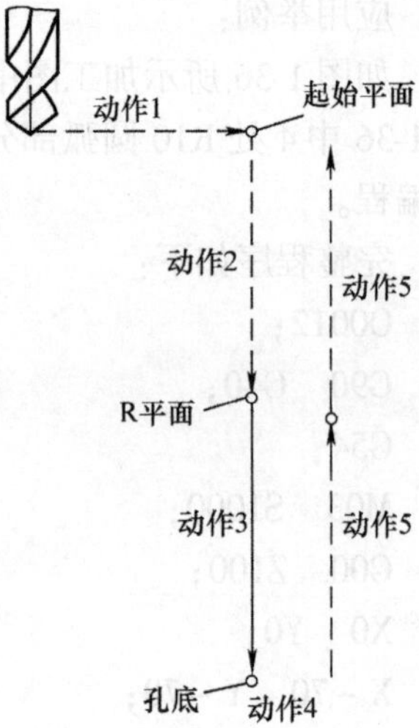

图 1-37 固定循环基本动作

1）在 X，Y 平面定位。
2）快速移动到 R 平面。
3）孔的切削加工。
4）孔底动作。
5）返回到 R 平面或起始点。

提示：

固定循环图 1-37 中带箭头的实线表示切削进给运动，带箭头的虚线表示快速运动（以下图形所有表示相同）。初始平面是为了安全下刀而规定的一个平面；R 平面表示刀具下刀时自快速进给转为工作进给的高度平面。

FANUC 0i Mate-MD 系统的固定循环功能见表 1-4。

表 1-4　固定循环功能

G 代码	代码用途	加工运动(Z 轴负向)	孔底动作	返回运动(Z 轴正向)
G73	高速深孔钻削	分次切削进给		快速定位进给
G74	左旋螺纹攻螺纹	一次切削进给	暂停—主轴正转	一次切削进给
G76	精镗循环	一次切削进给	主轴定向，让刀	快速定位进给
G80	取消固定循环	一次切削进给		快速定位进给
G81	普通钻削循环	一次切削进给		快速定位进给
G82	钻削或粗镗	一次切削进给	暂停	快速定位进给
G83	深孔钻削循环	分次切削进给		快速定位进给
G84	右旋螺纹攻螺纹	一次切削进给	暂停—主轴反转	一次切削进给
G85	镗削循环	一次切削进给		一次切削进给
G86	镗削循环	一次切削进给	主轴停止	快速定位进给
G87	反镗削循环	一次切削进给	主轴正转	快速定位进给
G88	镗削循环	一次切削进给	暂停—主轴停止	手动
G89	镗削循环	一次切削进给	暂停	一次切削进给

作为孔加工固定循环的基本要求，必须在固定循环指令中（或执行循环前）定义以下参数：

1）G90 绝对值方式，G91 增量值方式。在不同的方式下，对应的循环参数编程的格式也要与之对应，在采用绝对方式 G90 时，Z 值为孔底到工件上表面的坐标值；当采用增量方式 G91 时，Z 值规定为 R 平面到孔底的距离，如图 1-38 所示。

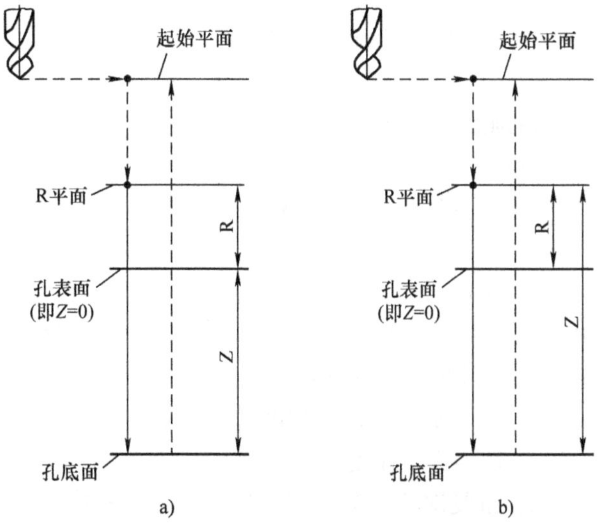

图 1-38　固定循环绝对值指令和增量值指令示图
a）G90（绝对值指令）　b）G91（增量值指令）

2）固定循环执行完成后，刀具的 Z 轴返回点（即返回平面)。由专门的返回平面选择指令 G98、G99 进行选择如图 1-39 所示。指令 G98 加工完成后刀具返回到 Z 轴循环起始点（即起始平面)。G98 指令为系统默认指令，编程时用到该指令可省略不写；指令 G99 加工完成后刀具返回到切削加工开始的 R 点（即 R 平面)。

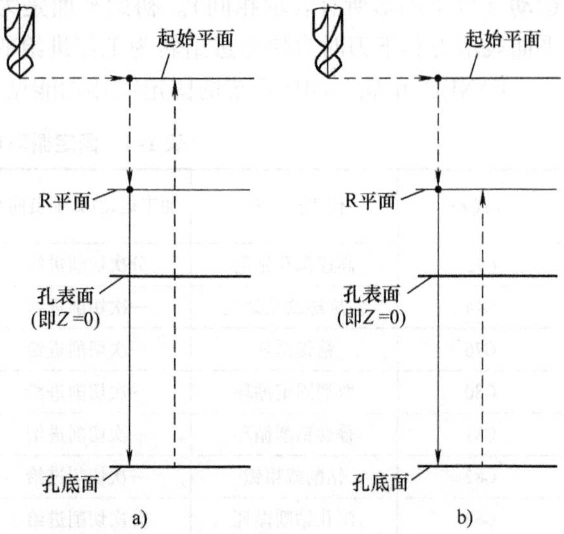

图 1-39 刀具返回初始平面和 R 平面示图
a) G98（返回到初始平面） b) G99（返回到 R 平面）

3）G73、G74、G76、G81 ~ G89 固定循环指令均为模态指令，它们在某一程序段中一经指定，一直到出现取消固定循环（G80 指令）前都保持有效。因此，在连续进行孔加工时，第一个固定循环程序段必须指令全部的孔加工数据，而随后的加工循环中，只需定义要变更的数据即可。

（1）固定循环取消（G80）

取消所有的固定循环（即 G73、G74、G76 以及 G81 ~ G89），执行正常的操作，其指令格式为

G80；可单独一行

（2）高速深孔钻削加工循环（G73）

G73 指令用于高速深孔加工，其动作循环图如图 1-40 所示，其指令格式为

（G90/G91）（G98/G99）G73 X$\underline{x}$ Y$\underline{y}$ Z$\underline{z}$ R$\underline{r}$ Q$\underline{q}$ F$\underline{f}$ K$\underline{k}$；

其中：

x、y：指定孔中心在 XY 平面上的位置，定位方式与 G00 相同。

z：钻孔底部位置（最终孔深），可以用增量指令或绝对指令编程。

r：即孔切削加工开始位置处，也称 R 平面。其值为从定义的 $Z=0$ 平面到 R 平面的距离（在绝对方式 G90 时）；另外可用增量方式表示，在增量方式 G91 时，为初始点到 R 平面的增量距离。

q：深孔加工时每次切削进给的切削深度，mm。

f：切削进给速度。

k：重复次数（如果有需要的话，当只执行一次时可不写 k）。

执行此指令时，钻头先快速定位至 X、Y 所指定的坐标位置，再快速定位到 R 点，刀具接着以 F 所指定的进给速率向 Z 轴钻下由 Q 所指定的距离，再快速退回 d

距离（d 的数值由系统参数来设定），再以 F 所指定的进给速率向 Z 轴钻下 Q 所指定的第 2 个距离处，依此方式一直钻孔到 Z 所指定的孔底位置。这种间歇进给的加工方式可使切屑断裂以便于排屑，且切削液容易到达切削刃端，从而起到很好的冷却、润滑效果。

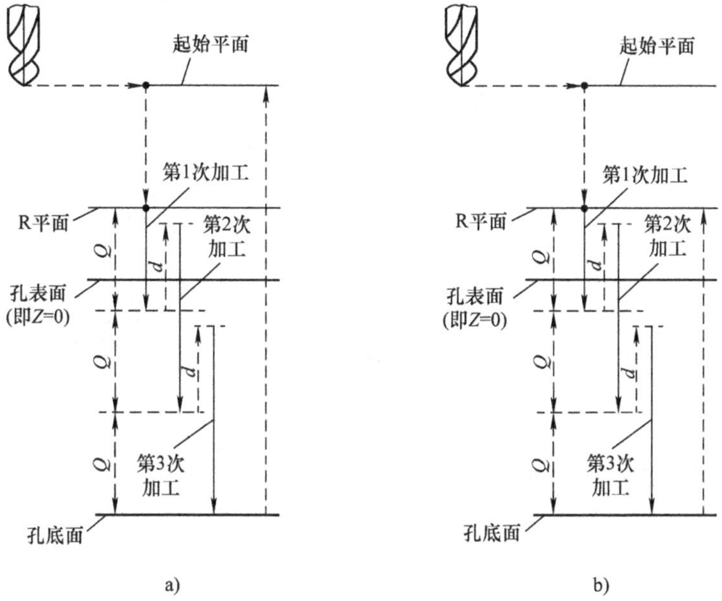

图 1-40　G73 钻孔循环动作图
a）G98 模式　b）G99 模式

提示：

1）指定固定循环之前，必须先使主轴旋转。

2）不能在同一程序段中指定 G73 和“01”组 G 代码（即 G00～G03 或 G33），否则 G73 将被取消。

3）当 G73 代码和 M 代码在同一程序段中指定时，在第 1 个定位动作执行的同时，执行 M 代码。然后，系统执行接下来的钻孔动作。

4）当指定重复次数 K 时，只在第 1 个孔执行 M 代码，对第 2 个孔和以后的孔，不执行 M 代码。

5）当在固定循环中指定刀具长度偏置（G43、G44 或 G49）时，在定位到 R 点的同时加偏置。

6）在固定循环方式中，刀具半径偏置被忽略。

7）在程序段中没有坐标轴指令和 R 指令时，钻孔不执行。

8）在执行钻孔的程序段中指定 Q/R 时，它们将作为模态数据被存储。如果在不执行钻孔的程序段中指定它们，它们不能作为模态数据被存储。

9）Q 指定为正值。如果 Q 指定为负值，负号被忽略。

10）在改变钻孔轴之前，必须取消固定循环。

应用举例：见图 1-41 举例。

（3）左旋螺纹攻螺纹循环（G74）

G74 指令左旋螺纹攻螺纹循环，其攻螺纹动作循环图如图 1-41 所示，其指令格式为

（G90/G91）（G98/G99）G74 X$\underline{x}$ Y$\underline{y}$ Z$\underline{z}$ R$\underline{r}$ P$\underline{p}$ F$\underline{f}$ K$\underline{k}$；

其中：p：刀具在到达加工底部的暂停时间，ms。

f：攻螺纹进给速度，F = 攻螺纹螺距 × 主轴转速，mm/min。

G74 指令用于左旋螺纹攻螺，故攻螺纹时必须先使主轴反转，再执行攻螺纹指令。其加工动作为主轴反转后，刀具先快速定位至 X、Y 所指定的坐标位置，再快速定位到 R 点，接着以 F 所指定的进给速率攻螺纹至 Z 所指定的孔底位置后，主轴转为正转，刀具向 Z 轴正方向退回至 R 点，退到 R 点后主轴又恢复原来的反转。

提示：

参见 G73。

应用举例：见图 1-41 举例。

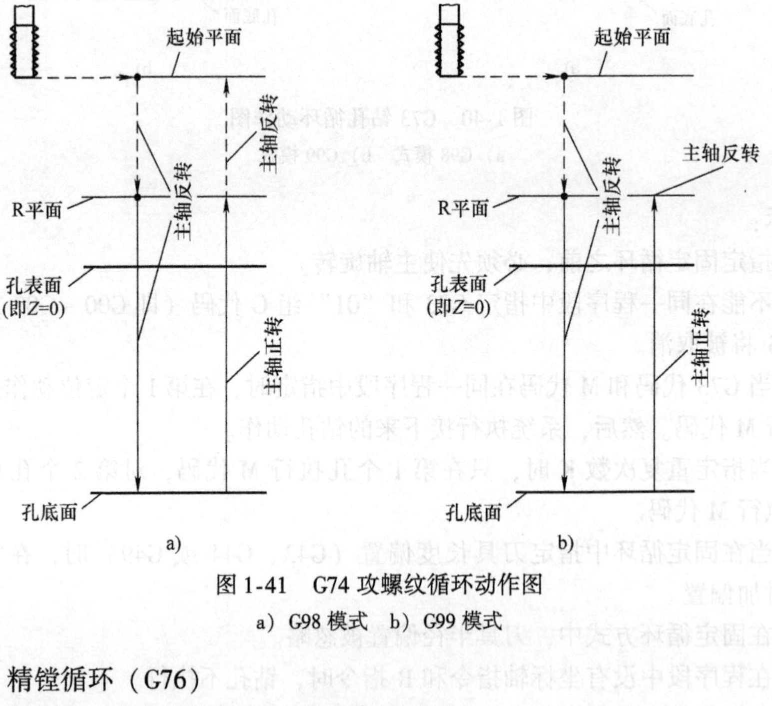

图 1-41 G74 攻螺纹循环动作图

a）G98 模式 b）G99 模式

（4）精镗循环（G76）

G76 指令用于精密镗孔加工，其指令格式为

（G90/G91）（G98/G99）G76 X$\underline{x}$ Y$\underline{y}$ Z$\underline{z}$ R$\underline{r}$ Qq P$\underline{p}$ F$\underline{f}$ K$\underline{k}$；

其中：

q：孔底的退刀量，mm。

p：刀具在到达加工底部的暂停时间，ms。

执行镗孔指令时镗刀先快速定位至 X、Y 坐标位置，再快速定位到 R 点，接着以 F 指定的进给速度镗孔至 Z 指定的深度后，主轴定向停止，刀具向系统参数指定的一个方向后退一段距离，使刀具离开正在加工的表面，然后再抬刀，从而消除退刀痕，如图 1-42 所示。当镗孔刀退回到 R 点或起始点时，刀具立即回复到原来的加工位置点，且主轴恢复转动。其镗孔动作循环图，如图 1-43 所示。

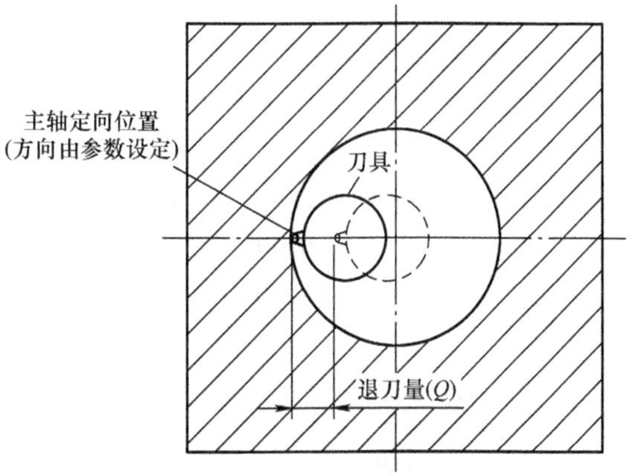

图 1-42 镗刀定向及退刀图

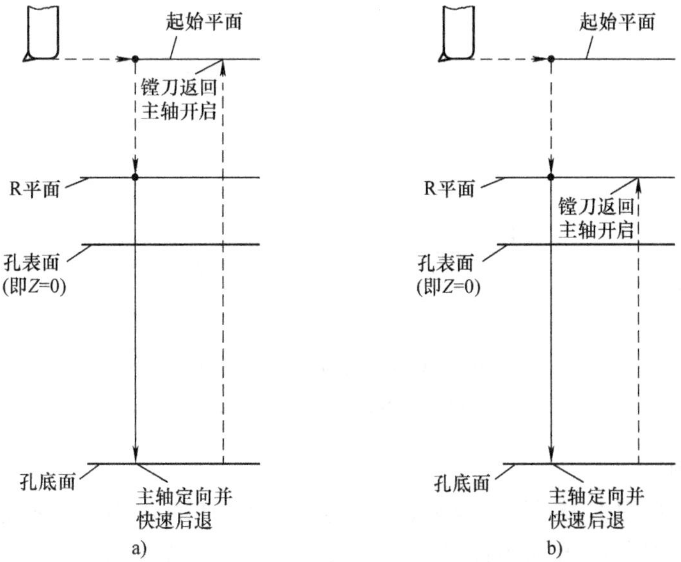

图 1-43 G76 镗孔循环动作图
a）G98 模式 b）G99 模式

提示：

1）所谓主轴定向停止，是通过主轴的定位控制功能使主轴在规定的角度上准确停止并保持这一位置，从而使镗刀的刀尖对准某一方向。停止后，刀具向刀尖相反方向少量后移，使刀尖脱离工件表面，保证在退刀时不擦伤已加工表面，以实现高精度镗削加工。

2）偏移退刀量Q指定为正值。如果Q指定为负值，负号被忽略，退刀方向通过系统参数设定可选择+X、-X、+Y、-Y中的任何一个。指定Q值时应注意不能太大，以避免刀具退刀时另一面碰撞工件。

（5）钻孔循环、钻中心孔循环（G81）

G81指令用于钻孔循环、钻中心孔循环，该指令格式为

（G90/G91）（G98/G99） G81 X$\underline{x}$ Y$\underline{y}$ Z$\underline{z}$ R$\underline{r}$ F$\underline{f}$ K$\underline{k}$；

执行该指令时，钻头或中心钻先快速定位至X、Y所指定的坐标位置，再快速定位至R点，接着以F所指定的进给速度向下钻削至Z所指定的孔底位置，然后快速退刀至R点或起始点完成循环，其钻孔动作图如图1-44所示。

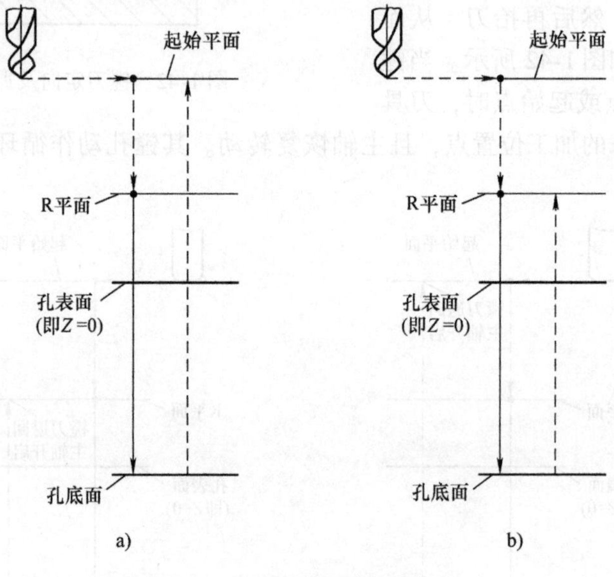

图1-44 G81钻孔循环动作图

a）G98模式 b）G99模式

应用举例：

零件加工如图1-45所示，4×ϕ10mm、3×M8LH底孔ϕ6.7mm需用G73指令来加工，$\phi30^{+0.021}_{0}$mm孔需用镗刀镗出（其底孔已加工至ϕ28mm），材料为45钢，工件坐标系为G54，钻孔与镗孔的工序步骤见表1-5，程序为

```
O0123;
G90  G40  G49  G80  G54;
M06  T1;
G43  H01  G00  Z100;          以工件最上表面为对刀表面
M03  S1500;
```

Z10;	G81 上面的该点系统自动默认为初始点
G81　X25　Y0　Z－4　R5　F80;	采用 G98 模式，G98 可省略不写

```
X－12.5　Y21.65;
Y－21.65;
G80;
G00　Z100;
X0　Y0;
Z10;
G81　X28.28　Y28.28　Z－8　R5　F80;
X－28.28;
Y－28.28;
X28.28;
G80;
G49　G00　Z100;
X0　Y0;
M05;
M06　T2;
G43　H02　G00　Z100;
M03　S1000;
Z10;
G73　X25　Y0　Z－20　R5　Q4　F80;
X－12.5　Y21.65;
Y－21.65;
G80;
G49　G00　Z100;
X0　Y0;
M05;
M06　T3;
G43　H03　G00　Z100;
M03　S1500;
Z10;
G73　X28.28　Y28.28　Z－20　R5　Q3　F60;
X－28.28;
```

```
Y-28.28;
X28.28;
G80;
G49  G00  Z100;
X0  Y0;
M05;
M06  T04;
G43  H04  G00  Z100;
M04  S300;
Z10;
G74  X25  Y0  Z-20  R5  P1000  F450;
X-12.5  Y21.65;
Y-21.65;
G80;
G49  G00  Z100;
X0  Y0;
M05;
M06  T5;
G43  H05  G00  Z100;
M03  S1200;
G76  X0  Y0  Z-18  R5  Q2  P1000  F100; 镗孔加工，注意镗孔深度尺
                                          寸，刀具在孔底定向后暂停
                                          1s然后向后退刀2mm，抬刀
G80;
G49  G00  Z100;
M05;
M30;
```

表1-5 孔加工工序步骤

工序内容	刀具号	刀具型号	主轴转速/(r/min)	进给速度/(mm/min)
钻中心孔	1	D5中心钻	1500	80
钻4×ϕ10mm	2	D10麻花钻	1000	80
钻螺纹底孔3×ϕ6.7mm	3	D6.7麻花钻	1500	60
攻3×M8LH螺纹	4	M8丝锥	300	450
镗ϕ30mm孔	5	镗刀	1200	100

（6）钻孔循环，粗镗循环（G82）

G82 指令用于钻孔循环，粗镗循环，该指令格式为

（G90/G91）（G98/G99）G82 X$\underline{x}$　Y$\underline{y}$　Z$\underline{z}$　R$\underline{r}$　P$\underline{p}$　F$\underline{f}$　K$\underline{k}$；

G82 钻孔循环，粗镗循环在孔底有一个暂停动作，除此之外和 G81 完全相同，孔底的暂停可以提高孔深的精度以及孔底的表面质量；此外 G82 还可用于锪沉孔和孔口倒角。其加工循环图如图 1-46 所示。

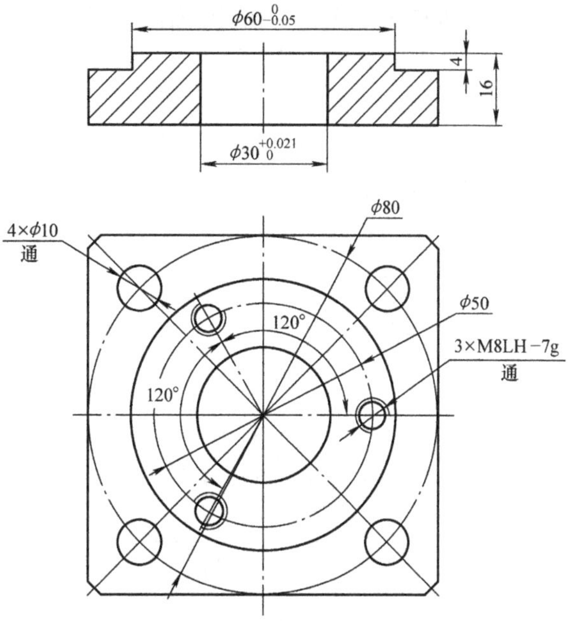

图 1-45　G73、G74、G76 综合应用举例

（7）啄式钻深孔循环（G83）

G83 啄式钻深孔循环指令也是用于高速深孔加工，其指令格式为

（G90/G91）（G98/G99）G83　X$\underline{x}$　Y$\underline{y}$　Z$\underline{z}$　R$\underline{r}$　Q$\underline{q}$　F$\underline{f}$　K$\underline{k}$；

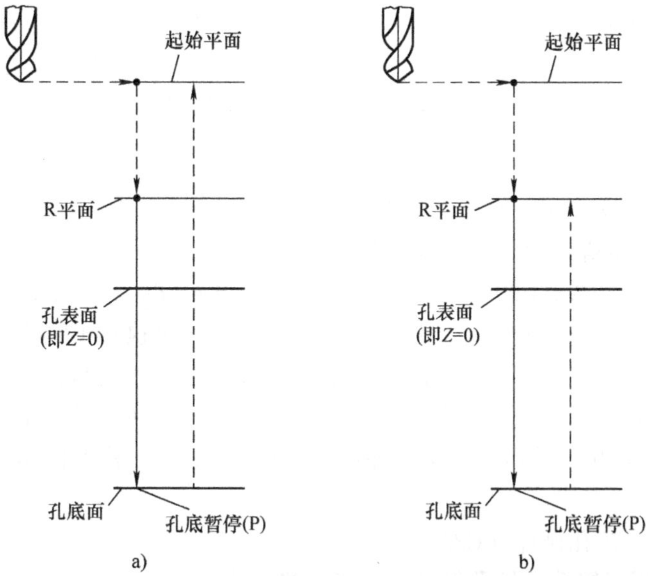

图 1-46　G82 孔加工循环动作图

a）G98 模式　b）G99 模式

G83 和 G73 一样，钻孔时 Z 轴方向为分级进给和间歇进给。和 G73 不同的是，G83 每次分级进给钻头都会沿着 Z 轴退到切削加工 R 点（R 平面）位置，这样使深孔加工排屑性能更好。执行该指令时钻头先快速定位至 X、Y 所指定的坐标位置，再快速定位至 R 点，接着以 F 所指定的进给速度向下钻削 Q 所指定距离深度，快速退刀回 R 点，当钻头在第 2 次以及在以后的切入时，会先快速进给到前一切削深度上方距离 *d* 处，然后再次变为切削进给，其动作循环如图 1-47 所示。

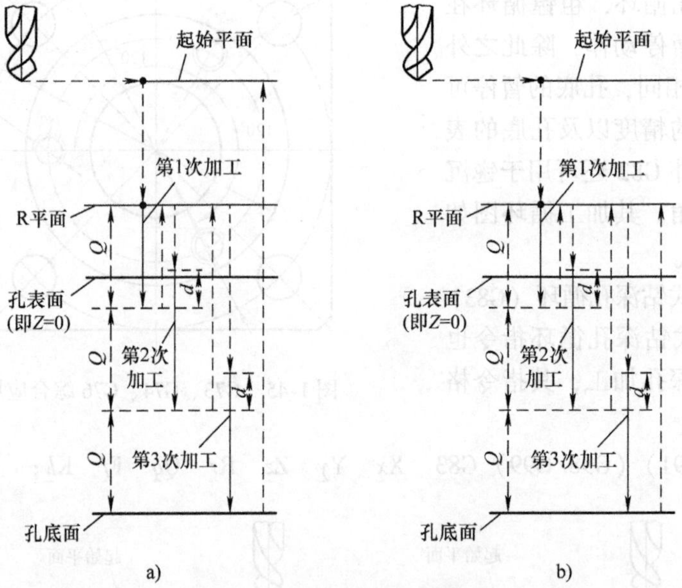

图 1-47　G83 钻孔循环动作图

a）G98 模式　b）G99 模式

（8）右旋螺纹攻螺纹循环（G84）

G84 指令右旋螺纹攻螺纹循环，其指令格式为

（G90/G91）（G98/G99）G84　X$\underline{x}$　Y$\underline{y}$　Z$\underline{z}$　R$\underline{r}$　P$\underline{p}$　F$\underline{f}$　K$\underline{k}$;

G84 指令用于攻右旋螺纹，必须先使主轴正转，再执行 G84 指令，其加工动作为刀具先快速定位至 X、Y 所指定的坐标位置，再快速定位到 R 点，接着以 F 所指定的进给速率攻螺纹至 Z 所指定的孔底位置后，主轴转为反转，刀具向 Z 轴正方向退回至 R 点，退到 R 点后主轴恢复原来的正转，其动作循环图如图 1-48 所示。

（9）镗孔、铰孔循环（G85）

G85 指令用于镗孔、铰孔循环，其指令格式为

（G90/G91）（G98/G99）G85　X$\underline{x}$　Y$\underline{y}$　Z$\underline{z}$　R$\underline{r}$　F$\underline{f}$　K$\underline{k}$;

G85 指令在镗孔、铰孔加工时刀具先快速定位至 X、Y 所指定的坐标位置，再

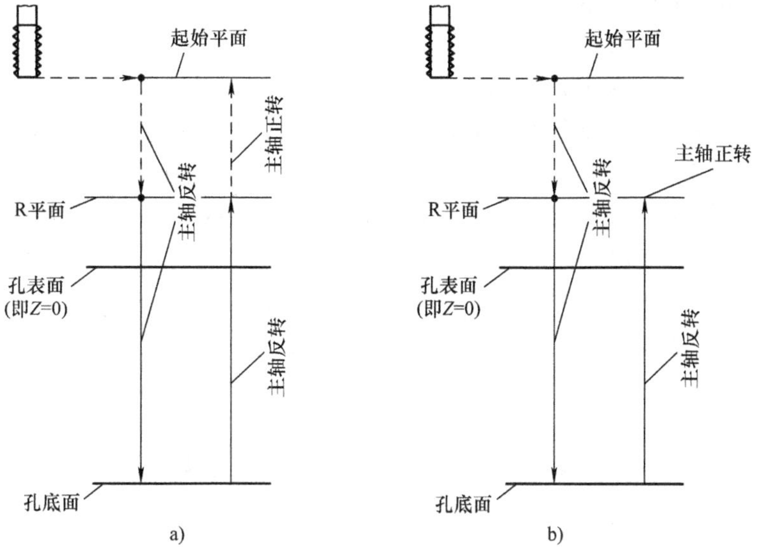

图 1-48　G84 攻螺纹循环动作图
a）G98 模式　b）G99 模式

快速定位至 R 点，接着以 F 所指定的进给速度向下加工至 Z 所指定的孔底位置后仍以切削进给方式向上提升，因此该指令较适合铰孔，其动作循环图如图 1-49 所示。

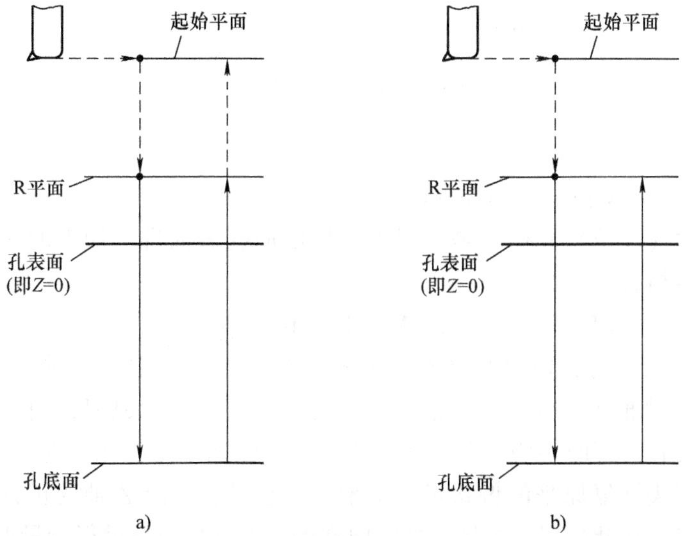

图 1-49　G85 镗、铰孔加工动作循环图
a）G98 模式　b）G99 模式

（10）镗孔循环（G86）

G86 用于镗孔循环，其指令格式为

（G90/G91）（G98/G99）G86　X$\underline{x}$　Y$\underline{y}$　Z$\underline{z}$　R$\underline{r}$　F$\underline{f}$　K$\underline{k}$；

G86 镗孔循环指令动作类似于 G81，在加工时刀具先快速定位至 X、Y 所指定的坐标位置，再快速定位至 R 点，接着以 F 所指定的进给速度向下加工至 Z 所指定的孔底位置，此时主轴停止，然后快速退刀至 R 点或起始点完成循环，其镗孔动作循环图如图 1-50 所示。

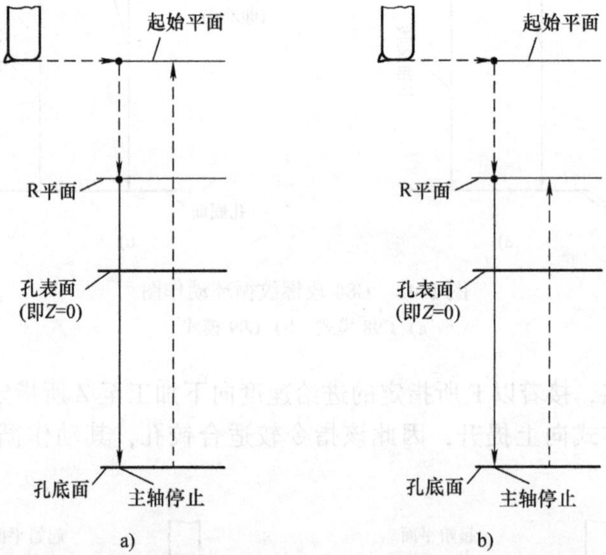

图 1-50　G86 镗孔动作循环图

a）G98 模式　b）G99 模式

（11）背镗（反镗）孔循环（G87）

G87 背镗（反镗）孔循环是镗刀由孔底面向孔表面进行加工的一种特殊镗孔方式，其指令格式为

（G90/G91）（G98）G87　X$\underline{x}$　Y$\underline{y}$　Z$\underline{z}$　R$\underline{r}$　Q$\underline{q}$　P$\underline{p}$　F$\underline{f}$　K$\underline{k}$；

执行 G87 指令时，镗刀在 X 轴、Y 轴完成定位后，主轴通过定向准停动作，使镗刀的刀尖对准某一方向。停止后，刀具向后进行少量退刀，使刀尖离开孔表面，保证镗刀在进刀时不碰到孔表面，然后 Z 轴快速进给在孔底面（R 平面）。到达孔底面后刀尖恢复原来的偏移量，主轴自动正转，并沿 Z 轴的正方向加工到所要求的位置点。在此位置，主轴再次定向准停，刀具再向后进行少量退刀，接着刀具从孔中退出，返回到起始点后，刀尖再恢复上次的偏移量，主轴再次正转，进行下一步动作，该指令无 G99 模式，其动作循环图如图 1-51 所示。

加工举例：

加工如图1-52所示的零件，由于装夹条件的限制，要求用G87指令反镗图中ϕ40孔。工件的最上表面为Z向对刀原点，以G54为工件坐标系，材料为45钢。因为采用的是反镗加工，所以图1-52中R平面选择在工件底面（即−26mm处），主轴转速为1500r/min，进给速度F=80mm/min。

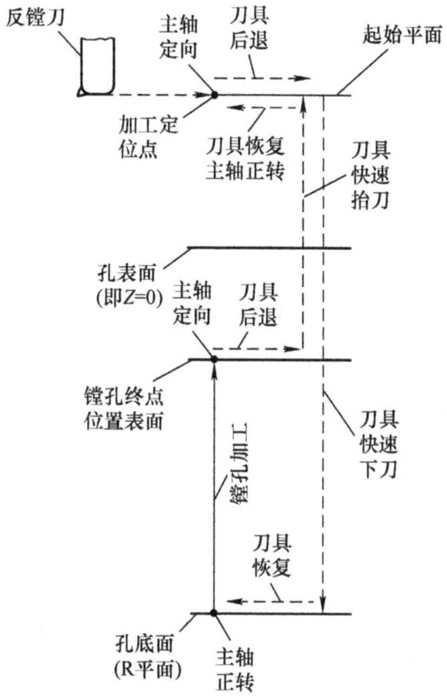

图1-51 G87反镗孔动作循环图

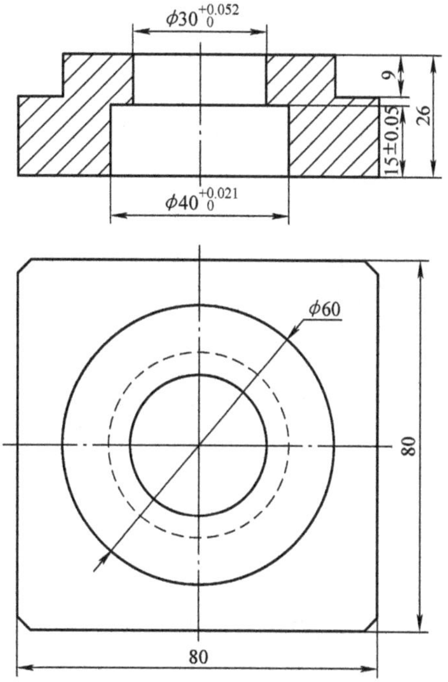

图1-52 G87反镗加工举例图

完整程序如下：

O0010；

G90 G40 G69 G80；

G54； 建立工件坐标系

M03 S1500；

M08； 开启切削液

G00 Z100；

X0 Y0；

Z10；

G87 X0 Y0 Z−11 R−26 Q2 P2000 F80； 反镗加工，刀具偏移量为2mm，暂停2s

G80； 取消镗孔循环

G00　Z100；

X0　Y0；

M30；

（12）镗孔循环（G88）

G88 镗孔循环在孔加工中应用较少，其指令格式为

（G90/G91）（G98/G99）G88　X*x*　Y*y*　Z*z*　R*r*　P*p*　F*f*　K*k*；

G88 指令在镗孔时，刀具在 X 轴、Y 轴完成定位后，快速移动到 R 点。刀具从 R 点到 Z 点执行镗孔。镗孔完成后，执行暂停，主轴停止，进给也自动变为停止。刀具必须在手动状态下退出（此时将机床功能切换为“手动”或“手轮”状态，可将刀具在 X 向或 Y 向偏移后沿 Z 向移出，防止划伤已加工表面）。刀具从孔中安全退出后，再将功能切换为“自动”，此时只有 Z 轴提升至 R 点（G99）或起始点（G98），X、Y 坐标并不会恢复到 G88 所指定的 X、Y 位置（抬刀时，X 向或 Y 向产生偏移的情况），主轴恢复正转，其动作循环图如图 1-53 所示。

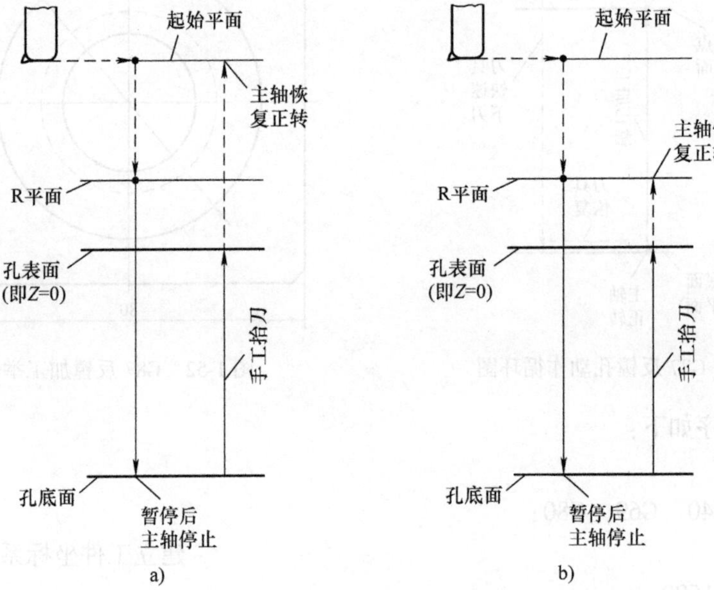

图 1-53　G88 镗孔动作循环图

a）G98 模式　b）G99 模式

（13）镗孔循环（G89）

G89 镗孔循环指令，除了在孔底位置多了暂停 P 所指定的时间外，其余与 G85 相同。

第 2 章

数控铣床（加工中心）刀具的选择与结构分析

2.1 刀柄的结构类型

切削刀具通过刀柄与数控铣床（加工中心）主轴连接，如图 2-1 所示。刀柄通过拉钉和主轴内的拉刀装置固定在主轴上，如图 2-2 所示。由刀柄夹持传递速度、转矩，刀柄的强度、刚度、耐磨性、制造精度以及夹紧力等对加工有直接的影响，进行高速铣削的刀柄还对动平衡、减振等有要求。数控铣床刀柄一般采用 7∶24 锥面与主轴锥孔配合定位，这种锥柄不自锁，换刀方便，与直柄相比有较高的定心精度和刚度。为了保证刀柄与主轴的配合与连接，刀柄及其尾部供主轴内拉刀机构使用的拉钉已实现标准化，应根据使用的数控铣床的具体要求来配备。常用的刀柄规格有 BT30、BT40、BT50 或者 JT30、JT40、JT50，如图 2-3 所示。在高速加工中心则使用 HSK 刀柄，如图 2-4 所示。在我国应用最为广泛的是 BT40（见图 2-5）和 BT50 系列刀柄和拉钉。其中，BT 表示采用日本标准 MAS403 的刀柄，其后数字为相应的 ISO 锥度号，如 50 和 40 分别代表大端直径 69.85 和 44.45 的 7∶42 锥度。在满足加工要求的前提下，刀柄的长度应尽量选择短一些，以提高刀具加工的刚性。

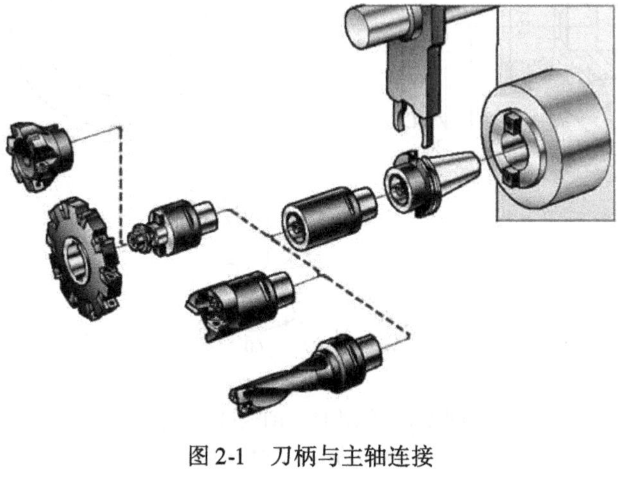

图 2-1　刀柄与主轴连接

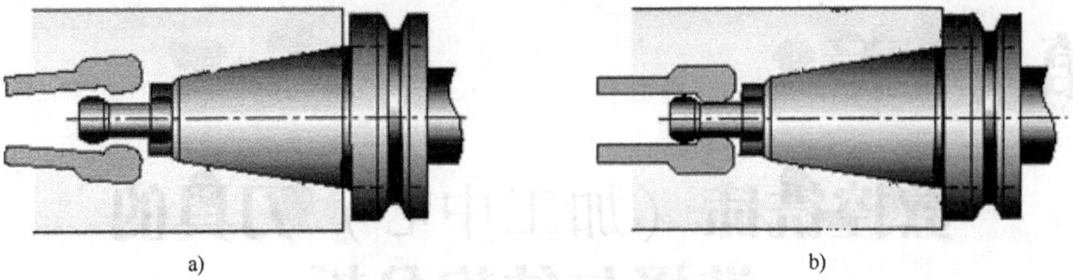

图 2-2 拉钉和拉刀装置

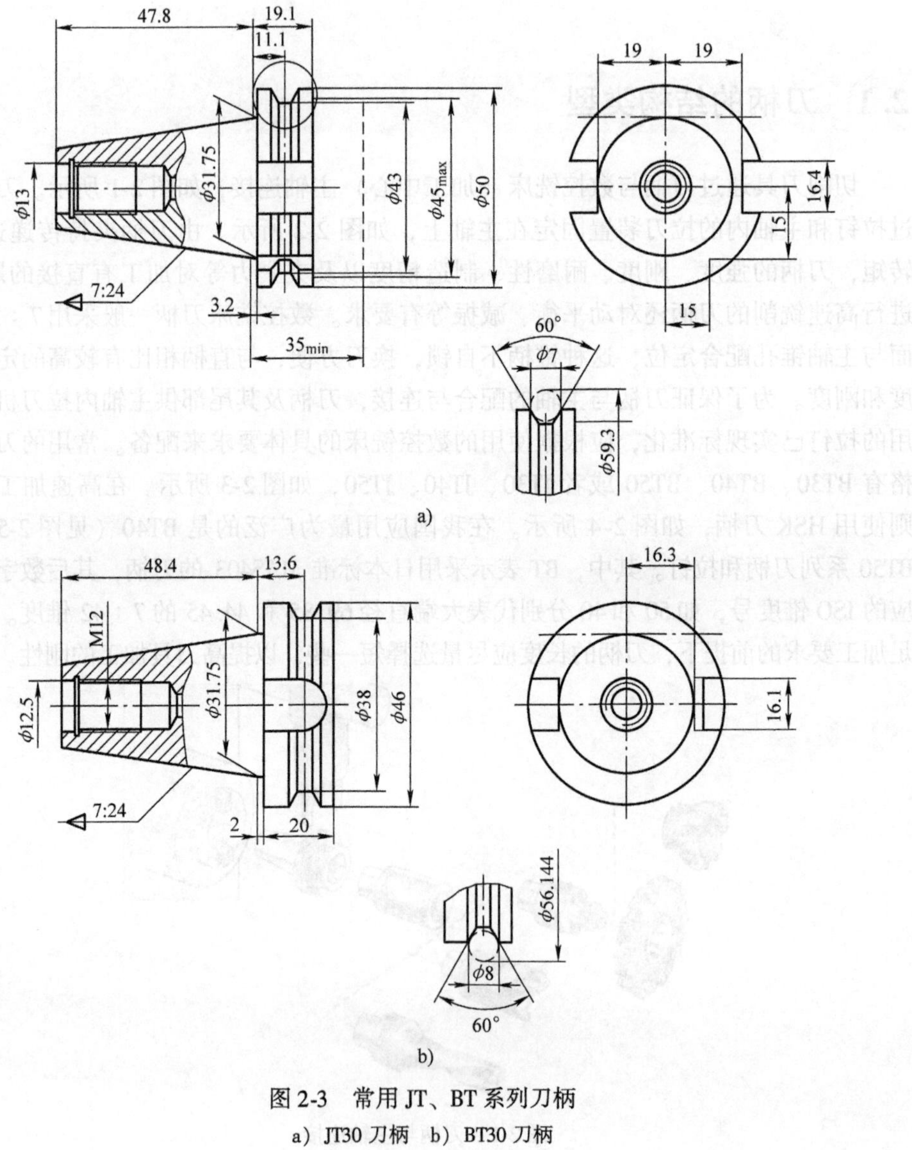

图 2-3 常用 JT、BT 系列刀柄

a）JT30 刀柄 b）BT30 刀柄

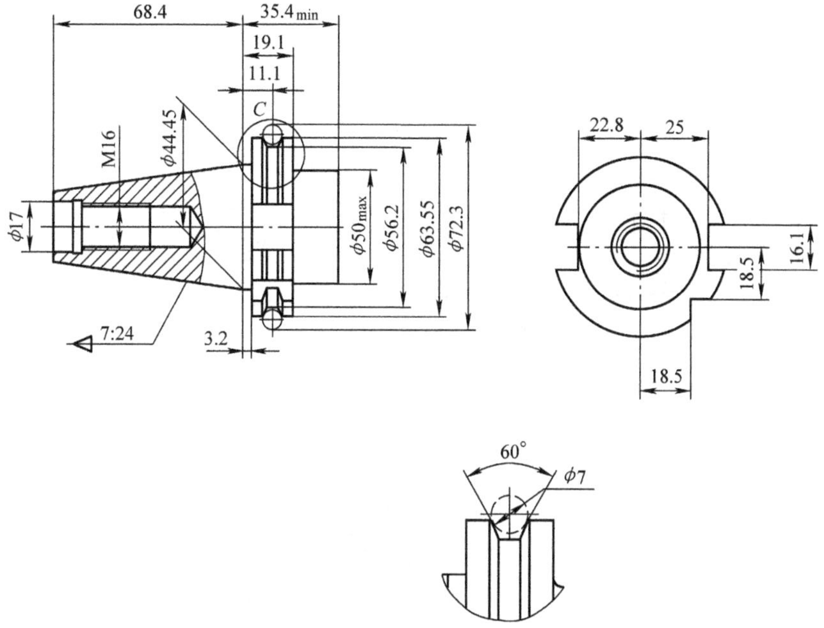

c)

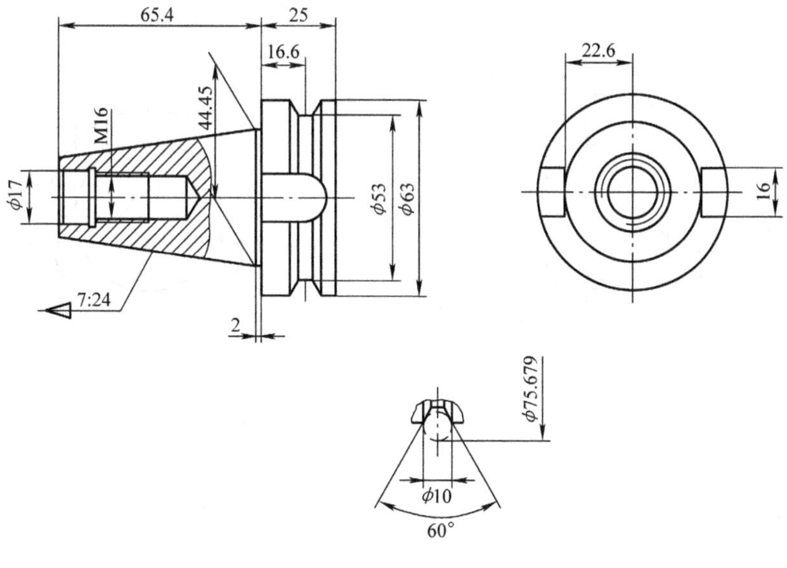

d)

图 2-3　常用 JT、BT 系列刀柄（续）

c）JT40 刀柄　d）BT40 刀柄

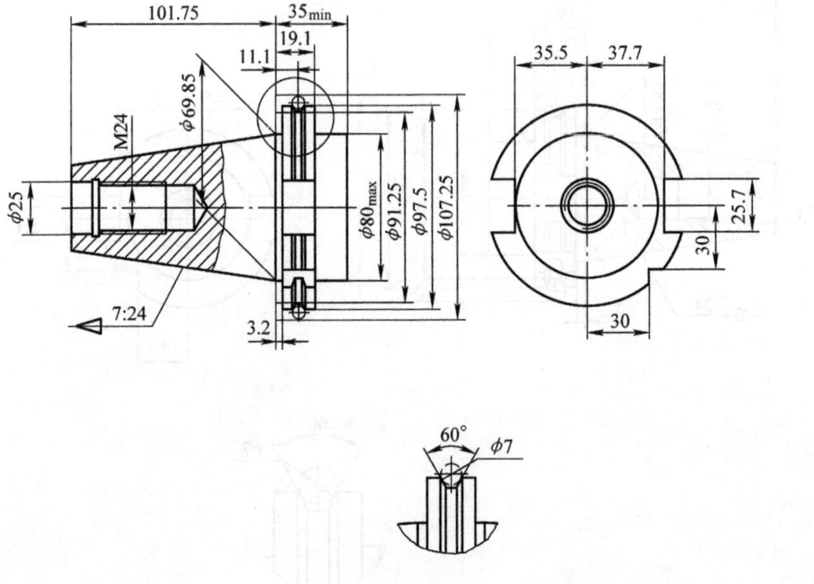

e)

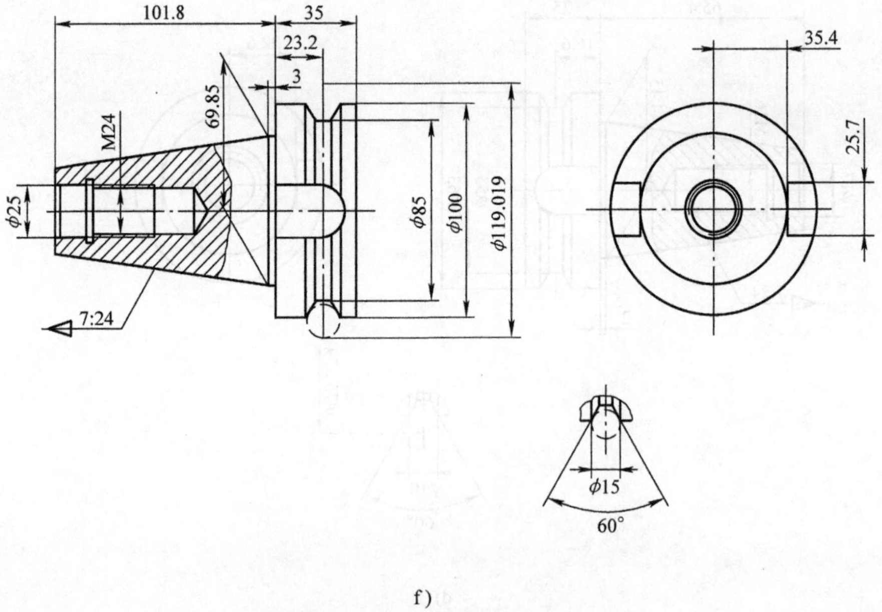

f)

图 2-3　常用 JT、BT 系列刀柄（续）

e) JT50 刀柄　f) BT50 刀柄

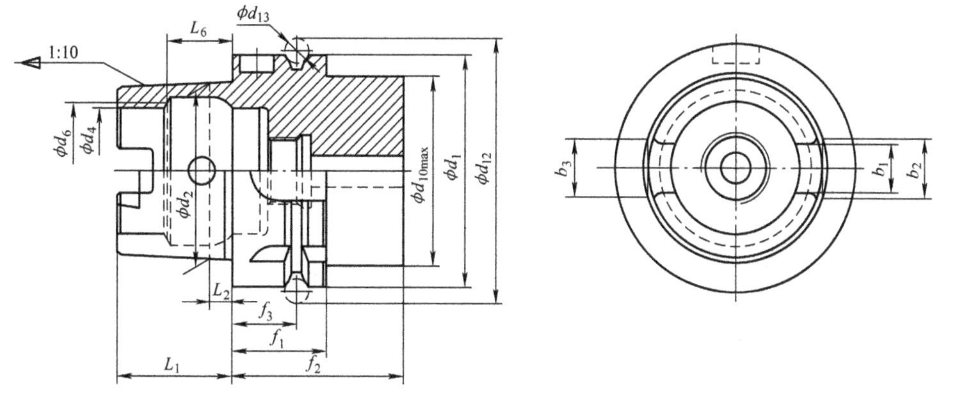

图 2-4　HSK 高速刀柄

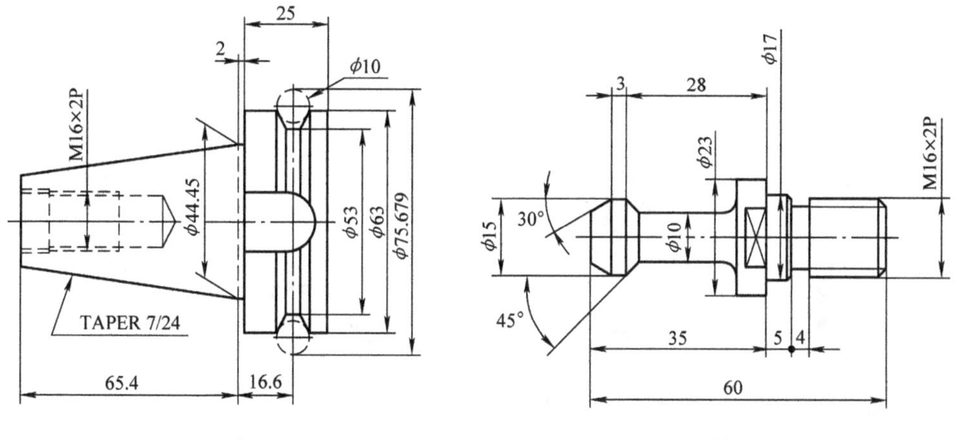

a)　　b)

图 2-5　BT40 刀柄及拉钉

a）BT40 刀柄　b）拉钉

2.1.1　刀柄的分类

1. 按刀柄的结构分

（1）整体式刀柄

如图 2-6 所示，这种刀柄直接夹住刀具，刚性好，但需针对不同的刀具分别配备，其规格、品种繁多，给管理和生产带来不便。

（2）模块式刀柄

如图 2-7 所示，模块式刀柄比整体式多出了中间连接部分，装配不同刀具时更换连接部分即可，克服了整体式刀柄的缺点，但对连接精度、刚性、强度等都有很高的要求。

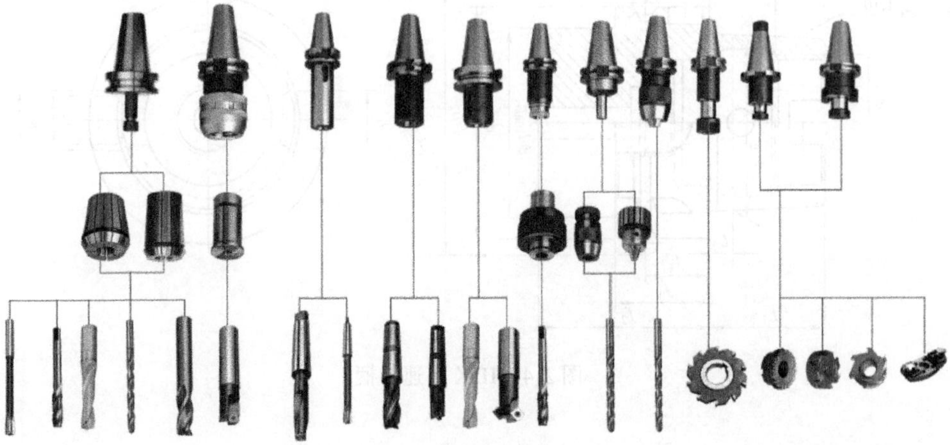

图 2-6　整体式刀柄

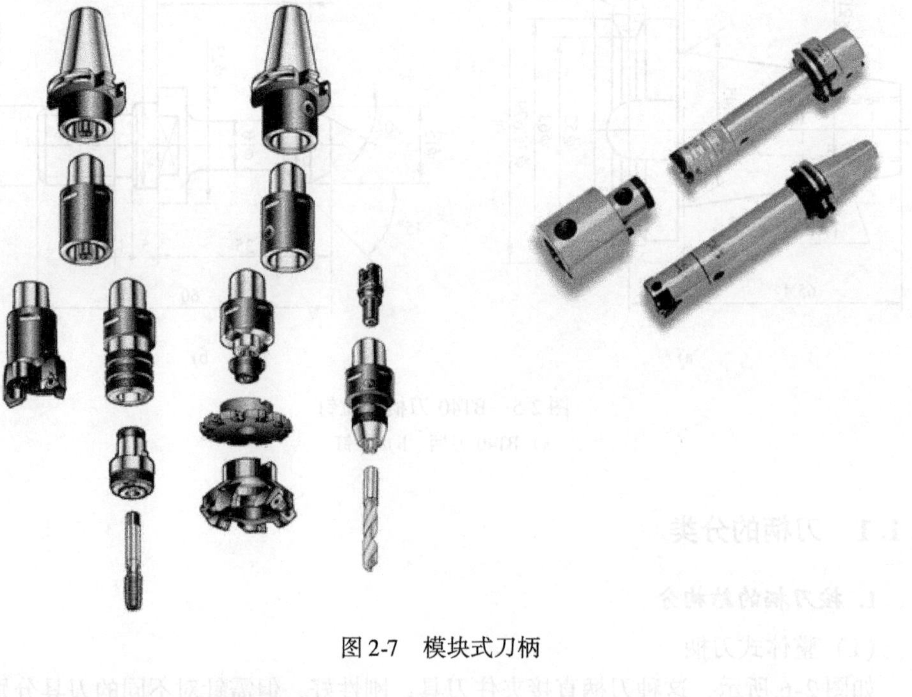

图 2-7　模块式刀柄

2. 按刀柄与主轴连接方式分

（1）一面约束

如图 2-8 所示的右半部，刀柄以锥面与主轴孔配合，但在端面部分有 2mm 左右间隙，此种连接方式刚性较差。

（2）二面约束

如图 2-8 所示的左半部，刀柄以锥面及端面同时与主轴孔配合，在高速、高精加工时，二面限位才能确保可靠。

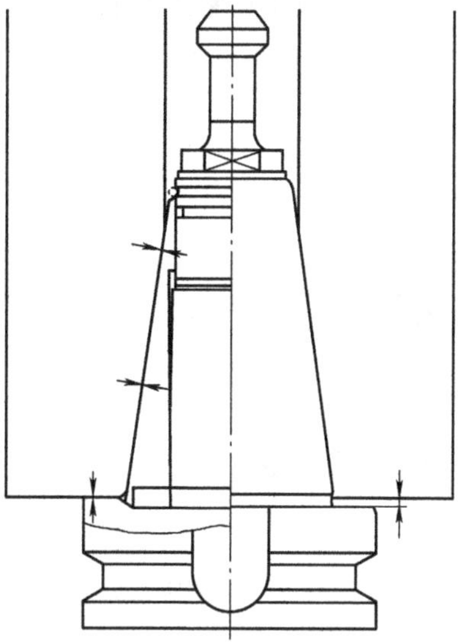

图 2-8　刀柄一面约束与两面约束

3. 按刀具夹紧方式分

（1）弹簧夹头刀柄

弹簧夹头刀柄主要用于装夹钻头、铣刀、丝锥、铰刀等，使用较多。采用 ER 型卡簧，适用于夹持直径 16mm 以下的铣刀进行铣削加工如图 2-9 所示；若采用 C 型卡簧，则称为强力夹头刀柄，可以提供较大夹紧力，适用于夹持直径 16mm 以上的铣刀进行强力铣削，如图 2-10 所示。

（2）侧固式刀柄

侧固式刀柄采用侧向夹紧，适用于切削力大的加工，但一种尺寸的刀具需对应配备一种刀柄，规格较多常用的侧固式刀柄如图 2-11 所示。

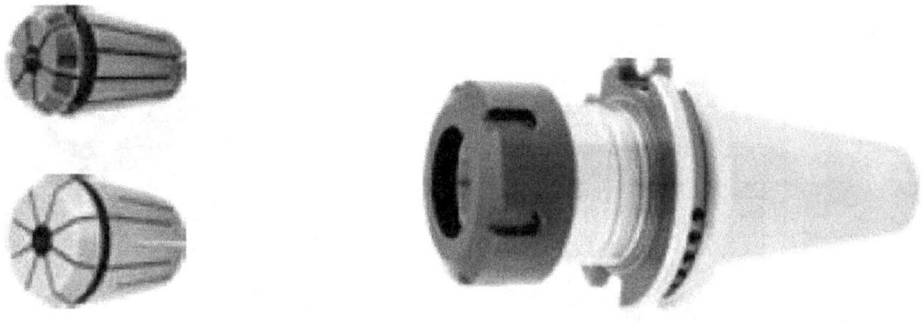

a)　b)

图 2-9　弹簧夹头刀柄与卡簧

a）ER 型卡簧　b）弹簧夹头刀柄

a)　b)

图 2-10　强力夹头刀柄与卡簧

a）C32 型卡簧　b）强力夹头刀柄

（3）液压夹紧式刀柄

液压夹紧式刀柄采用液压夹紧，可提供较大夹紧力如图 2-12 所示。

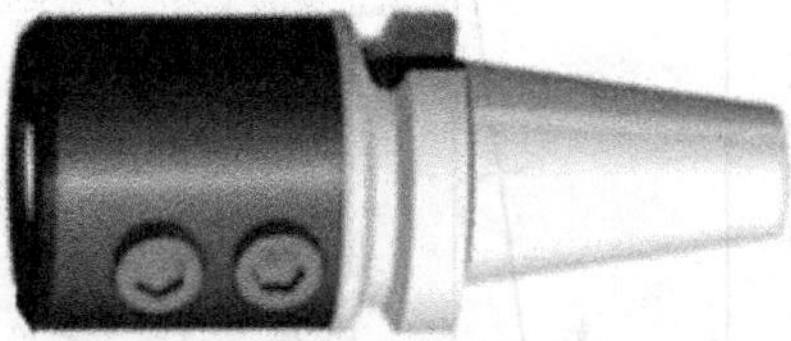

图 2-11　侧固式刀柄

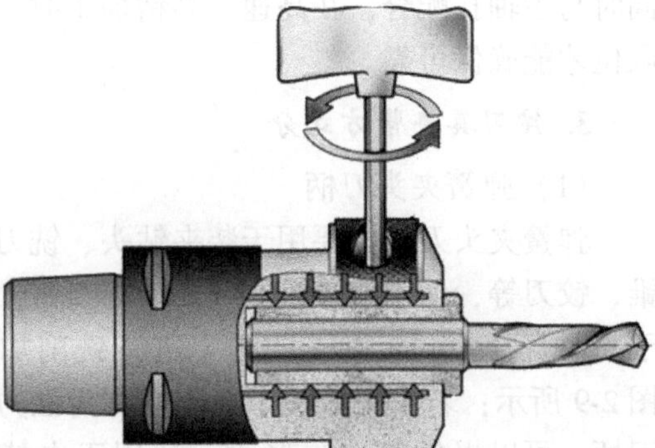

图 2-12　液压夹紧式刀柄

（4）热装刀柄

装刀时加热孔，靠冷却夹紧，使刀具和刀柄合二为一，在不经常换刀的场合使用如图 2-13 所示。

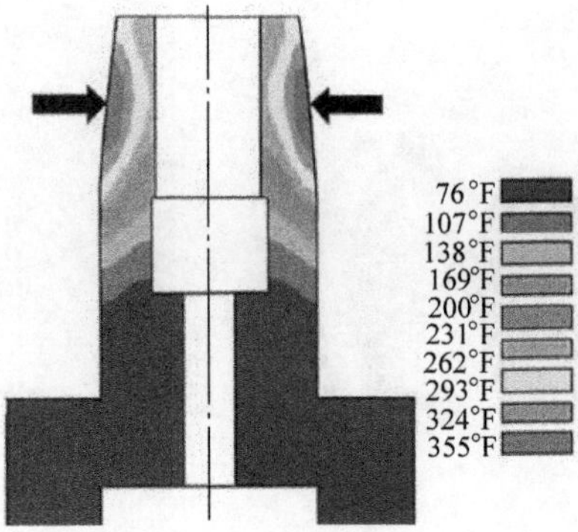

a)

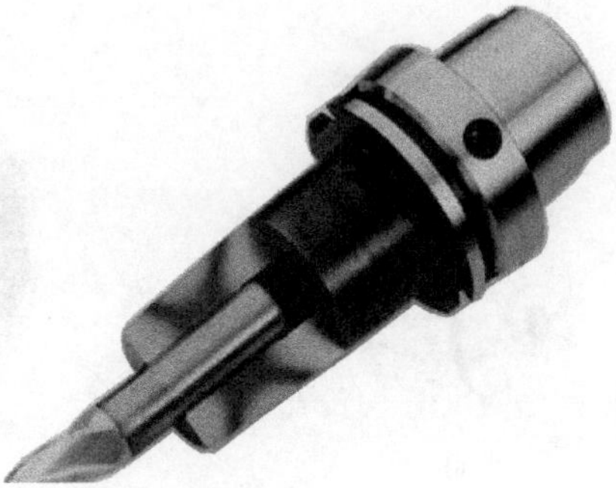

b)

图 2-13　热装刀柄

4. 按允许转速分

（1）低速刀柄

低速刀柄主要指主轴转速在 8000 r/min 以下的刀柄。

（2）高速刀柄

高速刀柄（即 HSK 刀柄）如图 2-14 所示，用于主轴转速 8000r/min 以上的高速加工，其上有平衡调整环，必须经过动平衡校验。

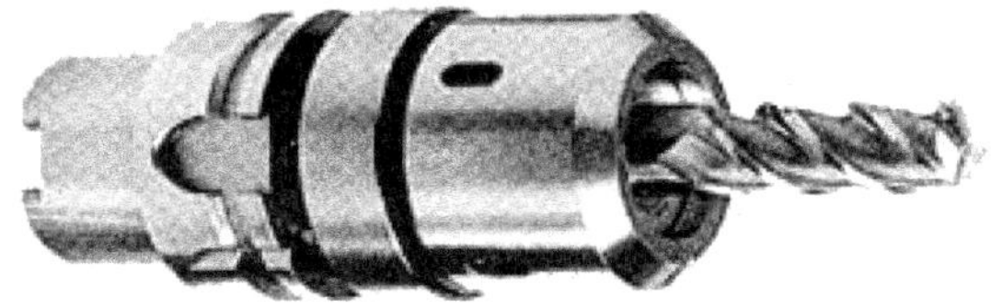

图 2-14　HSK 刀柄

5. 按所夹持的刀具分

（1）夹圆柱铣刀刀柄

夹圆柱铣刀刀柄用于夹持圆柱铣刀，如图 2-15 所示。

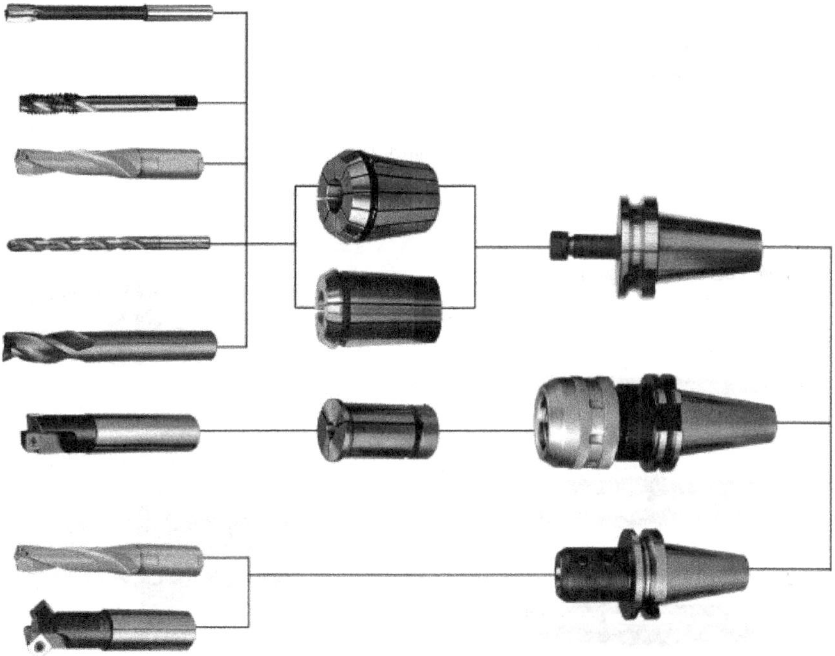

图 2-15　夹圆柱铣刀刀柄

（2）面铣刀刀柄

面铣刀刀柄用于与面铣刀盘配套使用，如图 2-16 所示。

（3）莫氏锥柄刀柄

莫氏锥柄刀柄用于夹持带有莫氏锥度的钻头、铰刀等，刀柄上有扁尾槽及装卸槽，如图 2-17 所示。

（4）直柄钻头刀柄

直柄钻头刀柄用于装夹直径在 13mm 以下的中心钻、直柄麻花钻、铰刀等，如图 2-18 所示。

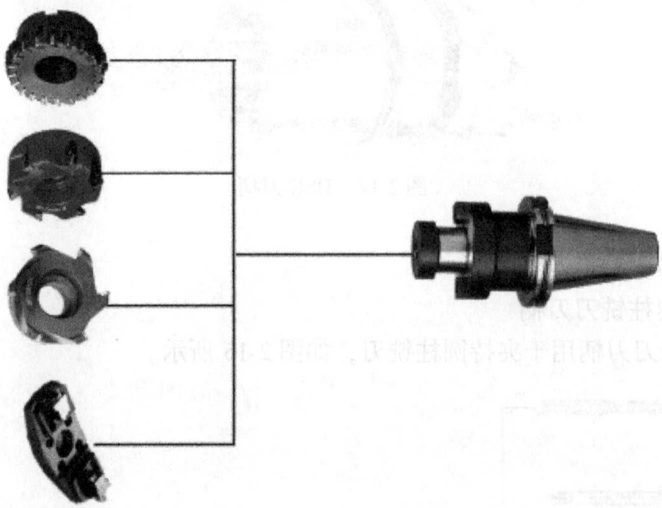

图 2-16 面铣刀刀柄

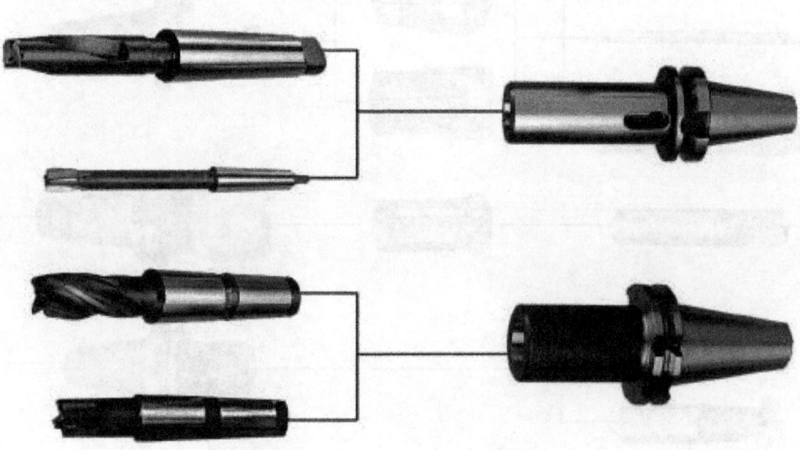

图 2-17 莫氏锥柄刀柄

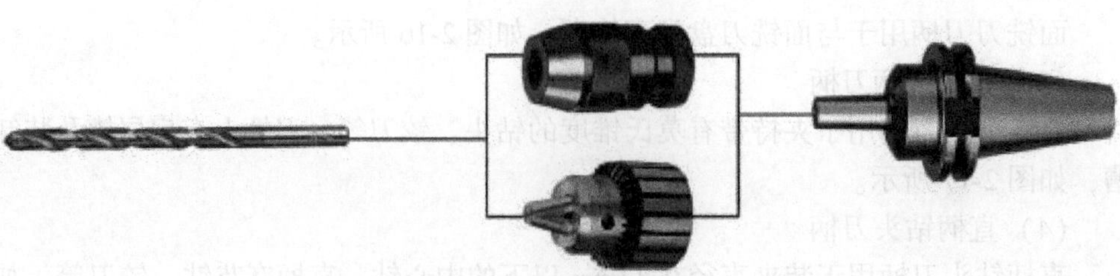

图 2-18 直柄钻头刀柄

（5）镗刀刀柄

镗刀刀柄用于各种尺寸孔的镗削加工，有单刃、双刃以及重切削等类型，如图2-19所示。

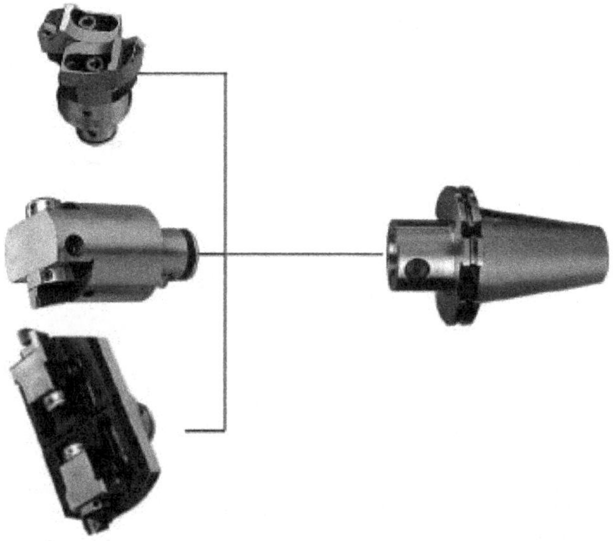

图2-19　镗刀刀柄

（6）丝锥刀柄

丝锥刀柄用于自动攻螺纹时装夹丝锥，一般具有切削力限制功能，如图2-20所示。

a)　b)　c)

图2-20　丝锥刀柄

6. 其他刀柄

（1）增速刀柄

当加工所需的转速超过了机床主轴的最高转速时，可以采用增速刀柄将刀具转速增大4～5倍，扩大机床的加工范围，如图2-21所示。

（2）多轴刀柄

当同一方向的加工内容较多时，如位置相近的孔系，采用多轴刀柄可以有效地提高加工效率，如图 2-22 所示。

a) b)

图 2-21 增速刀柄

图 2-22 多轴刀柄

（3）角度刀柄

除了使用回转工作台进行五面加工以外，还可以采用角度刀柄实现立、卧转换，达到同样的目的。转角一般有 30°、45°、60°、90°等，如图 2-23 所示。

（4）中心冷却刀柄

中心冷却刀柄可以通过刀具中心第一时间将切削液输送到加工表面。为了改善切削液的冷却效果，特别是在孔加工时，采用这种刀柄可以将切削液从刀具中心喷入到切削区域，极大地提高了冷却效果，并有利于排屑。使用这种刀柄，要求机床具有相应的功能，如图 2-24 所示。

图 2-23 角度刀柄

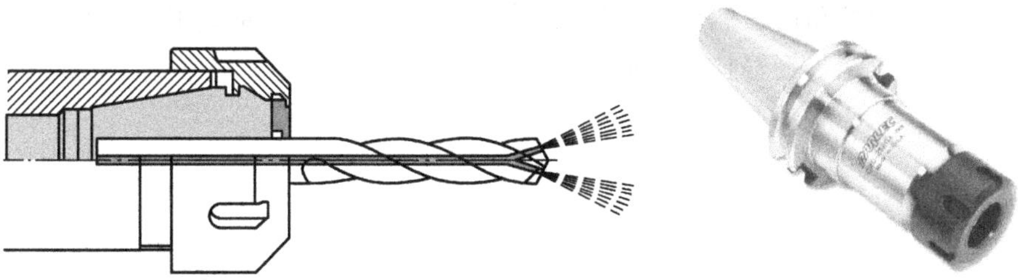

a)　　b)

图 2-24　中心冷却刀柄

2.1.2　常用刀具在刀柄中的装夹方法

数控铣床（加工中心）各种刀柄均有相应的使用说明，在使用时必须仔细阅读。这里以最为常用的弹簧夹头刀柄举例说明。

1）将刀柄放入卸刀座并锁紧，如图 2-25 所示。

2）根据刀具直径大小选取合适的卡簧（又称夹簧），如图 2-26 所示。在安装之前必须先将卡簧、锁紧螺母螺纹部分及定位面、锥面清理干净。

图 2-25　刀柄放入卸刀座

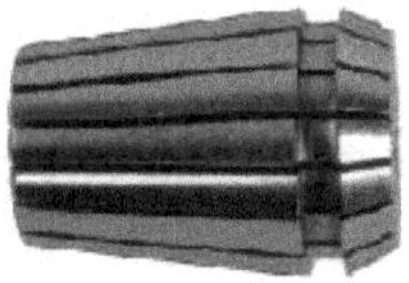

图 2-26　卡簧

3）将卡簧装入锁紧螺母内安装方法，如图 2-27 所示（安装时，卡簧与锁紧螺

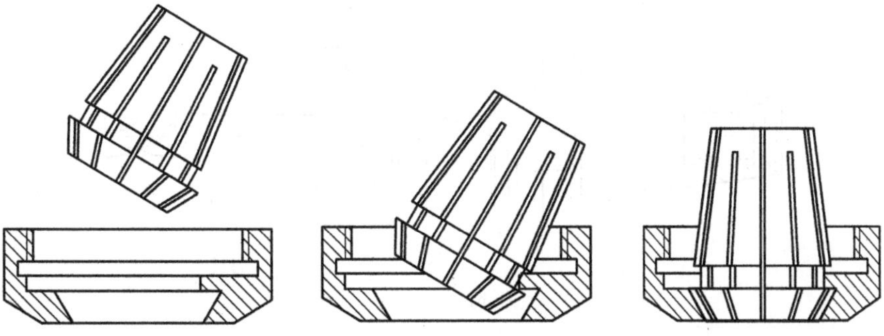

a)　　b)　　c)

图 2-27　卡簧与锁紧螺母的安装

母必须倾斜一定的角度，然后将卡簧轻轻地放在锁紧螺母的锁紧卡槽内）。然后将装上卡簧的锁紧螺母轻轻拧在刀柄上如图 2-28 所示。

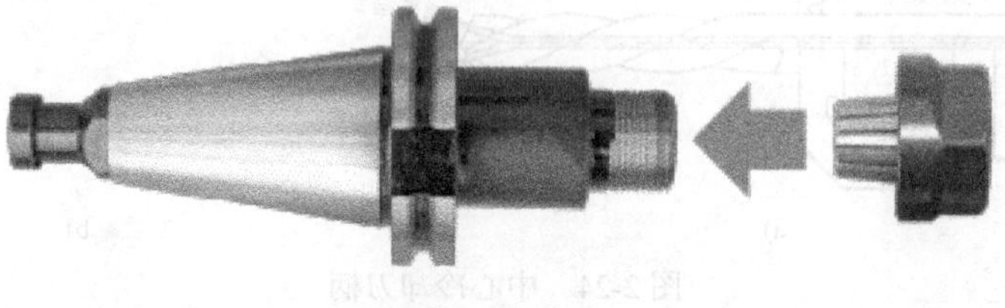

a)

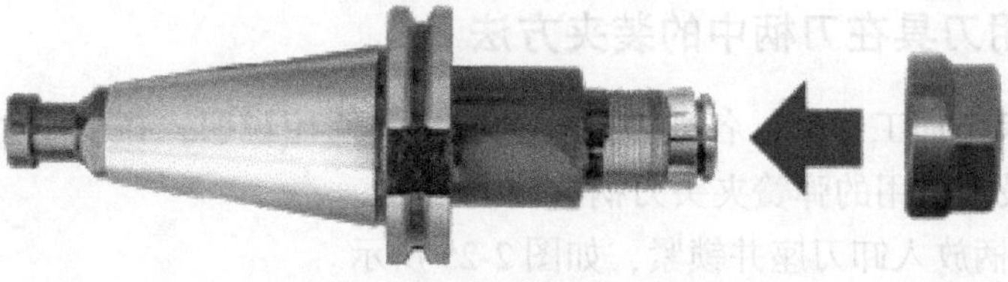

b)

图 2-28 锁紧螺母与刀柄的安装

a）正确安装　b）错误安装

4）将铣刀装入卡簧孔内，并根据加工深度控制刀具悬伸长度，如图 2-29 所示。

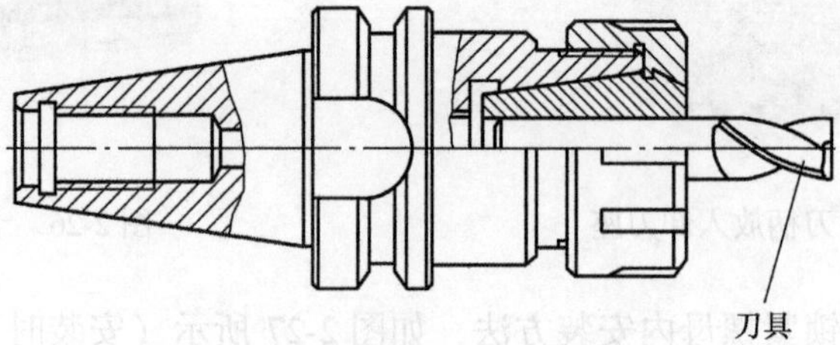

a)

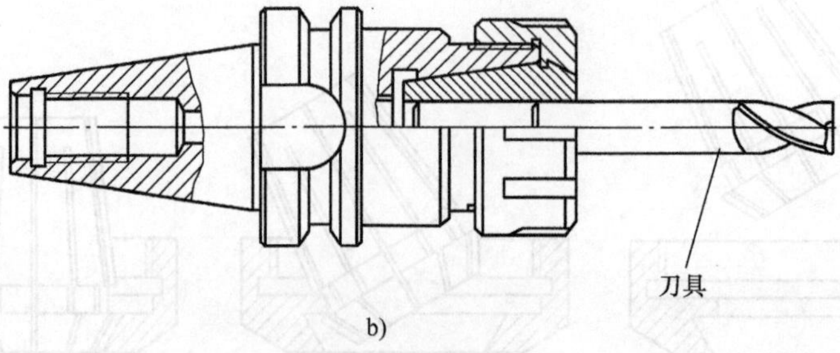

b)

图 2-29　铣刀的安装

a）铣刀正确安装　b）铣刀错误安装

5）用扳手将锁紧螺母锁紧，常用扳手如图2-30所示。

a）

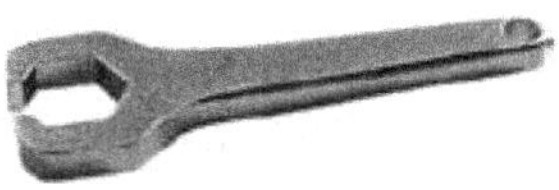

b）

c）

图2-30 刀柄螺母锁紧扳手

6）检查无误后，将刀柄装上主轴。

2.2 数控铣床（加工中心）刀具的介绍

2.2.1 数控铣床（加工中心）刀具的选择原则

刀具应根据机床的加工能力、加工工件的材料性能、加工工序、切削用量以及其他相关因素正确选用。刀具选择总的原则是适用、安全、经济。

适用是要求所选择的刀具能达到加工目的，完成材料的去除，并达到预定的加工精度。如在粗加工时，选择有足够大并有足够切削能力的刀具能快速去除材料；而在精加工时，为了能把结构形状全部加工出来，要使用较小的刀具，加工到每一个角落。再如，切削低硬度材料时，可以使用高速钢刀具，而切削高硬度材料时，就必须要用硬质合金刀具。

安全指的是在有效去除材料的同时，不会产生刀具的碰撞，折断等。要保证刀具及刀柄不会因为与工件相碰撞或者挤擦，造成刀具或工件的损坏。如使用刀杆加长的刀具或小直径的刀具来切削材质较硬的工件，刀具就很容易折断，选用时一定要慎重。

经济指的是能以最小的成本完成加工。在同样情况下，应选择综合成本相对较低的刀具。刀具的寿命和精度与刀具价格关系极大，在大多数情况下，选择好的刀具虽然增加了刀具成本，但加工质量和加工效率的提高则可能使总体成本降低，产生更好的效益。如切削钢材时，选用高速钢刀具，其进给速度只能达到100mm/min，而采用同样尺寸的硬质合金刀具，进给速度可以达到500mm/min以上，这样可以大幅缩短加工时间，虽然刀具价格较高，但总体成本反而更低。通常情况下，优先选择经济性良好的可转位刀具。

选择刀具时还要考虑安装调整的方便程度、刚性、寿命和精度。在满足加工要求的前提下，刀具的悬伸长度应尽可能短，以提高刀具系统的刚性。

2.2.2 刀具材料的介绍

1. 高速钢刀具

高速钢是在合金工具钢中加入较多的钨、钼、铬、钒等合金元素的高合金工具钢。高速钢刀具是一种比普通刀具要坚韧，更容易切割的刀具，高速钢具有高硬度(62～67 HRC)、高耐磨性和高耐热性等特点，有较好的工艺性能，强度和韧性配合好，而且具有很好的热硬性，但不适合高速切削和硬材料的切削。常用牌号有W18Cr4V、W6Mo5Cr4V2。

高速钢是刀具材料市场上曾经辉煌过几十年的“霸主”。随着被加工材料的不断变化以及生产加工的需要，人们不断改变高速钢的成分，在普通高速钢中加入Co 、Al、V 等合金元素，提高综合性能，主要用来加工不锈钢、耐热钢和高温合金等难加工材料。

（1）高碳高速钢

牌号有 9W8Cr4V （9W18）、9W6Mo5Cr4V2 （CM2），常温硬度值为 66～68HRC，600℃时硬度值提高到 51～52HRC，适用于制造耐磨性要求高的刀具。

（2）铝高速钢

牌号有 W6Mo5Cr4V2Al（501）和 W6Mo5Cr4V2Al（5F-6）是我国独创的新钢种。常温硬度值为 67～69HRC，600℃时硬度值提高到 54～55HRC，切削性能与 M42（ANSI 高速钢）相当，刀具寿命比 W18 高 1～2 倍以上，做滚齿刀的切削速度为 1.67mm/s。磨削性加工性较差，热处理要高。

（3）钴高速钢

高速钢合金元素中加入钴，综合性能改善，从而提高切削速度。如美国的 M40 系列中的 M42，常温硬度值为 67～69HRC，600℃时硬度值提高到 54～55HRC。适合加工高温合金、钛合金及其他难加工材料。由于我国钴资源有限，目前钴高速钢生产和使用不多。

（4）高钒高速钢

由于大量高硬度、高耐磨性的 VC（钒碳化物）弥散在高速钢中，提高了高速钢的耐磨性，且能细化晶粒、降低钢的过热敏感性。高钒高速钢适合加工硬橡胶、塑料等对刀具磨损严重的材料。高钒高速钢使用寿命长，缺点是磨削加工性差。主要牌号有 W6Mo5Cr4V3、W12Cr4V4Mo 等。

（5）粉末冶金高速钢

前面介绍的高速钢都是用一般冶炼方法制造的（冶炼—钢锭—锻造—加工成刀具）。其金相组织存在着碳化物颗粒粗大及分布不均匀的现象，影响切削性能的提高。用粉末冶金法制造的高速钢，有效地解决了这个问题。粉末冶金高速钢碳化物颗粒细小且分布均匀，热处理变形很小，可磨削性能明显提高。粉末冶金高速钢的耐用度较高。

我国生产的粉末冶金高速钢有，钢铁研究总院生产的 FT15 和 FR71、上海材料研究所研制的 PT1、PVN、北京工具研究所研制的 GF1、GF2、GF3 等。

2. 硬质合金刀具

硬质合金是以高硬度难熔金属的碳化物（WC、TiC）微米级粉末为主要成分，以钴、镍或钼为黏结剂，在真空炉或氢气还原炉中烧结而成的粉末冶金制品。硬质合金具有硬度高、耐磨、强度高和韧性较好、耐热、耐性蚀等一系列优良性能，特别是它具有高硬度和高耐磨性，即使在 500℃下也基本保持不变，1000℃时仍有很高的硬度。切削速度可比高速钢高 4 ~ 10 倍。我国目前生产的硬质合金主要分为 3 类。

（1）K 类（YG）

K 类（YG）即钨钴类，由碳化钨和钴组成。其硬度为 89 ~ 91.5HRA，耐热性为 800 ~ 900℃，主要用于加工铸铁、有色金属及非金属材料。这类硬质合金韧性较好，但硬度和耐磨性较差，常用的牌号有 YG8、YG6、YG3，它们制造的刀具依次适用于粗加工、半精加工和精加工。数字表示钴含量的百分数，YG6 即钴含量为 6%，钴含量越多，韧性越好。YG 类硬质合金不适合加工钢料，因其切削温度达 640℃时，刀具会与钢产生黏结，使刀具发生黏结磨损。

（2）P 类（YT）

P 类（YT）即钨钴钛类，由碳化钨、碳化钛和钴组成。其硬度为 89.5 ~ 92.5 HRA，耐热性为 900 ~ 1000℃，主要用于加工塑性材料。这类硬质合金耐热性和耐磨性较好，但抗冲击韧性较差，适用于加工钢料等韧性材料。常用的牌号有 YT5、YT15、YT30 等，T 后面的数字代表 TiC 含量，TiC 含量越高，则耐磨性较好、韧性越低。这 3 种牌号的硬质合金制造的刀具分别适用于粗加工、半精加工和精加工。

（3）M 类（YW）

M 类（YW）即钨钴钛钽铌类。由在钨钴钛类硬质合金中加入少量的稀有金属碳化物（TaC 或 NbC）组成。其抗弯强度、疲劳强度、耐热性、高温硬度和抗氧化能力都有很大的提高。它具有前两类硬质合金的优点，用其制造的刀具既能加工脆性材料，又能加工韧性材料。同时还能加工高温合金、耐热合金及合金铸铁等难加工材料，常用牌号有 YW1、YW2。

3. 陶瓷

常用陶瓷刀具材料是以 Al_2O_3 或 SiN_4 为基体材料在高温下烧结而成的。其硬度值可达 91 ~ 95HRA，耐磨性比硬质合金高十几倍，适合加工冷硬铸铁和淬硬钢。在 1200℃ 高温下仍能切削，高温硬度可达 80HRA，540℃ 时高温硬度为 90HRA，切削速度比硬质合金高 2 ~ 10 倍；具有良好的抗黏结性能，与多种金属亲和力小；

化学稳定性好，即使在熔化时，也不与钢相互作用，抗氧化能力强。

陶瓷刀具最大的缺点是脆性大、抗弯强度和冲击韧性低、导热性差。

4. 氮化硼（CNB）

氮化硼是人工合成的超硬刀具材料，其硬度可达 7300 ~ 9000HV，仅次于金刚石的硬度。但热稳定性好，可耐 1300 ~ 1500℃ 高温，与铁族材料亲和力小（在 1200 ~ 1300℃时也不会与铁族金属起反应）。但强度低，焊接性差。既能胜任淬火钢、冷硬铸铁的粗车和精车，又能胜任高温合金、热喷涂材料、硬质合金及其他难加工材料的高速切削。CBN 刀具非常适合数控机床加工。

5. 金刚石

金刚石分人造和天然两种，做切削刀具的材料，大多数是人造金刚石，其硬度极高，可达 10000HV（硬质合金仅为 1300 ~ 1800HV）。其耐磨性是硬质合金的 80 ~ 120 倍。但韧性差，对铁族材料亲和力大。因此一般不宜加工黑色金属，主要用于硬质合金、玻璃纤维塑料、硬橡胶、石墨、陶瓷、有色金属等材料的高速精加工。

2.2.3 数控铣床（加工中心）刀具的种类

数控铣床（加工中心）使用的刀具由刃具和刀柄两部分组成。刃具有面加工用的各种铣刀和孔加工用的钻头、镗刀、铰刀及丝锥等。

1. 铣刀的种类

铣刀有较多的种类，但常用的有面铣刀、立铣刀、模具铣刀、键槽铣刀、倒角刀、螺纹铣刀等。

（1）面铣刀

面铣刀的圆周表面和端面上都有切削刃，端部切削刃为副切削刃，常用于端铣较大的平面。面铣刀多制成套式镶齿结构，刀齿为高速钢或硬质合金，刀体为 40Cr。

高速钢面铣刀按国家标准规定，直径 $d=50\sim315$mm，螺旋角 $\beta=10°$，刀齿数 $z=4\sim26$。

硬质合金面铣刀与高速钢铣刀相比，铣削速度较高、加工表面质量也较好，并可加工带有硬皮和淬硬层的工件，故得到广泛应用，如图 2-31 所示。

（2）立铣刀

立铣刀是数控铣削中最常用的一种铣刀如图 2-32 所示。立铣刀的圆柱表面和端面上都有切削刃，圆柱表面的切削刃为主切削刃，端面上的切削刃为副切削刃。主切削刃一般为螺旋齿，这样可以增加切削平稳性，提高加工精度。由于普通立铣刀端面中心处无切削刃，所以立铣刀不能作轴向进给，端面刃主要用来加工与侧面相垂直的底平面。

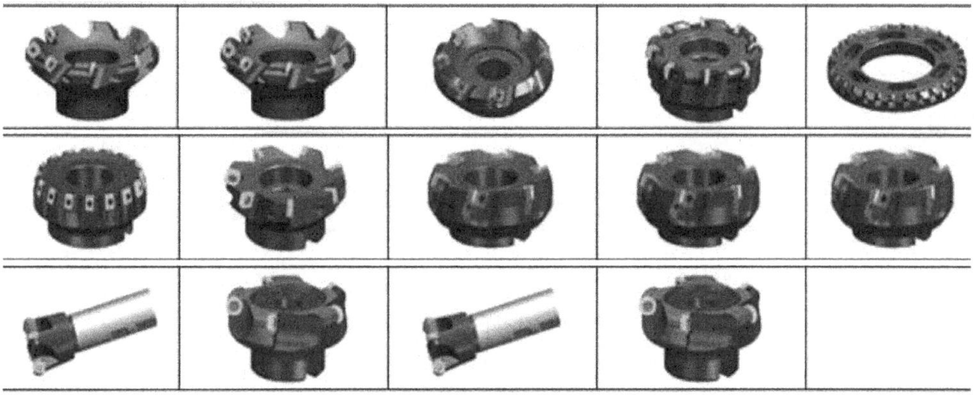

图 2-31　面铣刀类型

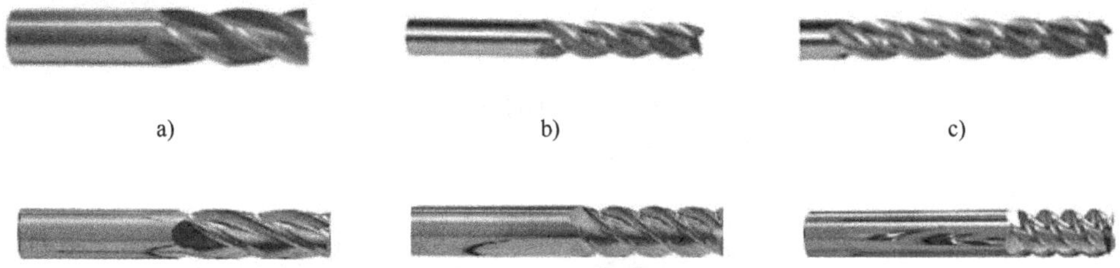

a)　b)　c)　d)　e)　f)

图 2-32　立铣刀

a）标准立铣刀　b）加长立铣刀　c）特长立铣刀

d）30°螺旋角　e）45°螺旋角　f）60°螺旋角

为了改善切屑卷曲情况，增大容屑空间，防止切屑堵塞，刀齿数比较少，容屑槽圆弧半径则较大。一般粗齿立铣刀齿数 $z=3\sim4$，细齿立铣刀齿数 $z=5\sim8$。当立铣刀直径较大时，一般制造成可转位刀片式立铣刀如图 2-33 所示，还可制成不等齿距结构，以增强抗振作用，使切削过程平稳。

标准立铣刀的螺旋角 β 为 30°、45、60° 。按照国家标准规定：立铣刀直径为 2 ~ 50mm，可分为粗齿与细齿两种。直径 2-20 为直柄刀具。

(3) 模具铣刀

模具铣刀由立铣刀发展而成，适用于加工空间曲面零件，有时也用于平面类零件上有较大转接凹圆弧的过渡加工。模具铣刀可分为圆弧铣刀、锥形

图 2-33　可转位立铣刀

铣刀（如图 2-34 所示，圆锥半角 $\alpha/2=3°$、$5°$、$7°$、$10°$）、圆柱形球头铣刀（见图 2-35）和圆锥形球头铣刀（如图 2-36 所示）3 种，齿数一般 $z=1\sim4$，其柄以直柄和削平型直柄为主。它的结构特点是球头或端面上布满了切削刃，圆周刃与球头刃圆弧连接，可以做径向进给和轴向进给。铣刀工作部分用高速钢或硬质合金制造。

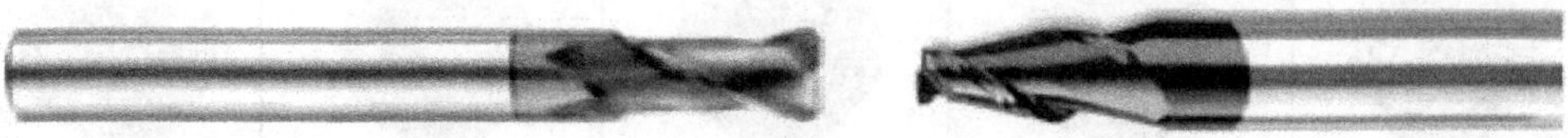

a) b)

图 2-34　圆弧、锥形铣刀

a）圆弧铣刀　b）硬质合金锥形铣刀

a) b)

图 2-35　圆柱形球头铣刀

a）硬质合金球头铣刀　b）可转位球头铣刀

图 2-36　圆锥形球头铣刀

（4）键槽铣刀

键槽铣刀有两个刀齿，圆柱面和端面都有切削刃，端面刃延至中心，既像立铣刀，又像钻头，如图 2-37 所示。加工时先轴向进给达到槽深，然后沿键槽方向铣出键槽全长。

国家标准规定，直柄键槽铣刀直径 $d=2\sim22$mm，键槽铣刀直径的偏差有 e8 和 d8 两种。键槽铣刀的圆周切削刃仅在靠近端面的一小段长度内发生磨损，重磨时，只需刃磨端面切削刃，因此重磨后铣刀直径不变。

a) b)

图 2-37　键槽铣刀

（5）倒角刀

零件倒角是机械中最常见也是最普通的要求，零件倒角后便于装配，也能降低应力集中，还能防止尖角对人员造成伤害。倒角刀目前有单刃、双刃、多刃（3 刃以上），有整体式和可转位式两种形式如图 2-38 所示，倒角角度有 30°、45°。

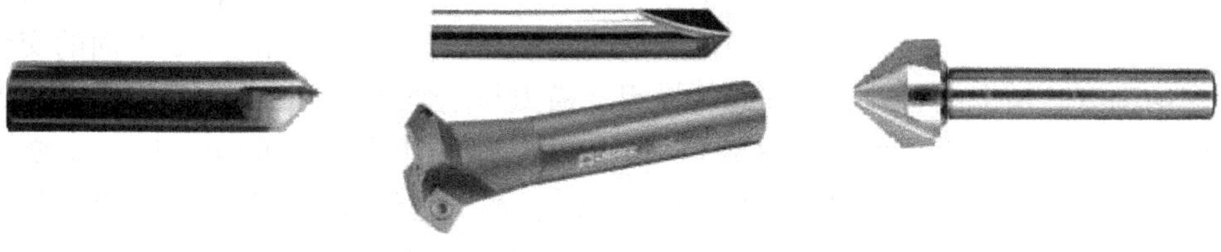

a)　　b)　　c)

图 2-38　倒角刀

a）单刃倒角刀　b）双刃倒角刀　c）伞状（3 刃）倒角刀

（6）螺纹铣刀

螺纹铣刀主要应用在米制螺纹和米制细牙螺纹（大直径）上，适合所有材料的加工。现常用的螺纹铣刀有整体螺纹铣刀以及梳齿螺纹铣刀，如图 2-39 所示。一把螺纹铣刀可以加工同螺距、直径不同的螺纹孔（但螺孔不能太深），特别适合在高硬度的零件上以及低硬度容易生长长卷屑的零件上加工螺纹。如加工半个螺纹、盲孔螺纹等，在小功率机床上采用铣削方式加工螺纹也是很好的选择。螺纹铣削中能加工出螺纹的全牙型，整个螺纹的度确高，能产生非常好的表面粗糙度且排屑安全、容易。在加工中出现的螺纹铣刀崩刃也很好处理，不会影响到工件。螺纹铣削加工的效率很高，加工的螺纹精度和质量很稳定。特别是在加工大直径内孔螺纹时，对主轴的功率和转矩要求很小，可以很好地保证主轴的精度。

a)　　b)

图 2-39　螺纹铣刀

a）整体螺纹铣刀　b）梳齿螺纹铣刀

2. 孔加工刀具的种类

孔加工刀具较多，常用的有麻花钻、扩孔钻、镗刀、铰刀等。

（1）麻花钻

钻孔一般采用麻花钻，麻花钻有高速钢和硬质合金两种，在冷却类型上有外冷却型和内冷却型，如图2-40所示。麻花钻的切削部分有两个主切削刃、两个副切削刃和一个横刃。两个螺旋槽是切屑流经的表面为前刀面；与工件过渡表面（即孔底）相对的端部两曲面为主后刀面；与工件已加工表面（即孔壁）相对的两条刃带为副后刀面。前刀面与主后刀面的交线为主切削刃，前刀面与副后刀面的交线为副切削刃，两个主后刀面的交线为横刃。横刃与主切削刃在端面上投影之间的夹角称为横刃斜角，横刃斜角 $\psi=50°\sim55°$；主切削刃上各点的前角、后角是变化的，外缘处前角约为30°，钻心处前角接近0°，甚至是负值；两条主切削刃在与其平行的平面内的投影之间的夹角为顶角，标准麻花钻的顶角 $2\phi=118°$。

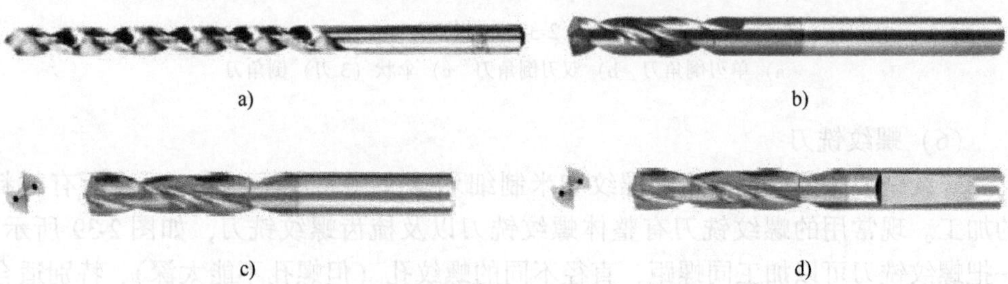

图2-40 麻花钻

a）高速钢加长型麻花钻（外冷却型） b）硬质合金麻花钻（外冷却型）

c）直柄麻花钻（内冷却型） d）削柄麻花钻（内冷却型）

根据柄部不同，麻花钻分为莫氏锥柄和圆柱柄两种。直径为12~80mm的麻花钻多为莫氏锥柄，可直接装在带有莫氏锥孔的刀柄内，刀具长度不能调节。直径为0.1~12mm的麻花钻多为圆柱柄，可装在钻夹头刀柄上。

麻花钻有标准型和加长型。

在数控铣床（加工中心）上钻孔，因无夹具钻模导向，受两切削刃上切削力不对称的影响，容易引起钻孔偏斜，故要求钻头的两切削刃必须有较高的刃磨精度。

（2）可转位扩孔钻及可转位浅孔钻

标准可转位扩孔钻一般有两条主切削刃，切削部分的材料为高速钢或硬质合金，结构形式有直柄式、锥柄式两种。扩孔钻主切削刃较短因此刀体的强度和刚度较好。扩孔钻无麻花钻的横刃，且刀齿多，所以导向性好、切削平稳，加工质量和生产率都比麻花钻高，如图2-41所示。

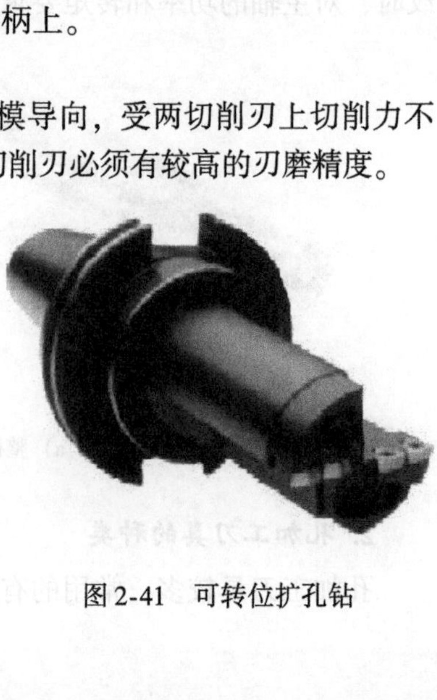

图2-41 可转位扩孔钻

可转位浅孔钻钻深一般为直径的3倍。可转位浅孔钻采用削平型直柄接口，良好的冷却喷口设计有助于降低切削温度、清除铁屑、延长刀具寿命。更换不同材质的刀具用于加工不同材料的工件，节约采购成本，具有较高的生产效率和性价比，如图2-42所示。

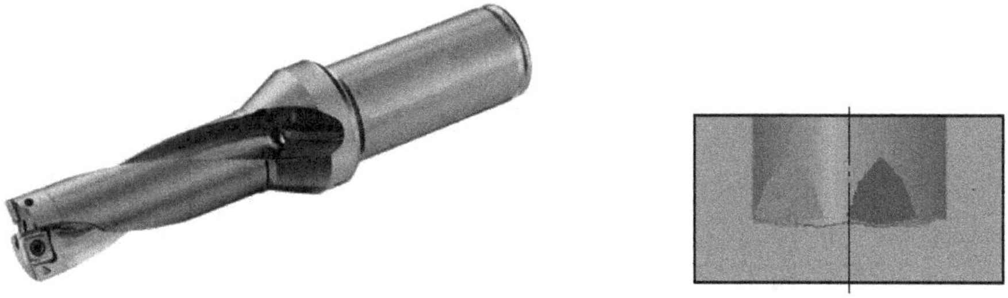

a) b)

图2-42 可转位浅孔钻

（3）镗刀

镗孔所用刀具为镗刀，镗刀种类很多，按切削刃数量可分为单刃镗刀和双刃镗刀，如图2-43所示。

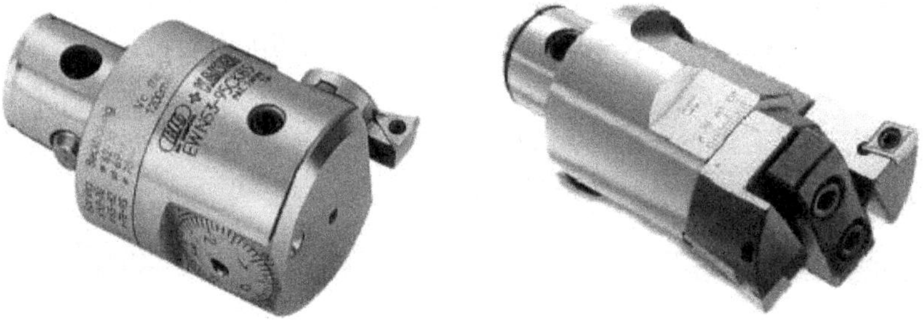

a) b)

图2-43 镗刀

a）单刃镗刀 b）双刃镗刀

单刃镗刀刚性差，切削时易引起振动，所以镗刀的主偏角选得较大，以减小径向力。镗削铸铁孔或精镗时，一般取 $\kappa_r=90°$；粗镗钢件孔时，取 $\kappa_r=60°\sim75°$，以提高刀具的耐用度。镗削孔径的大小要靠调整刀具的悬伸长度来保证，但调整麻烦、效率低，因此只能用于单件小批量生产。但单刃镗刀结构简单，适用性较广，粗、精加工都适用。

目前在孔的精镗加工中，较多地选用精镗微调镗刀，如图2-44所示。这种镗刀的径向尺寸可以在一定范围内进行微调，调节方便，且精度高。调整尺寸时，先松开锁紧螺钉，然后转动带刻度盘的调整螺母，等调至所需尺寸，再拧紧锁紧螺钉，使用时应保证锥面靠近大端接触（即镗杆 90°锥孔的角度公差为负值)，且与直孔部分同心。

镗削大直径的孔可选用图 2-45 所示的双刃镗刀。这种镗刀头部可以在较大范围内进行调整，且调整方便，最大镗孔直径可达 1000mm。

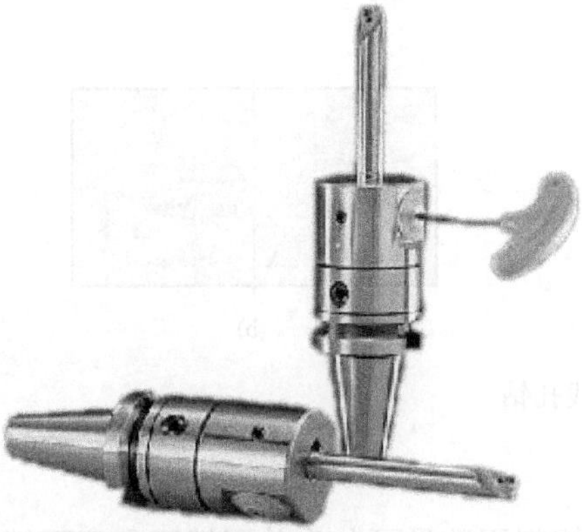

图 2-44　微调镗刀

图 2-45　双刃镗刀

双刃镗刀的两端有一对对称的切削刃同时参加切削，与单刃镗刀相比，每转进给量可提高 1 倍左右，生产效率高。同时，可以消除切削力对镗杆的影响。

（4）铰刀

数控铣床（加工中心）上使用的铰刀多是通用标准铰刀。此外，还有右螺旋槽型铰刀和左螺旋槽型铰刀等，如图 2-46 所示。

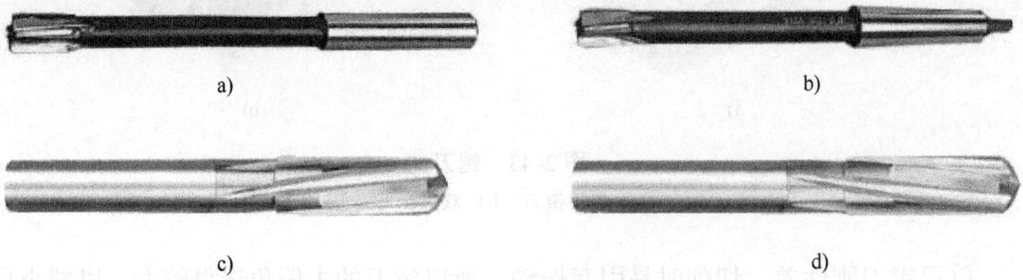

图 2-46　铰刀

a）直柄铰刀　b）锥柄铰刀　c）左螺旋槽型铰刀　d）右螺旋槽型铰刀

加工精度为 IT 7 ~ IT10、表面粗糙度 Ra 为 0. 8 ~ 1. 6μm 的孔时，多选用通用标准铰刀。通用标准铰刀有直柄、锥柄两种如图 2-46 所示。锥柄铰刀直径为 10 ~ 32mm，直柄铰刀直径为 6 ~ 20mm，小孔直柄铰刀直径为 1 ~ 6mm。

铰刀工作部分包括切削部分与校准部分。切削部分为锥形，承担主要切削工作。切削部分的主偏角为 5° ~ 15°，前角一般为 0°，后角一般为 5° ~ 8°。校准部分的作用是校正孔径、修光孔壁和导向。为此，这部分带有很窄的刃带（$\gamma_o=0°$，$\alpha_o=0°$）。校准部分包括圆柱部分和倒锥部分。圆柱部分可保证铰刀直径、便于测量，倒锥部分可减少铰刀与孔壁的摩擦、减小孔径扩大量。

2.2.4　可转位刀片型号表示规则

按照 GB/T 2076—2007 标准（等效 ISO 1832—2004），国内外硬质合金厂生产的切削用可转位刀片（包括车刀片和铣刀片）的型号都符合这个标准。它是由给定意义的字母和数字代号，按一定顺序排列的 10 个号位组成。其中第 8 个和第 9 个号位分别表示切削刃截面外形（即倒棱）和刀片切削方向，只有在需要的情况下才标出。

可转位刀片型号的字母和数字代号由以下 10 个号位组成：形状代号 + 主切削刃后角 + 制造公差 + 断屑槽及夹固形式 + 切削刃长度 + 刀片厚度 + 修光刃 + 切削刃倒棱 + 切削方向 + 断屑槽型代号（该断屑槽型代码由各公司自己定义，用破折号将其与 ISO 代码相连接），如图 2-47 ~ 图 2-55 所示。具体型号如 S P K N 12 04 ED T21 R——DM。

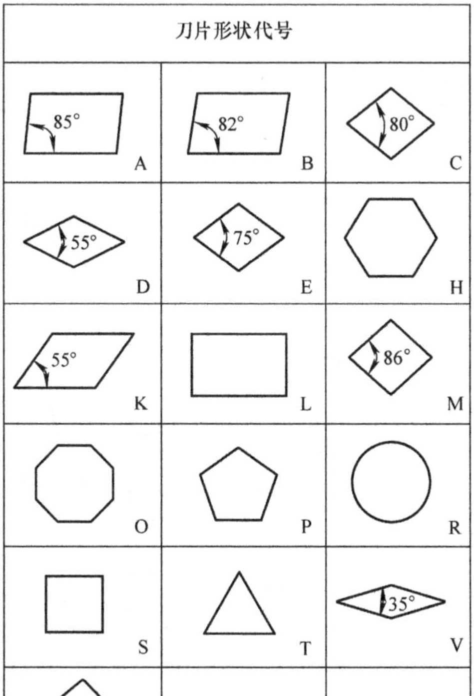

图 2-47　刀片形状代号

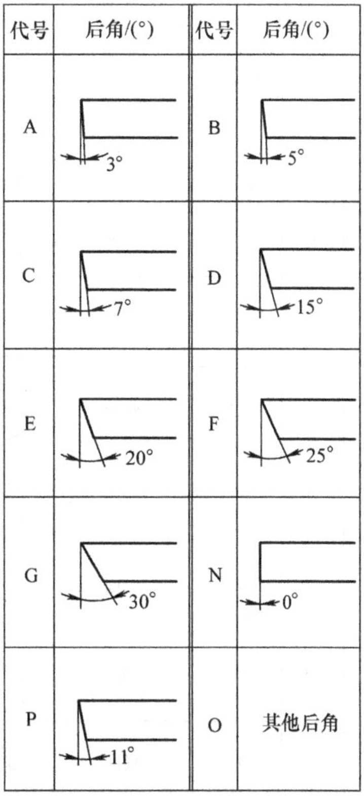

图 2-48　刀片主切削刃后角

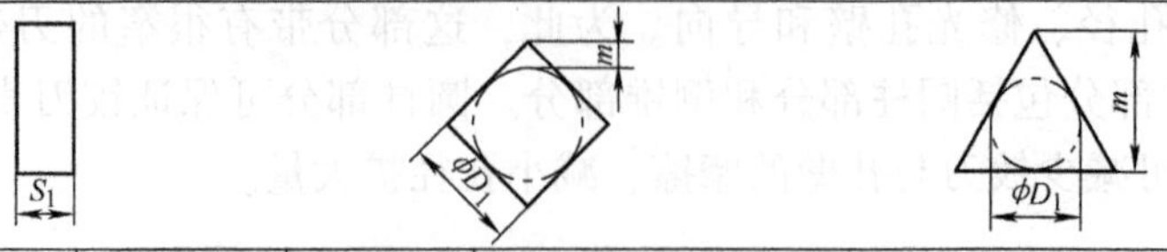

代号	刀尖高度m公差/mm	内接圆ϕD_1公差/mm	厚度S_1公差/mm
A	±0.005	±0.025	±0.025
F	±0.005	±0.013	±0.025
C	±0.013	±0.025	±0.025
H	±0.013	±0.013	±0.025
E	±0.025	±0.025	±0.025
G	±0.025	±0.025	±0.013
J	±0.005	±0.05–±0.13	±0.025
K	±0.013	±0.05–±0.13	±0.025
L	±0.025	±0.05–±0.13	±0.025
M	±0.08–±0.18	±0.05–±0.13	±0.13
N	±0.08–±0.18	±0.05–±0.13	±0.025
U	±0.13–±0.38	±0.08–±0.25	±0.13

(参考)M级精度详细情况(按形状、大小分)

● 刀尖高度公差/mm

内接圆	正三角形	正方形	80°菱形	55°菱形	35°菱形	圆形
6.35	±0.08	±0.08	±0.08	±0.11	±0.16	—
9.525	±0.08	±0.08	±0.08	±0.11	±0.16	—
12.7	±0.13	±0.13	±0.13	±0.15	—	—
15.875	±0.15	±0.15	±0.15	±0.18	—	—
19.05	±0.15	±0.15	±0.15	±0.18	—	—
25.4	—	±0.18	—	—	—	—

● 内接圆ϕD_1公差/mm

内接圆	正三角形	正方形	80°菱形	55°菱形	35°菱形	圆形
6.35	±0.05	±0.05	±0.05	±0.05	±0.05	—
9.525	±0.05	±0.05	±0.05	±0.05	±0.05	±0.05
12.7	±0.08	±0.08	±0.08	±0.08	—	±0.08
15.875	±0.10	±0.10	±0.10	±0.10	—	±0.10
19.05	±0.10	±0.10	±0.10	±0.10	—	±0.10
25.4	—	±0.13	—	—	—	±0.13

图 2-49　刀片制造公差

公制							
代号	有无孔	有无断屑槽	刀片剖面	代号	有无孔	有无断屑槽	刀片剖面
B	有	无	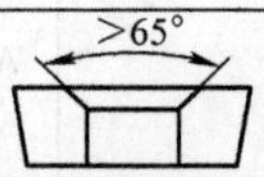	N	无	无	
H	有	无面	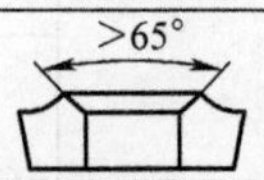	R	无	单面	
C	有	无	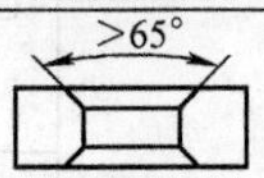	F	无	双面	
J	有	双面	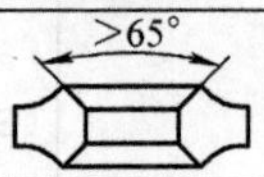	A	有	无	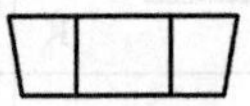
W	有	无	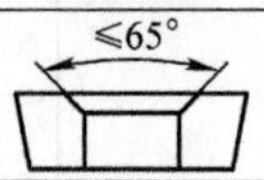	M	有	单面	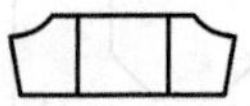
T	有	单面	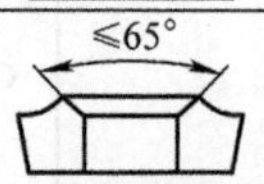	G	有	双面	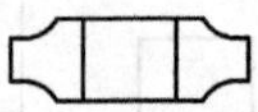
Q	有	无	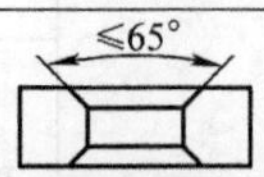	X	—	—	特殊
U	有	双面	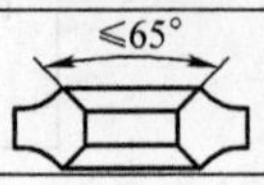				

图 2-50　刀片断屑槽及夹固形式

内接圆直径/mm	刀片形状						
	C	D	R	S	T	V	W
				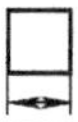		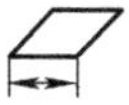	
3.97					06		
5.0			05				
5.56					09		
6.0			06				
6.35	06	07			11	11	
8.0			08				
9.525	09	11	09	09	16	16	06
10.0			10				
12.0			12				
12.7	12	15	12	12	22	22	08
15.875	16		15	15	27		
16.0		19	16				
19.05	19		19	19	33		
20.0			20				
25.0	25	25	25				
25.4			25	25			
31.75			31				
32			32				

图 2-51　刀片切削刃长度

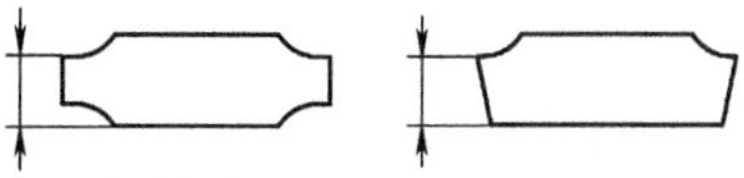

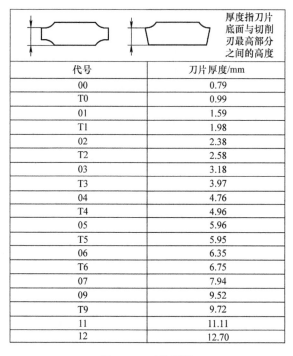

厚度指刀片底面与切削刃最高部分之间的高度

代号	刀片厚度/mm
00	0.79
T0	0.99
01	1.59
T1	1.98
02	2.38
T2	2.58
03	3.18
T3	3.97
04	4.76
T4	4.96
05	5.96
T5	5.95
06	6.35
T6	6.75
07	7.94
09	9.52
T9	9.72
11	11.11
12	12.70

图 2-52　刀片厚度

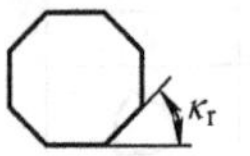		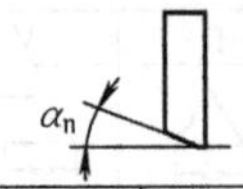	
A	45°	A	3°
D	60°	B	5°
E	75°	C	7°
F	85°	D	15°
P	90°	E	20°
Z	其他	F	25°
		G	30°
		N	0°
		P	11°
		Z	其他

图 2-53　刀片修光刃

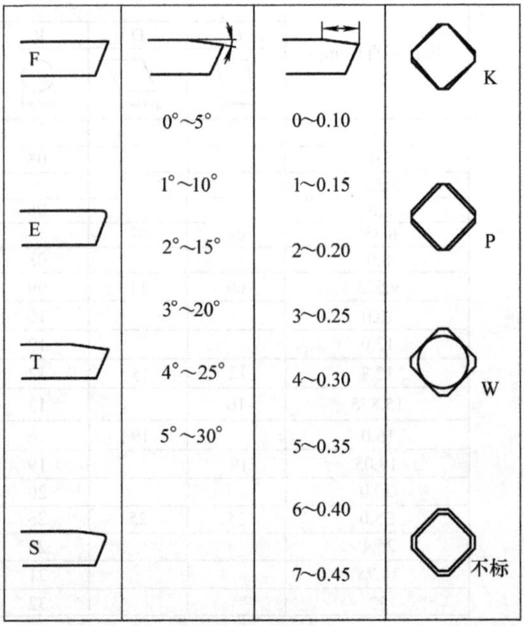
F
E
T
S
0°～5°
1°～10°
2°～15°
3°～20°
4°～25°
5°～30°
0～0.10
1～0.15
2～0.20
3～0.25
4～0.30
5～0.35
6～0.40
7～0.45
K
P
W
不标

图 2-54　切削刃倒棱

R	右
L	左
N	双向

图 2-55　切削方向

第3章

数控铣床（加工中心）的基本操作

3.1 数控铣床（加工中心）安全操作规程

1. 安全注意事项

1）工作时请穿好工作服、安全鞋，戴好工作帽及防护镜。注意：不允许戴手套操作机床。

2）不要移动或损坏安装在机床上的警告标牌。

3）如需要两人或多人共同完成时，应注意相互间的协调一致。

4）禁止用手或其他任何方式接触正在旋转的主轴、工件或其他运动部位。

5）在加工过程中，不允许打开机床防护门。

2. 开机前注意事项

1）检查机床后面润滑油泵中的润滑油是否充裕，若油量不足，请及时补充；若耗油过快或过慢可适当调节油罐上的调节旋钮。

2）做检查气源压力是否达到0.5MPa以上（机床在生产厂内调试时已设定好，一般不需要再做调整）。

3）检查气路三件组合气水分离罐中是否有积水。若有应及时放掉，按动气罐底部按钮即将水排出。若气罐积水过多，在ATC执行换刀动作时，会将水带入气路中，造成电磁阀阀芯及气缸锈蚀，而产生故障。

3. 开机时注意事项

首先打开总电源，然后按下CNC电源中的开启按钮，顺时针旋转急停按钮。机床检测完所有功能后NC指示灯绿灯亮，机床准备完毕。

4. 手动操作时注意事项

1）必须熟悉机床使用说明书和机床的一般性能、结构，严禁超性能使用。

2）必须时刻注意，在进行X方向、Y方向移动前，必须使Z轴处于抬刀位置。移动过程中，不能只看CRT屏幕中坐标位置的变化，还要观察刀具的移动。刀具移动到位后，再看CRT屏幕进行微调。

5. 编程时注意事项

对于初学者来说，编程时应尽量少用 G00 指令，特别在 X、Y、Z 3 轴联动中，更应注意。在走空刀时，应把 Z 轴的移动与 X 轴、Y 轴的移动分开进行，即多抬刀、少斜插。斜插时，刀具容易因碰到工件而造成损坏。

6. 换刀时注意事项

更换刀具时应注意操作安全。在装入刀具时应将刀柄和刀具擦拭干净。

7. 加工时注意事项

在自动运行程序前，必须认真检查程序，确保程序的正确性。在操作过程中必须集中注意力，谨慎操作。运行过程中，一旦发生问题，及时按下复位按钮或急停按钮。

8. 使用计算机进行串口通信时注意事项

使用计算机进行串口通信时，要做到先开机床、后开计算机；先关计算机、后关机床。避免在开关机床的过程中，由于电流的瞬间变化而冲击计算机。

9. 利用 DNC（计算机与机床之间相互进行程序的输送）功能时注意事项

要注意机床的内存容量，一般从计算机向机床传输的程序总字节应小于额定字节。如果程序比较长，则必须采用边传输边加工的方法。

10. 关机时注意事项

1）关机前，应使刀具处于安全位置，把工作台上的切屑清理干净，把机床擦拭干净。

2）关机时，先关闭系统电源，再关闭电气总开关。

3.2 GSVM8050L$_2$ 型立式加工中心操作

数控铣床（加工中心）是由机械设备与数控系统组成的适用于加工复杂工件的高效率自动化机床。操作人员在操作前必须对数控机床的基本操作有深刻的了解。下面以 GSVM8050L$_2$ 型立式加工中心（所配数控系统为 FANUC 0i Mate-MD）为例详细介绍机床的操作，如图 3-1 所示。

图 3-1 立式加工中心

3.2.1 主要技术参数

GSVM8050L_2 型立式加工中心的主要技术参数见表 3-1 所列。

表 3-1 技术参数

工作台工作面积（长×宽）	1000mm×560mm
工作台最大纵向行程	900mm
工作台最大横向行程	550mm
工作台最大垂直行程	600mm
工作台 T 形槽数	5 个
工作台 T 形槽宽	18mm
工作台 T 形槽间距	100mm
主轴孔锥度	7：24，莫氏锥度 54
主轴转速范围	60～7000r/min
主电动机功率	7.5kW
快移速度	15m/min
重复定位精度	0.01mm

3.2.2 数控系统操作面板（FANUC 0i Mate-MD）

1. 数控系统操作面板介绍

数控系统操作面板由显示屏（LCD 液晶显示屏）和 MDI 键盘两部分组成，如图 3-2 所示。其中，显示屏主要显示相关坐标位置、程序、图形、参数、诊断、报警等信息；MDI 键盘包括字母键、数字键以及功能键等，可以进行程序的输入、编辑、修改，参数的设置及系统功能的选择等。

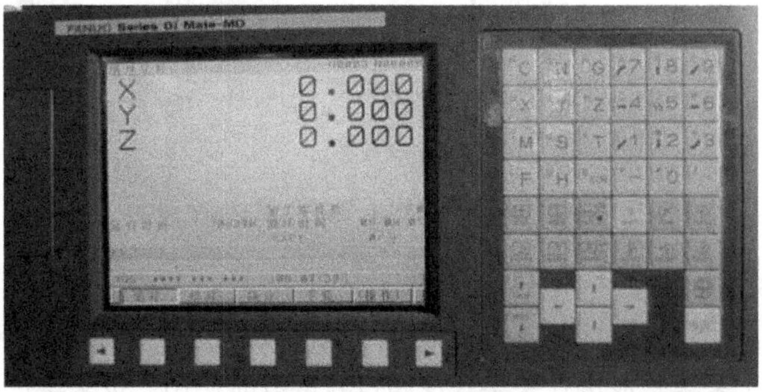

图 3-2 数控系统操作面板

2. 外部数据输入/ 输出接口

FANUC 0i Mate-MD 系统的外部输入/ 输出接口有 CF 卡插槽和 RS232 传输线（9 孔 25 针）两种，如图 3-3、图 3-4 所示。

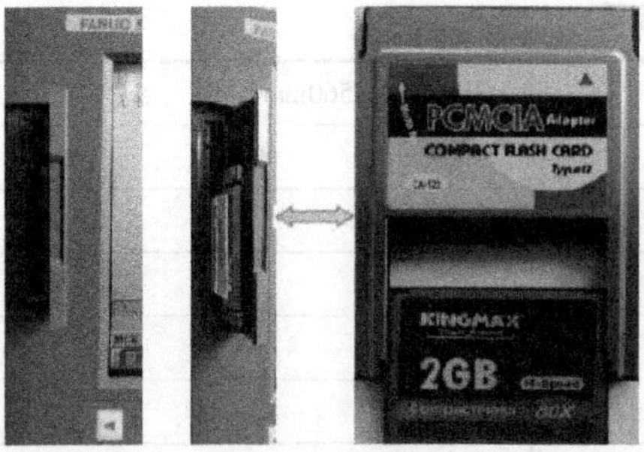

图 3-3　插槽及 CF 卡

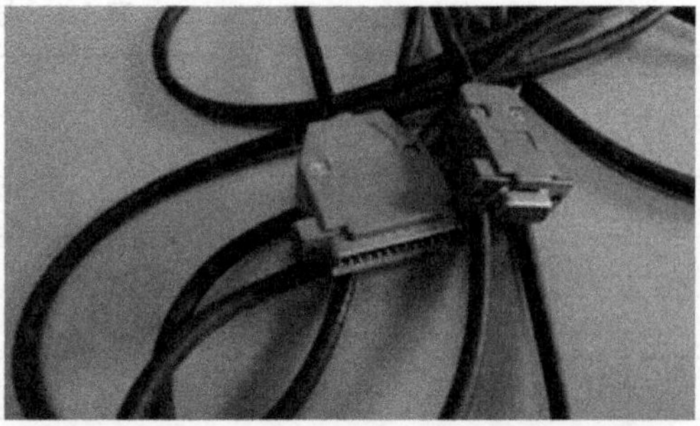

图 3-4　RS232 传输线（9 孔 25 针）

3. LCD 液晶显示屏和 MDI 键盘

MDI 键盘布局及各按钮介绍如图 3-5 所示。

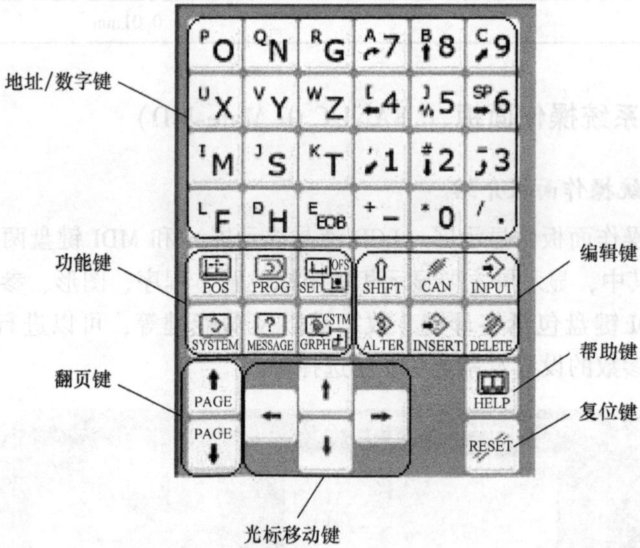

图 3-5　MDI 键盘布局

（1）软件按钮

LCD 液晶显示屏幕下面有 5 个软键（如图 3-6 所示）可以选择对应子菜单的功能，还有两个菜单扩展键在菜单长度超过软键数时使用，按菜单扩展键后可以显示更多的菜单项目，如图 3-7 所示。

图 3-6　软件按钮

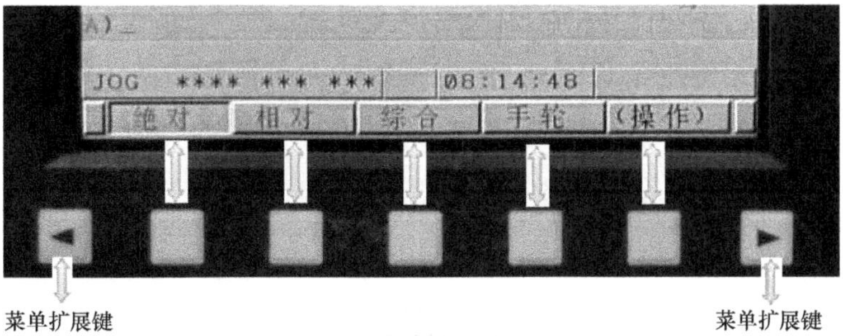

图 3-7　软件按钮的使用

（2）复位键RESET

按复位键可使 CNC 复位，用以消除报警（坐标轴超程报警除外）等。

（3）地址键X和数字键1

按地址键和数字键可输入字母、数字以及其他字符。

（4）功能键

按功能键可切换各种功能显示画面。

1）坐标位置显示按钮POS。按此按钮，屏幕显示机床坐标画面，连续按该按钮会出现绝对坐标画面、相对坐标画面、综合坐标画面 3 个画面切换，如图 3-8 所示。

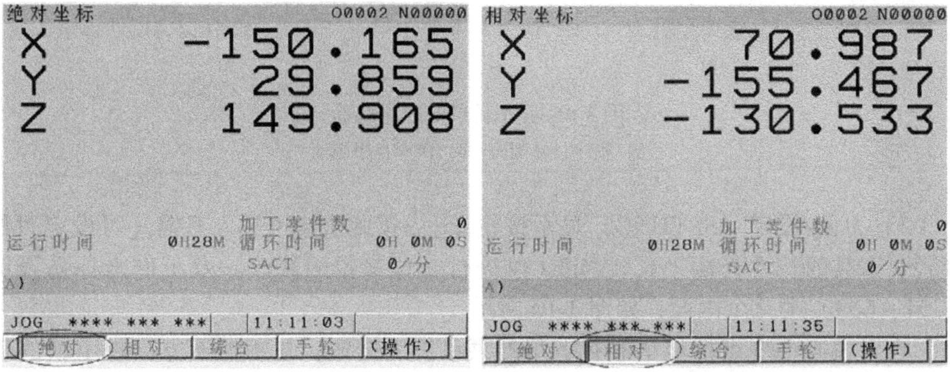

a)　　b)

图 3-8　机床坐标画面显示

a）绝对坐标画面　b）相对坐标画面

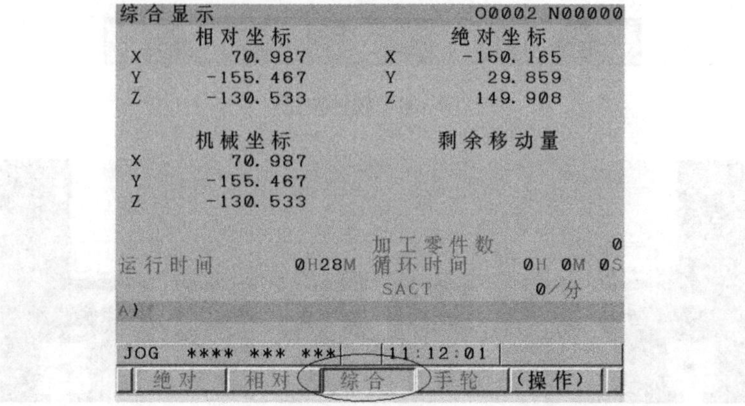

c)

图 3-8 机床坐标画面显示（续）

c）综合坐标画面

2）显示程序目录及程序画面按钮。连续按该按钮会出现所有程序目录显示画面以及单个程序内容显示画面两个画面切换，如图 3-9 所示。

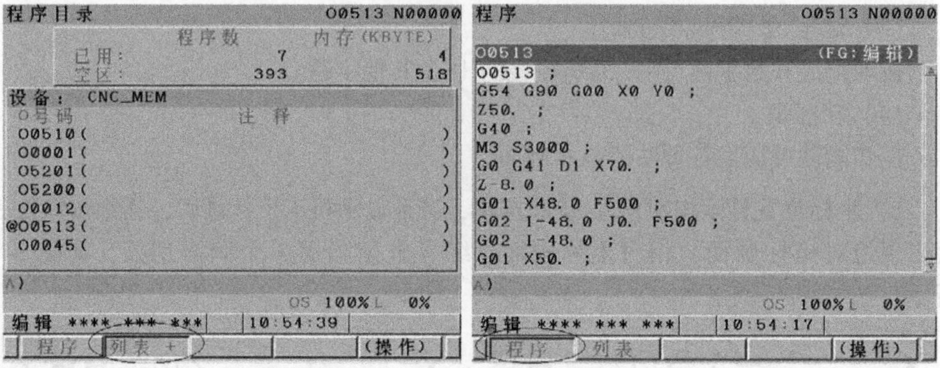

a) b)

图 3-9 程序目录及程序画面

a）程序目录画面 b）单个程序画面

3）刀偏/设定（SETTING）显示按钮。按此按钮可进入刀偏（可设定刀具半径、刀具的长度补偿等）、设定（可进行一些参数的修改）及工件坐标系设定（G54 ~ G59）等几个画面，如图 3-10 所示。

在刀偏画面中点按显示器右下角的菜单扩展按钮，显示器下方出现了新的软件功能，如图 3-11 所示。点按“宏变量”按钮，就进入了“用户宏程序”画面，如图 3-12 所示，结合翻页键和光标键填写或搜索宏程序的局部变量和公共变量，如图 3-13所示。

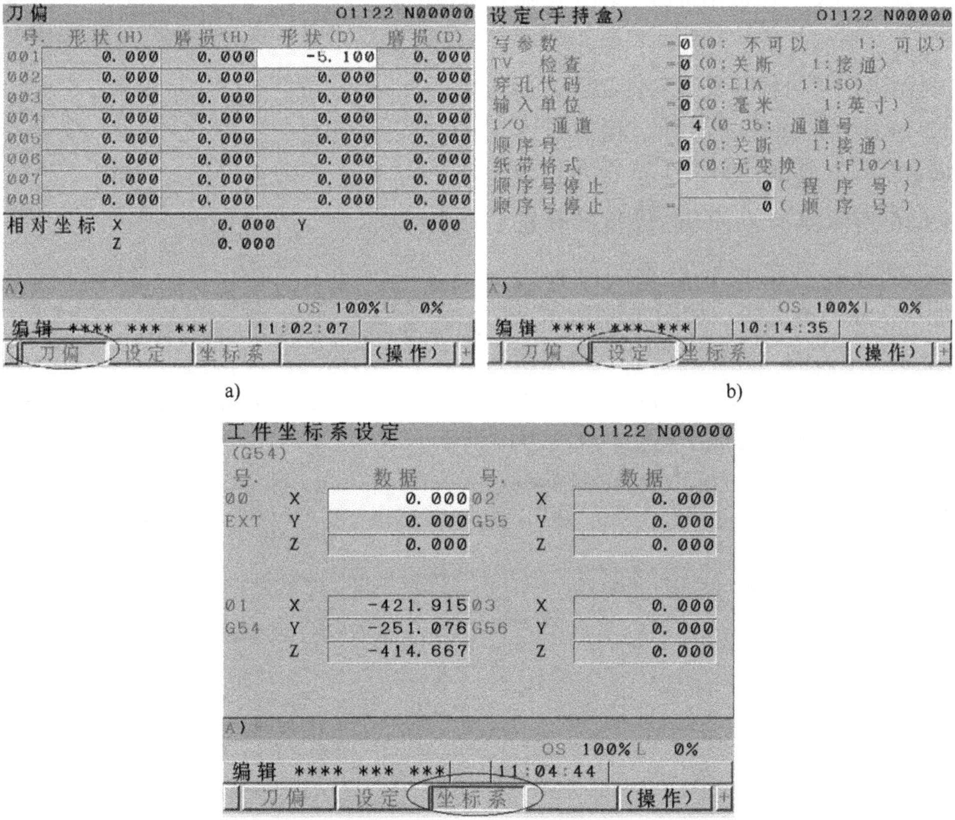

a)　　b)

c)

图 3-10　刀偏/设定画面

a）刀偏画面　b）设定画面　c）工件坐标系设定画面

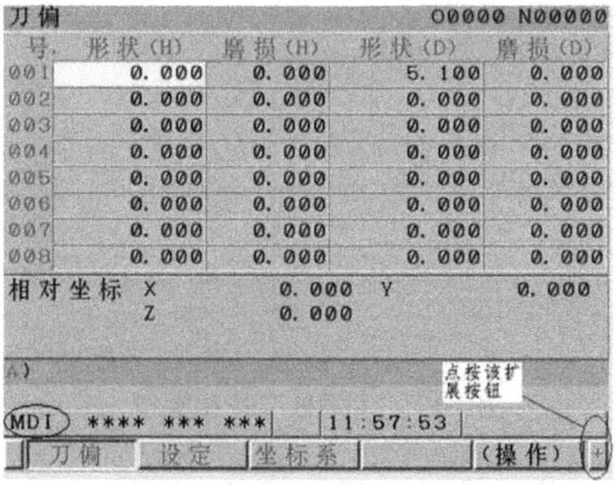

图 3-11　“刀偏”按钮操作

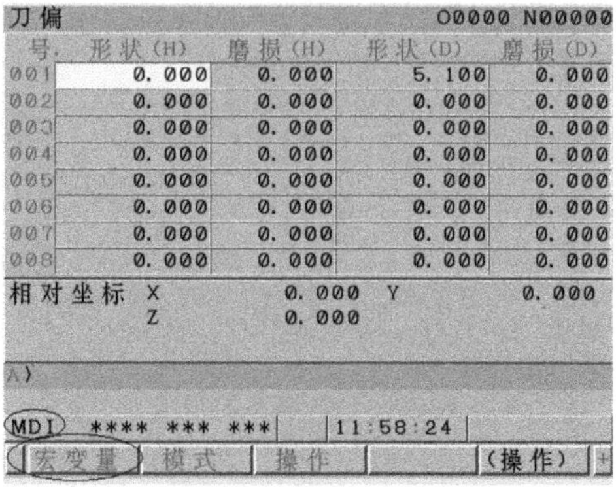

图 3-12　宏变量设置画面

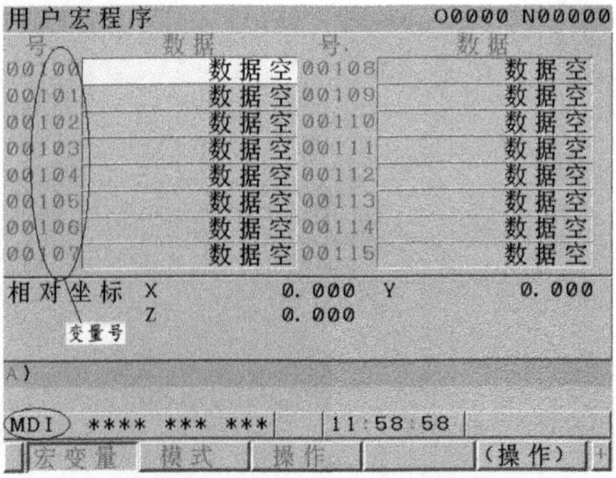

图 3-13 变量值输入画面

在“刀偏”画面中连续点按 2 次显示器右下角的菜单扩展按钮，显示器下方显示出现“语种”设置软件功能，如图 3-14 所示。点按“语种”按钮进入“语言指定”画面，如图 3-15 所示；如图 3-16 所示结合翻页键 PAGE 和光标键把光标移动到要设置的语种上（如指定成“英文”）；如图 3-17 所示点按显示器下方的“操作”按钮，再点按“确定”按钮，如图 3-18 所示；系统中所有中文画面都切换成了英文，如图 3-19 所示。

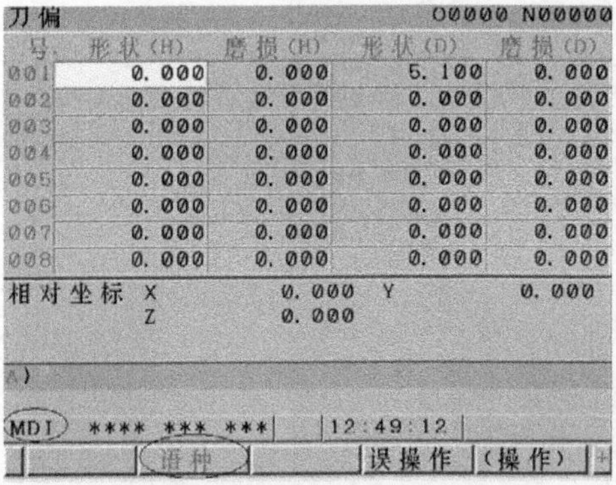

图 3-14 系统语种设置

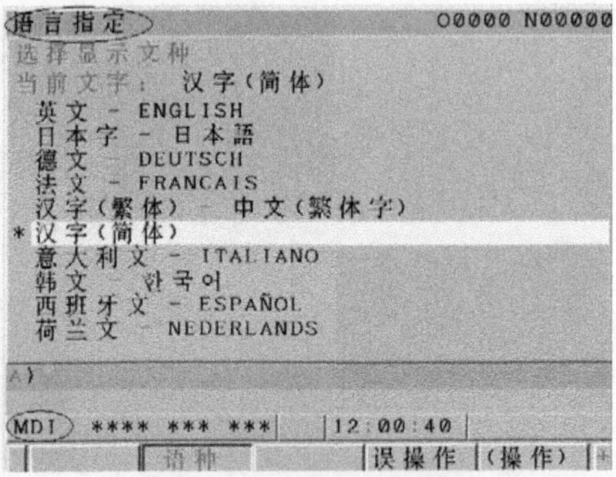

图 3-15 语言指定画面

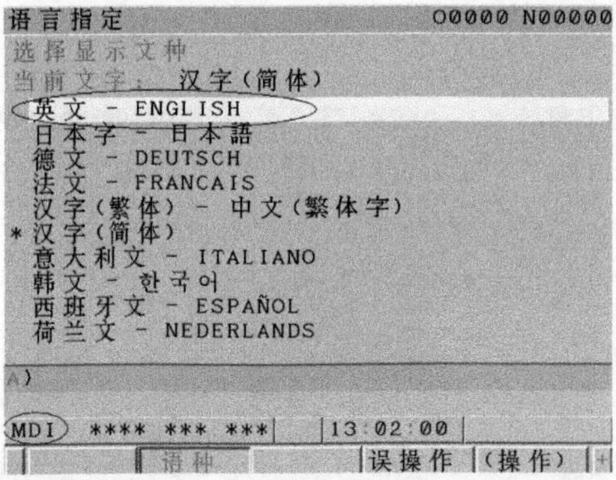

图 3-16 新语言的指定

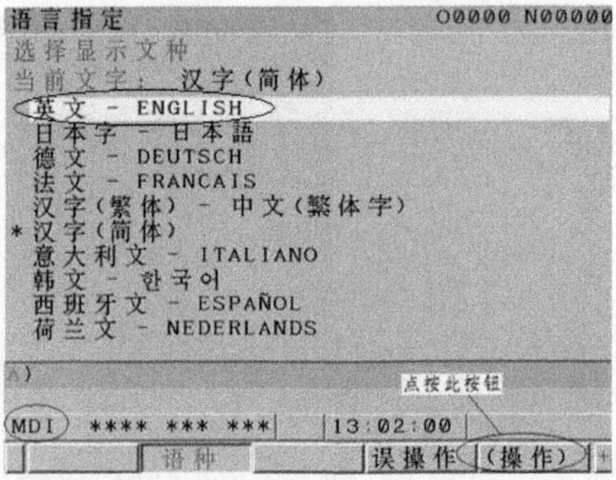

图 3-17 “语种”按钮操作

4）系统参数显示按钮 SYSTEM。按此按钮可进入“参数”设定画面，如图 3-20 所示；结合翻页键 PAGE，在此画面可进行机床参数的设定。如图 3-21 所示，按“诊断”

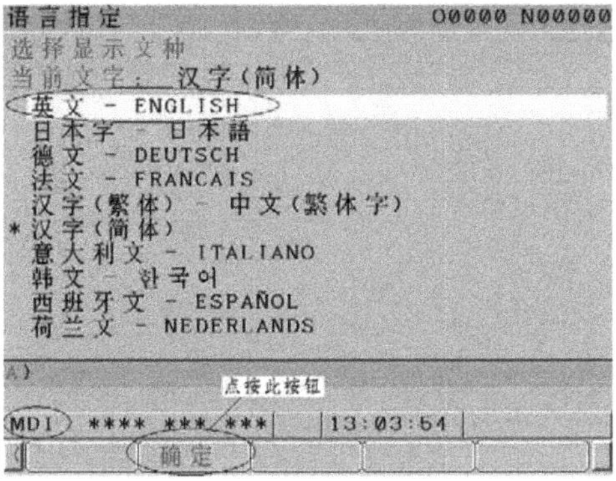

图 3-18　语言指定确定画面

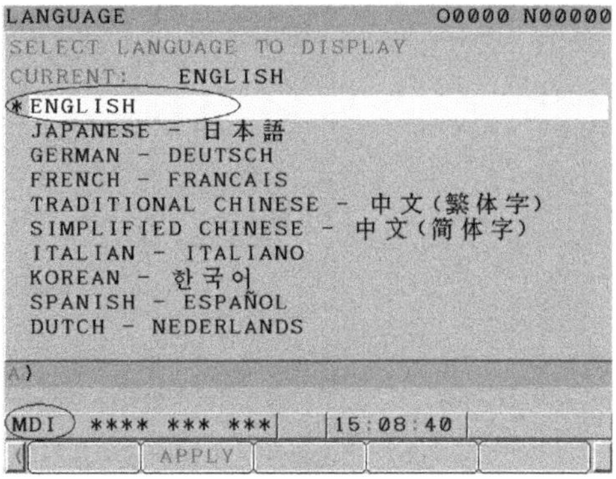

图 3-19　新语言设定后的画面

所对应的按钮可进入“诊断”画面；如图 3-22 所示，按“系统”所对应的按钮，进入“系统配置/硬件”显示画面，如图 3-23 所示；按“伺服”所对应的按钮，进入机床“伺服信息”配置显示画面，如图 3-24 所示；按“主轴”所对应的按钮，进入“主轴信息”配置显示画面，如图 3-25 所示。

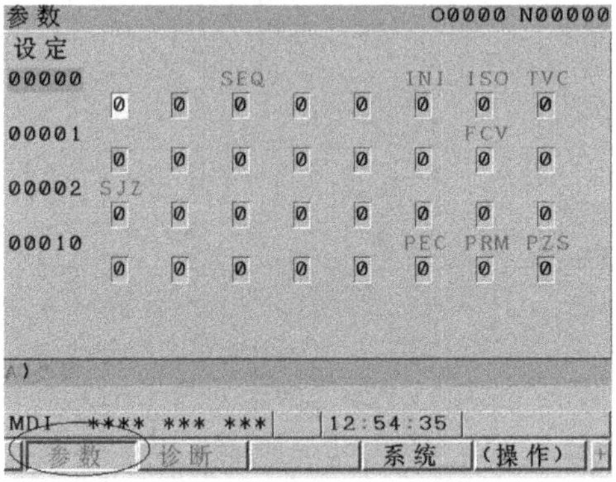

图 3-20　参数设定画面

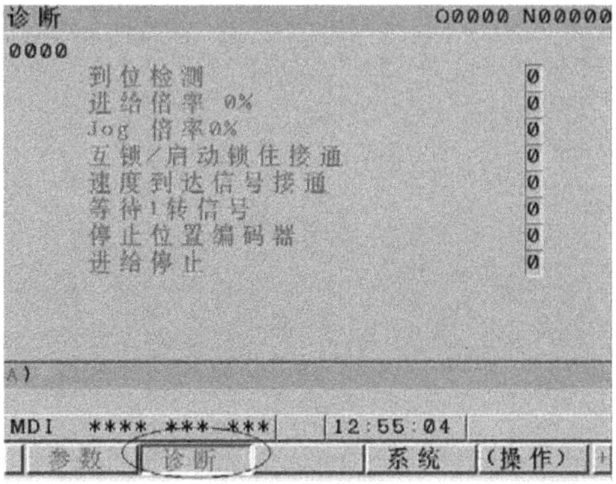

图 3-21　诊断画面

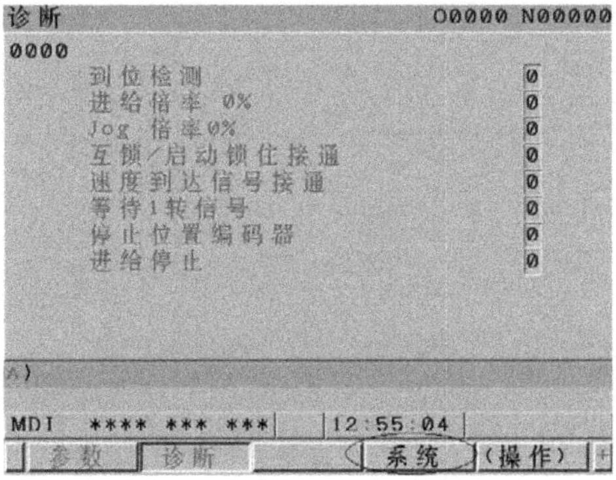

图 3-22　系统画面显示

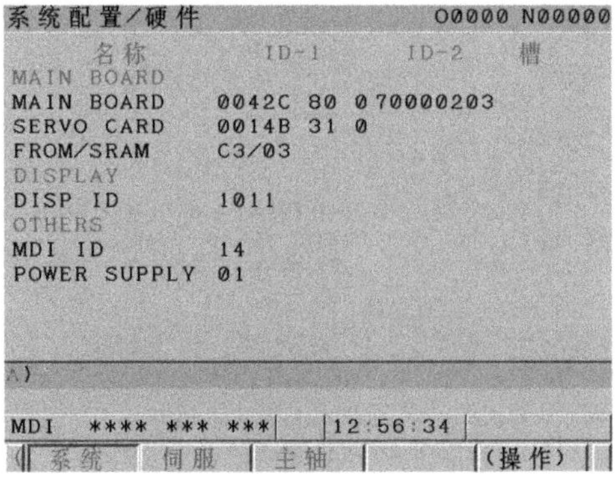

图 3-23　系统配置/硬件画面

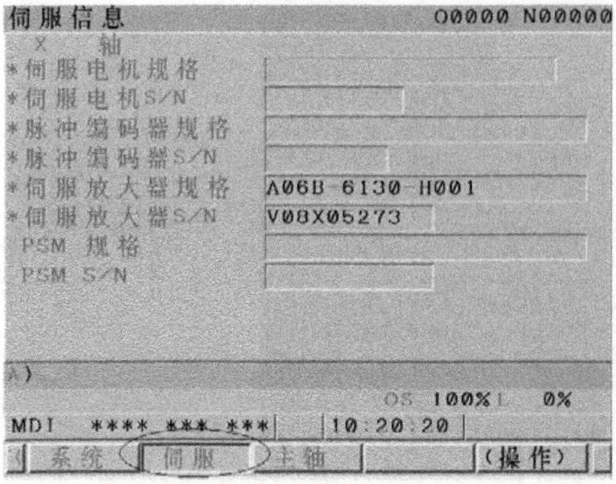

图 3-24 伺服信息画面

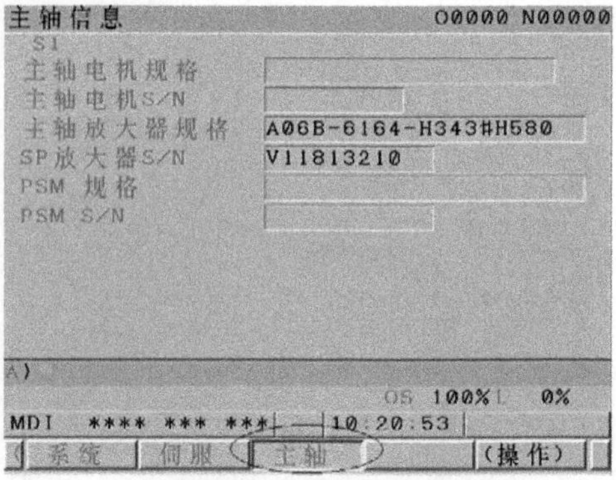

图 3-25 主轴信息画面

如图 3-26 所示在“参数”设定画面点按显示器右下角的菜单扩展按钮，显示器下方出现了新的软件功能，如图 3-27 所示。如图 3-28 所示点按“螺补”按钮出现“螺距误差补偿”数据框，在此画面可进行螺距误差补偿设定，如图 3-29 所示。如图 3-30 所示点按“SV 设定”按钮进入“伺服设定”画面，如图 3-31 所示；

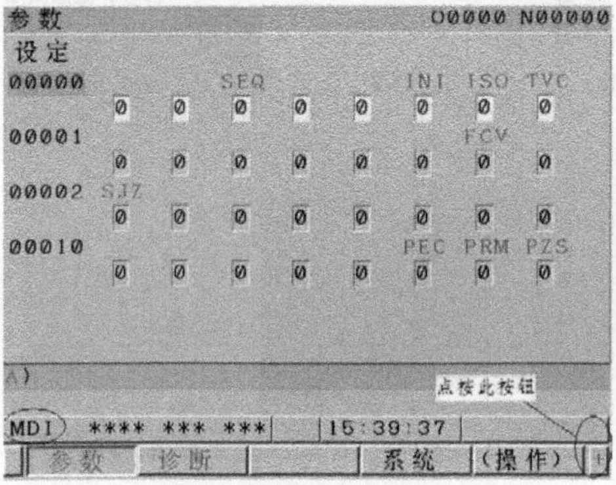

图 3-26 扩展按钮操作

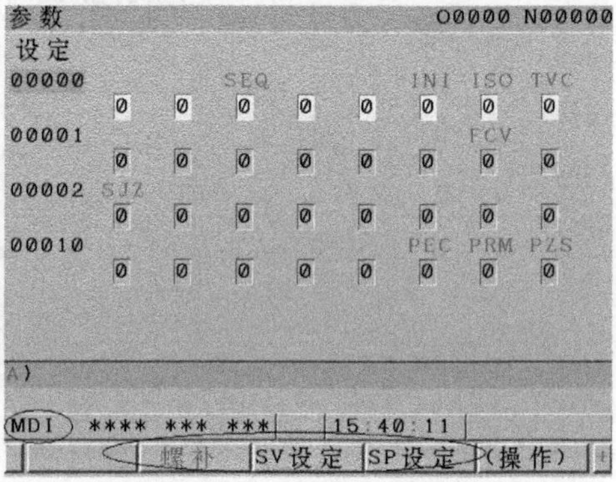

图 3-27 新软件功能显示

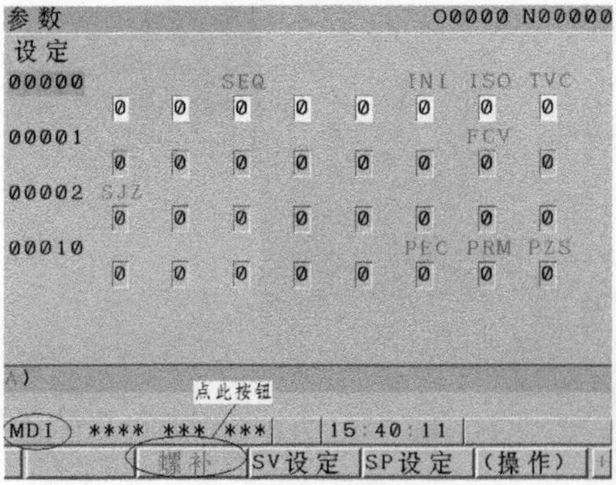

图 3-28 螺补按钮操作

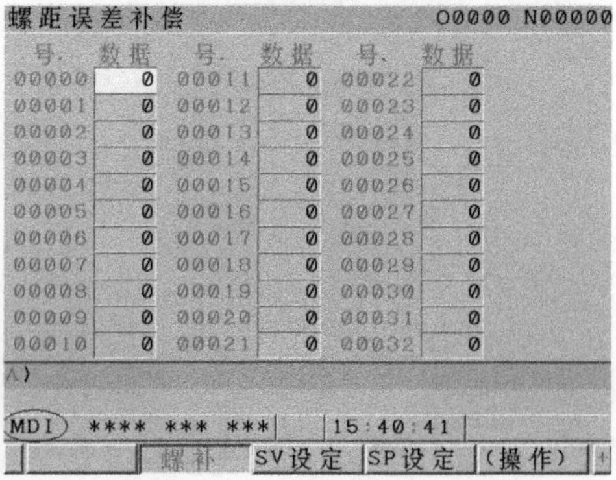

图 3-29 螺距误差补偿设定画面

如图3-32所示按“SV调整”进入“伺服电机设定”画面。如图3-33所示点按“SP设定”按钮进入“主轴设定”画面，如图3-34所示，如图3-35所示点按“SP调整”按钮进入“主轴调整”画面；如图3-36所示点按“SP监测”按钮进入“主轴监控”画面。

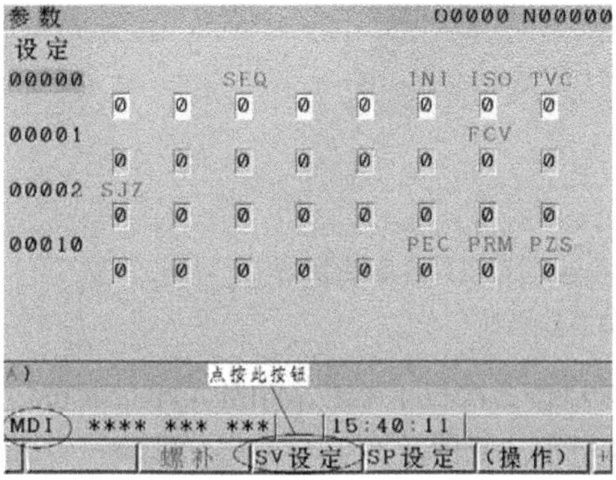

图3-30　伺服设定按画面

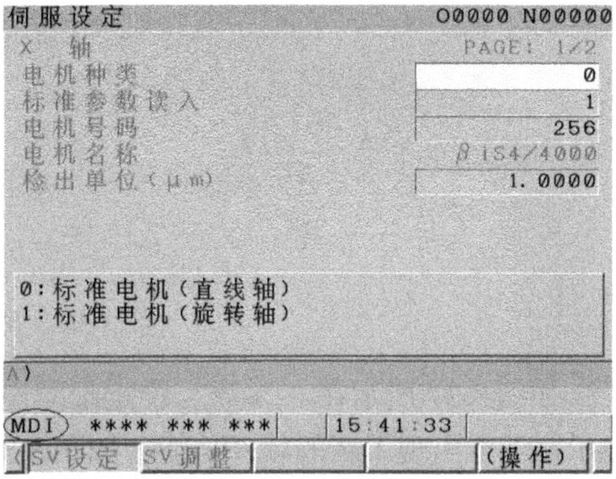

图3-31　伺服设定画面

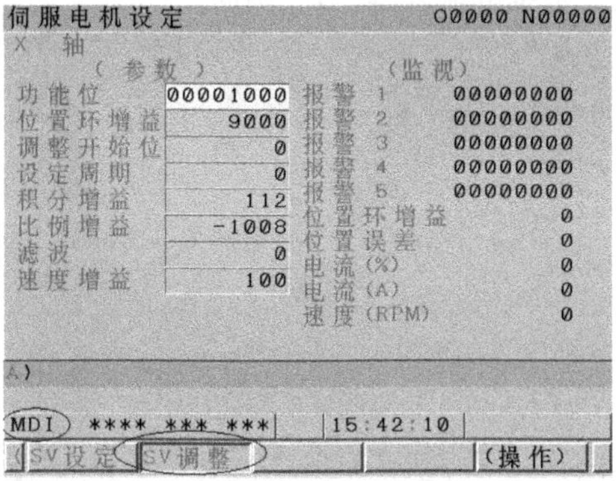

图3-32　伺服电动机设定画面

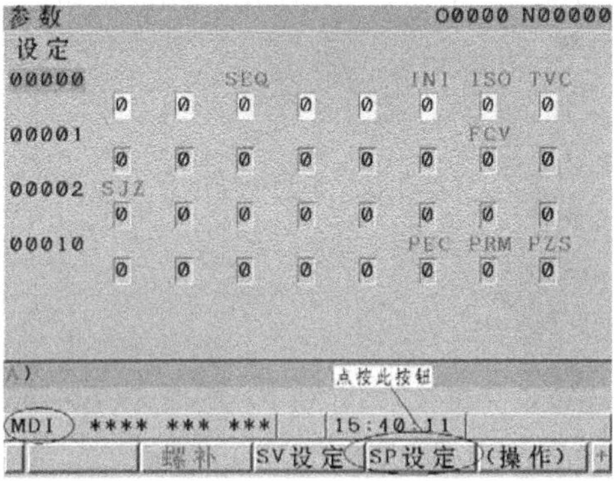

图3-33　主轴设定按钮

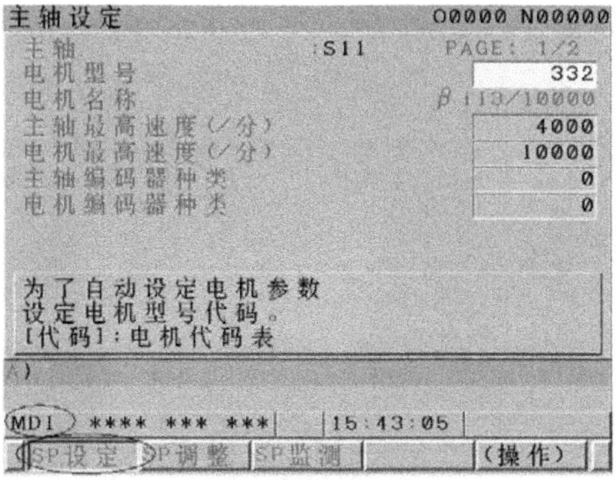

图3-34　主轴设定画面

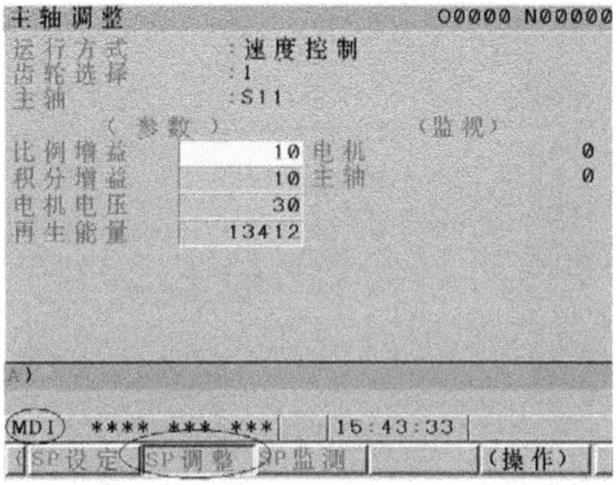

图3-35　主轴调整画面

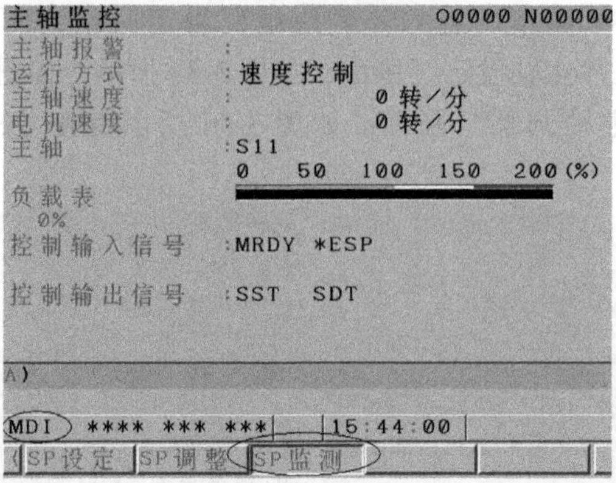

图 3-36 主轴监控画面

如图 3-37 所示在“参数”设定画面连续点按 2 次显示器右下角的菜单扩展按钮，显示器下方出现了新的软件功能，如图 3-38 所示。如图 3-39 所示点按“诊断”功能按钮，进入“波形诊断/参数”、“波形诊断/图形”画面如图 3-40、图 3-41 所示。如图 3-42 所示点按“所有 IO”功能按钮进入“数据的输入/输出”画面。

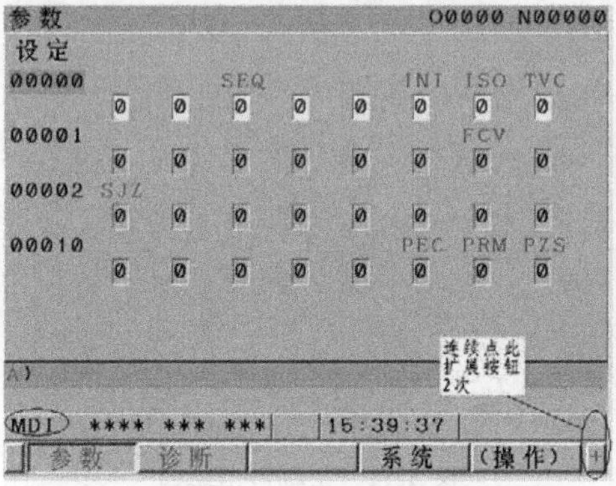

图 3-37 2 次扩展按钮操作

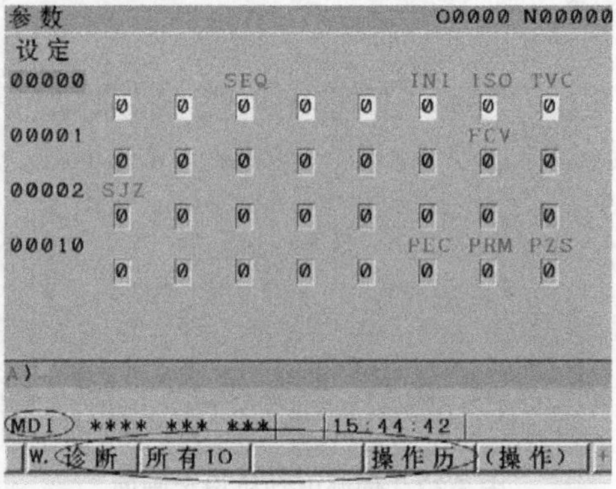

图 3-38 2 次扩展后新软件功能显示

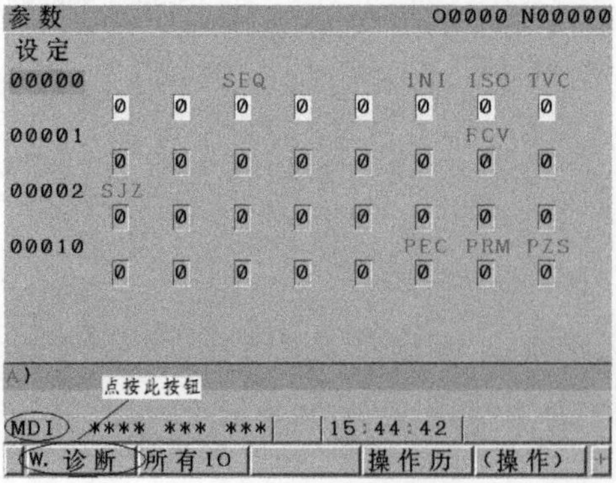

图 3-39 诊断按钮操作

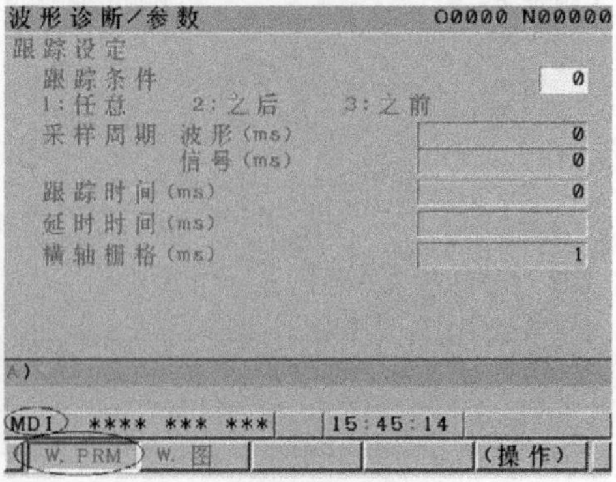

图 3-40 波形诊断画面

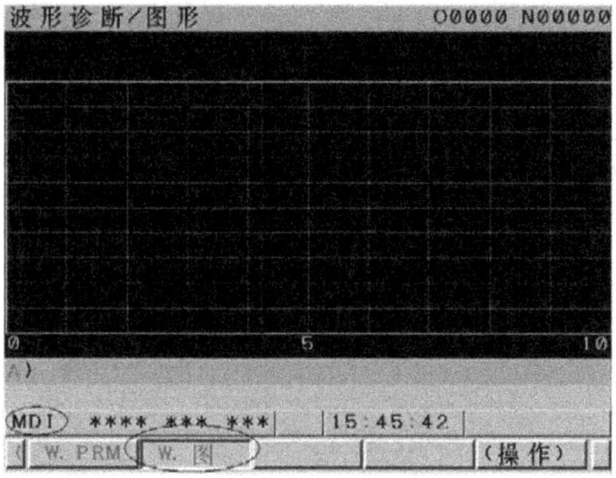

图 3-41　波形图画面

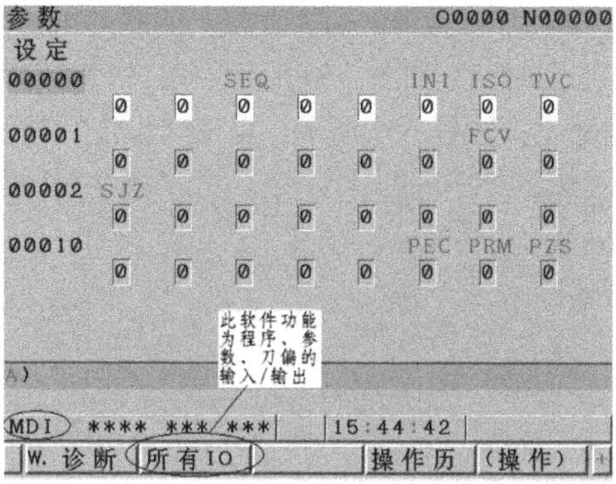

图 3-42　数据输入/输出按钮显示画面

如图 3-43 所示在“参数”设定画面连续点按 3 次显示器右下角的菜单扩展按钮，显示器下方出现了新的软件功能，如图 3-44 所示。如图 3-45 所示点按“PMC-MNT”功能按钮，进入“PMC 维护”中的信号状态显示图画面，如图 3-46 所示，在此画面可以观察机床信号有无异常。如图 3-47 所示点按“PMCLAD”功能按钮，

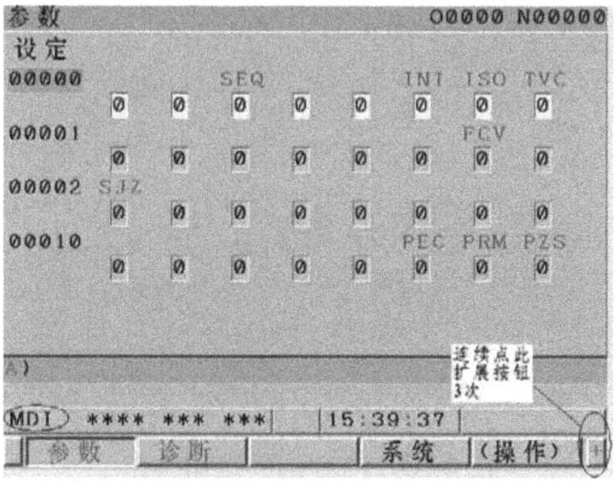

图 3-43　3 次扩展按钮操作

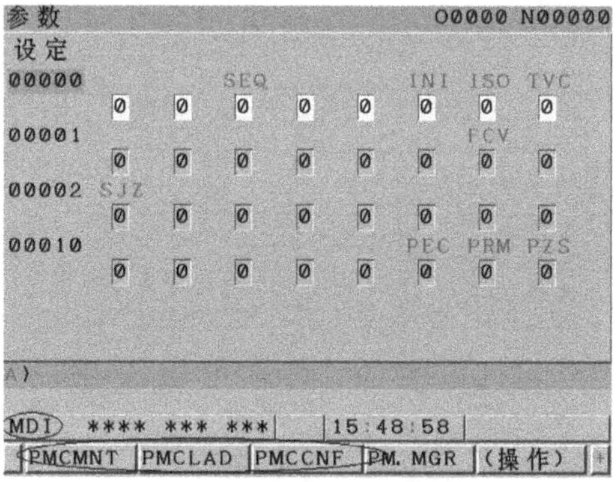

图 3-44　3 次扩展后新软件功能显示

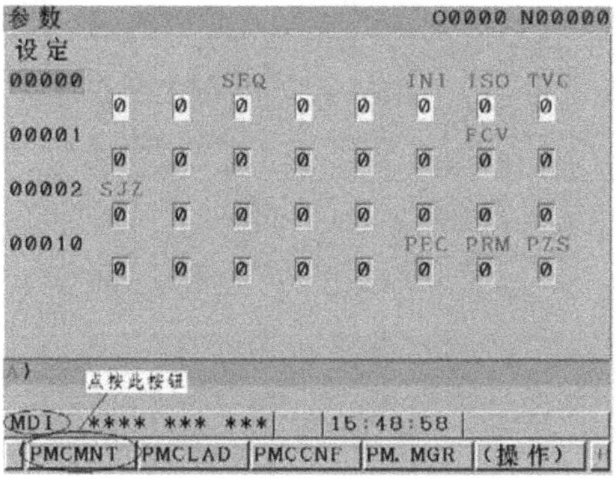

图 3-45　PMC 维护按钮

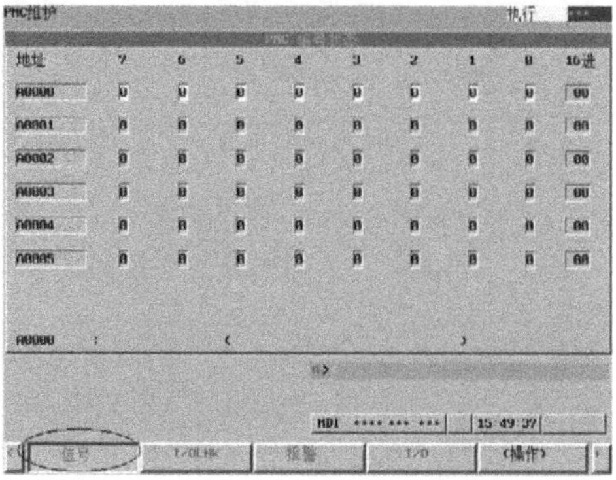

图 3-46　PMC 维护信号画面

进入“PMC 梯图”列表画面，如图 3-48 所示，如图 3-49 所示点按“梯形图”切换到梯形图画面。如图 3-50 所示点按“PMCCNF”功能按钮，进入“PMC 构成”的标头数据画面，如图 3-51 所示，点按“设定”按钮进入“PMC 设定”画面，如图 3-52 所示。

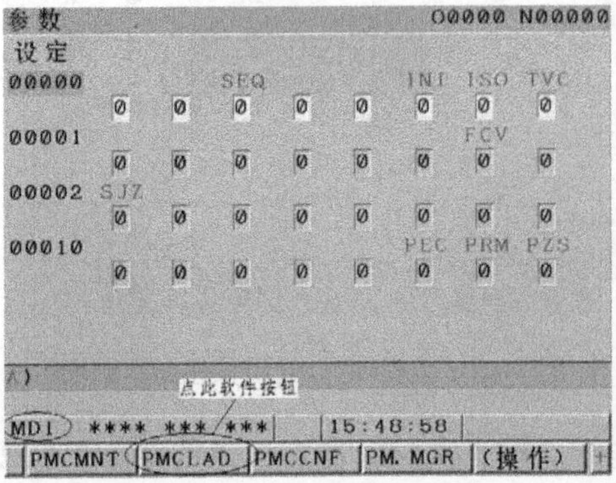

图 3-47　PMC 梯形图按钮操作

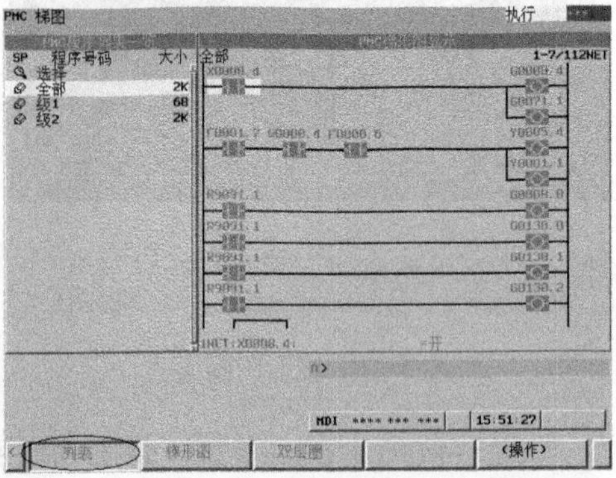

图 3-48　梯图列表画面

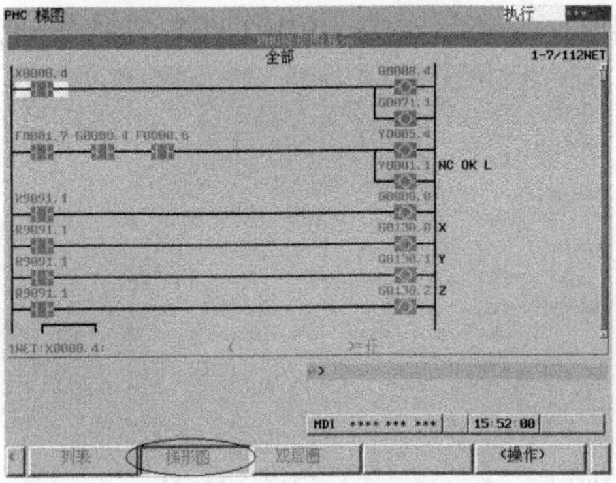

图 3-49　梯形图画面

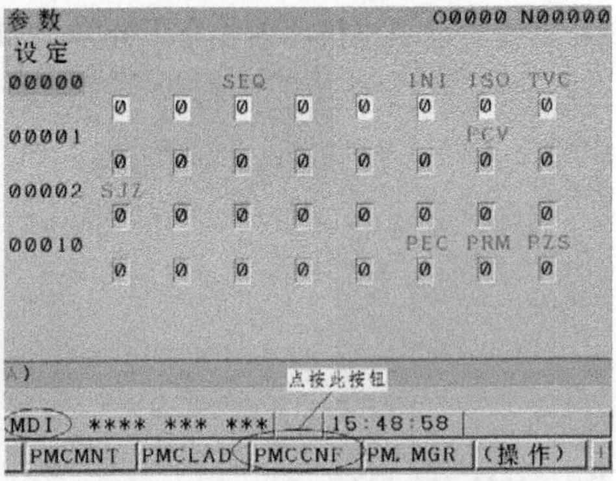

图 3-50　PMC 构成按钮操作

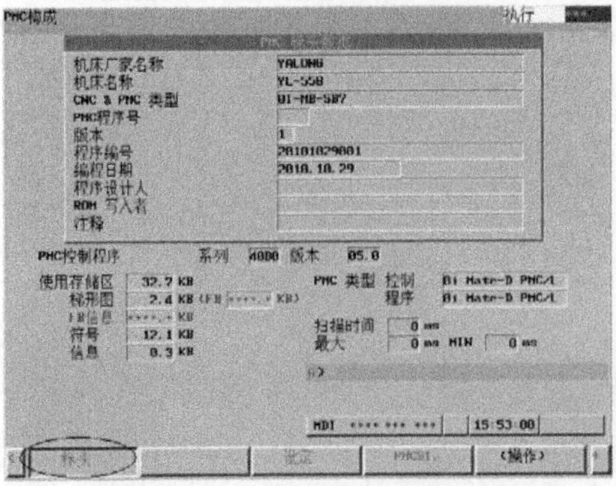

图 3-51　PMC 标头数据

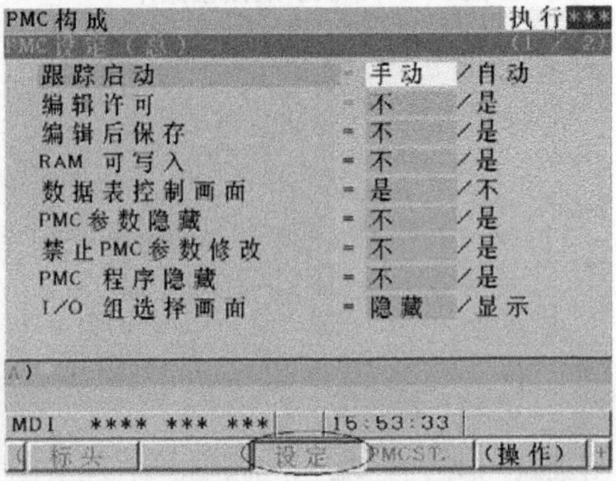

图 3-52　PMC 设定画面

如图 3-53 所示在“参数”设定画面连续点按 4 次显示器右下角的菜单扩展按钮，显示器下方出现了新的软件功能如图 3-54 所示；如图 3-55 所示点按“颜色”功能按钮，进入显示器彩色设置画面，如图 3-56 所示。

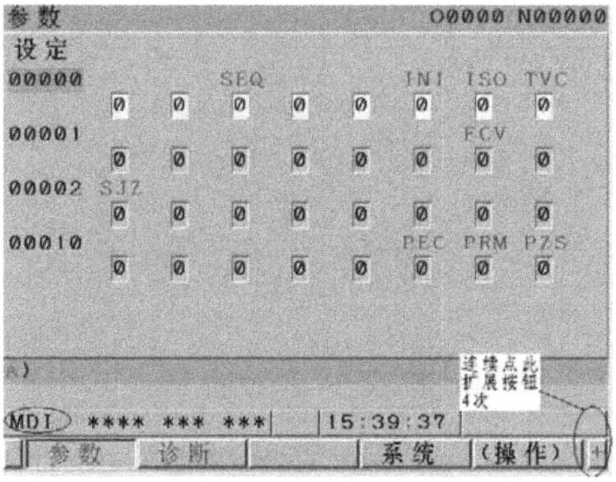

图 3-53　4 次扩展按钮操作

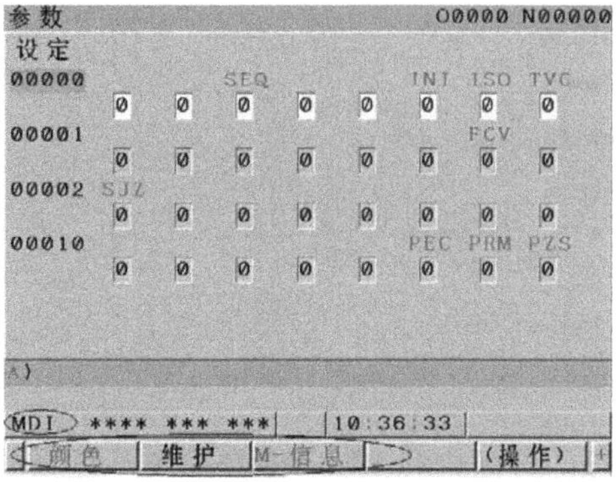

图 3-54　4 次扩展后新软件功能显示

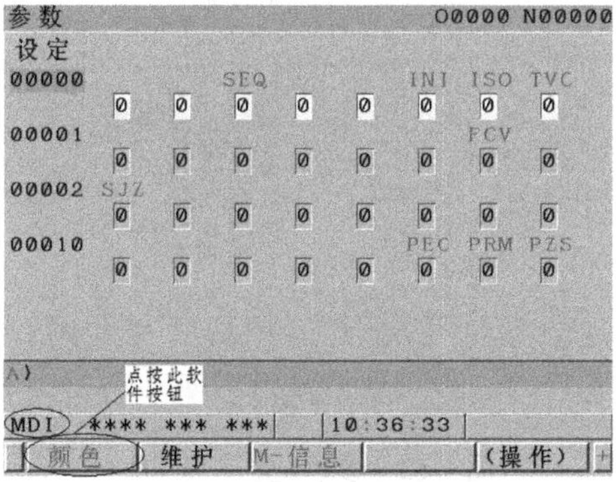

图 3-55　颜色按钮操作

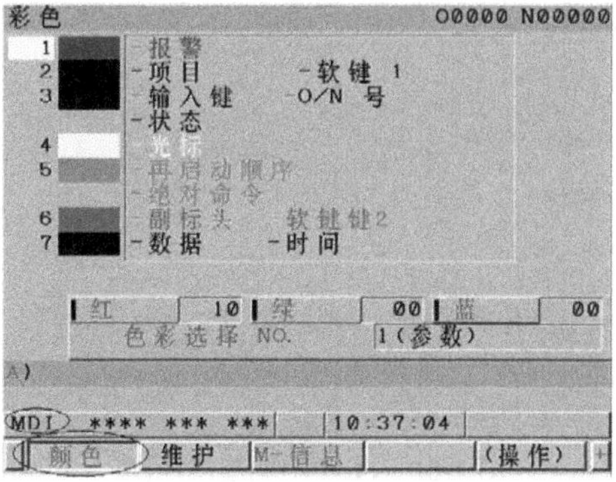

图 3-56　显示器彩色设置画面

如图 3-57 所示在“参数”设定画面连续点按 5 次显示器右下角的菜单扩展按钮，显示器下方出现了新的软件功能，如图 3-58 所示，如图 3-59 所示点按“FSSB”功能

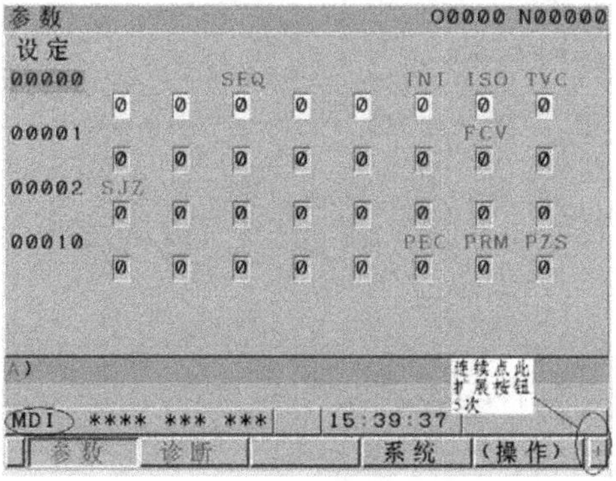

图 3-57　5 次扩展按钮操作

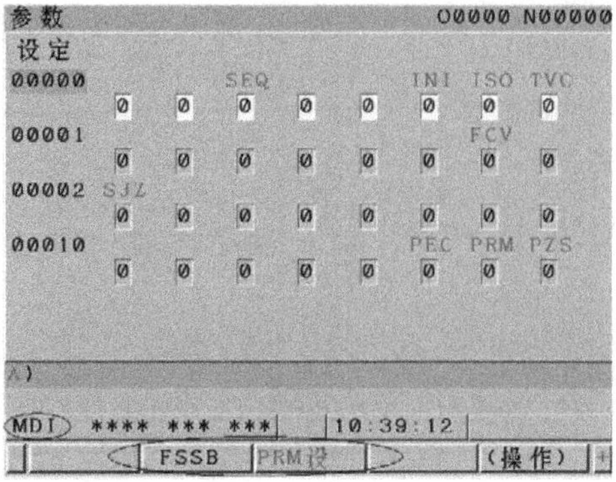

图 3-58　5 次扩展后新软件功能显示

按钮，进入“轴设定”画面，如图 3-60 所示，如图 3-61 所示点按“PRM 设”功能按钮，进入“参数设定支援”画面进行参数的设定与修改，如图 3-62 所示。

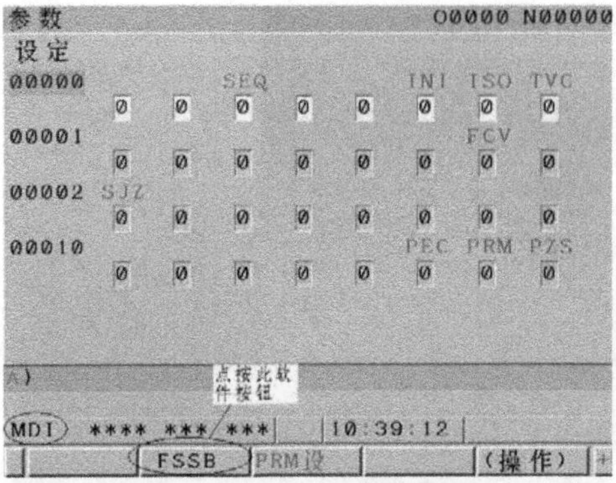

图 3-59　FSSB 功能按钮操作

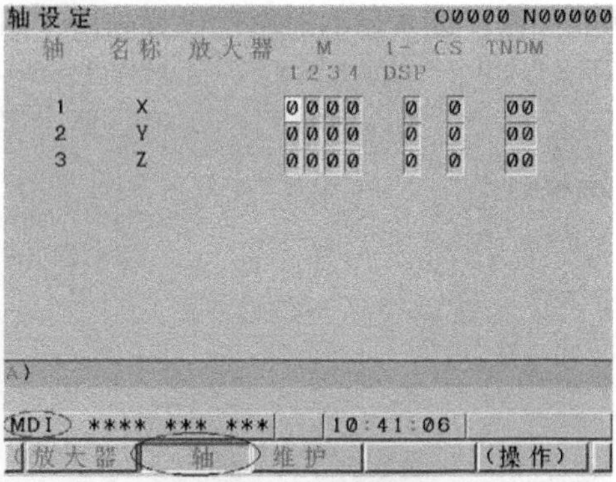

图 3-60　轴设定画面

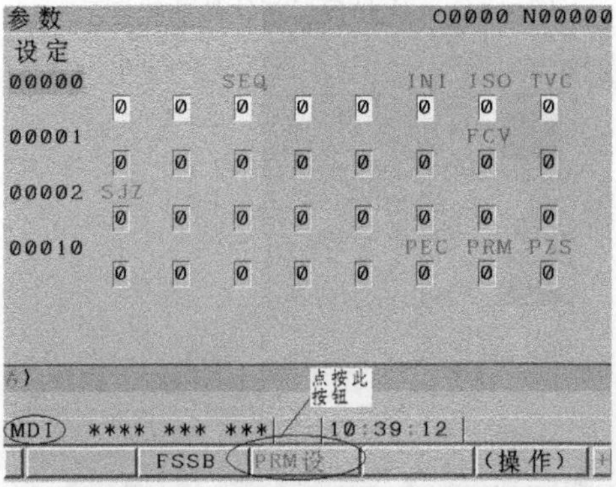

图 3-61　PRM 功能按钮操作

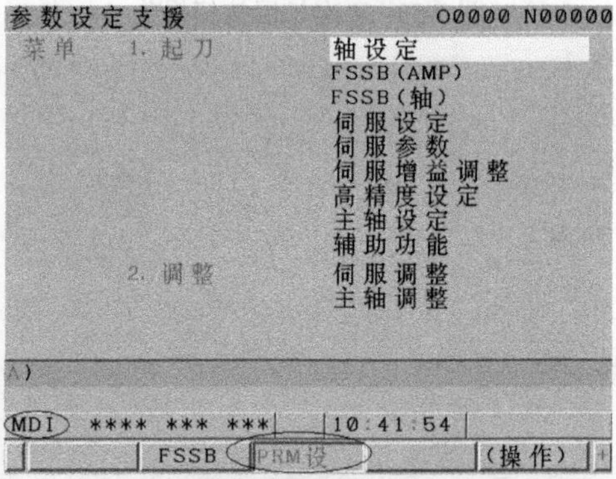

图 3-62　参数设定支援画面

如图 3-63 所示在“参数”设定画面连续点按 6 次显示器右下角的菜单扩展按钮，显示器下方出现了新的软件功能。如图 3-64 所示点按“PCMCIA”功能按钮，

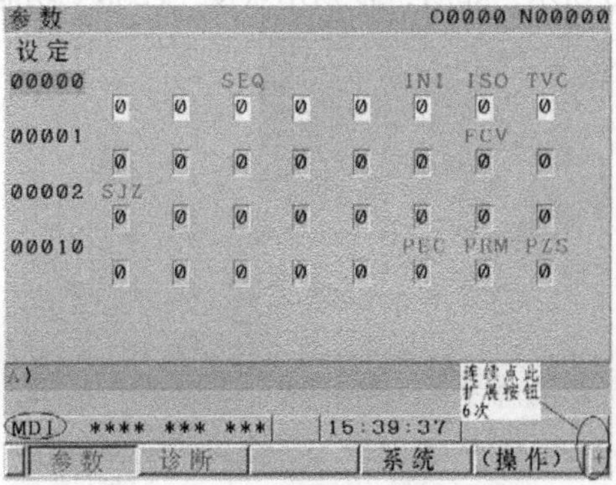

图 3-63　6 次扩展按钮操作

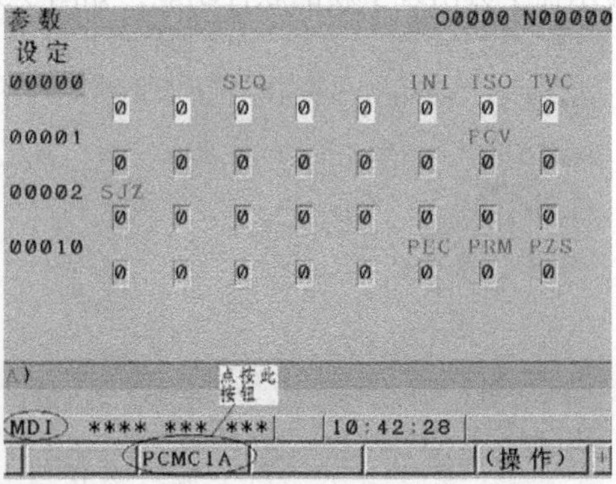

图 3-64　PCMCIA 功能按钮操作

进入“嵌入以太网设定［卡］”画面如图3-65、图3-66、图3-67所示。

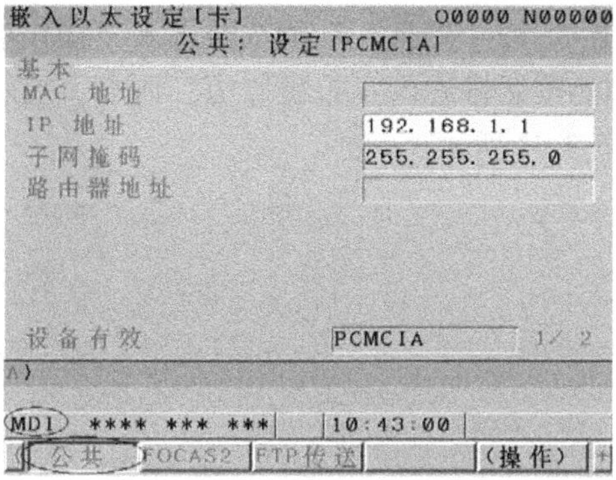

图3-65　公共网络地址设定

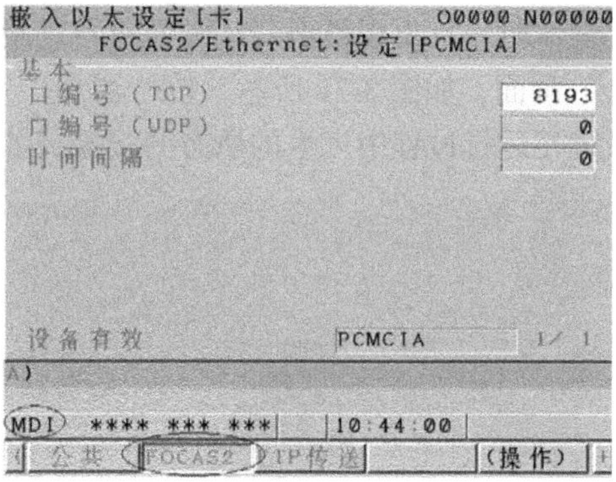

图3-66　端口设定

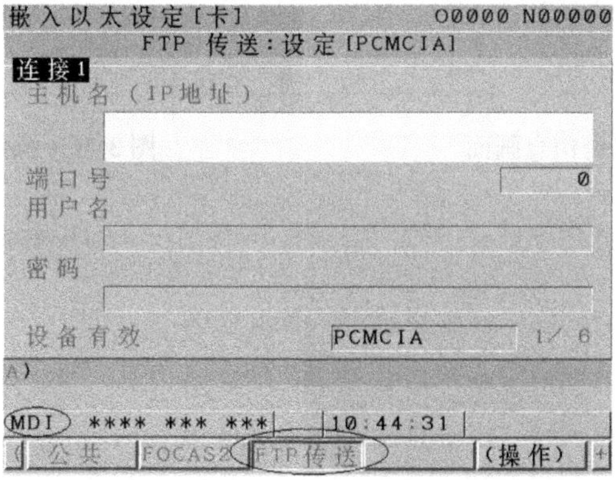

图3-67　FTP传送设定

如图3-68所示在“参数”设定画面连续点按7次显示器右下角的菜单扩展按钮，显示器下方出现了新的软件功能，点按“ID信息”功能按钮，进入机床识别号码画面，如图3-69所示。

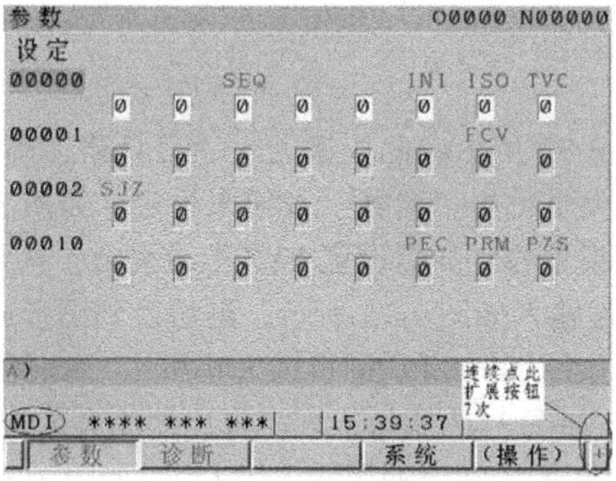

图3-68　7次扩展按钮操作

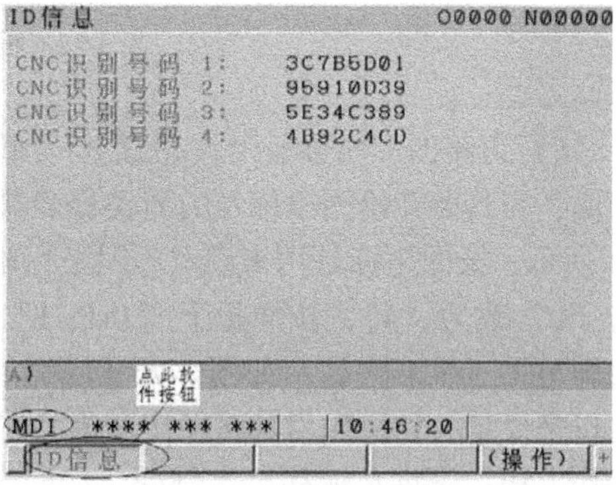

图3-69　机床识别号码画面

5）显示信息按钮 MESSAGE。如图 3-70 所示按此按钮进入“报警信息”画面（加工及操作时一旦出现错误，该画面将自动跳出）。按“信息”功能按钮进入“操作信息”画面，如图 3-71 所示。按“履历”功能按钮将进入“报警履历”画面，显示系统在运行过程中产生的所有的报警，如图 3-72 所示。

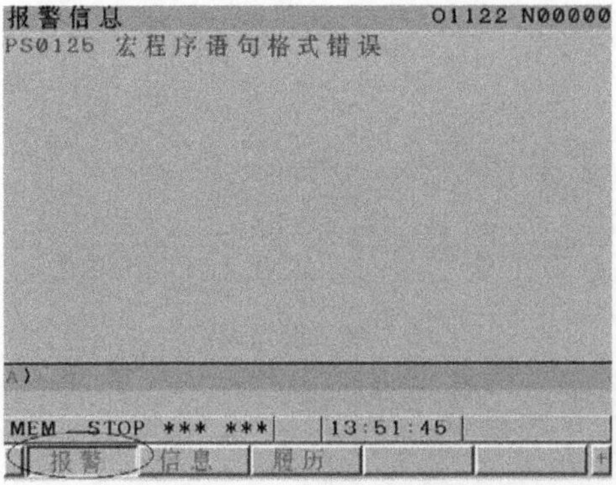

图 3-70 报警信息画面

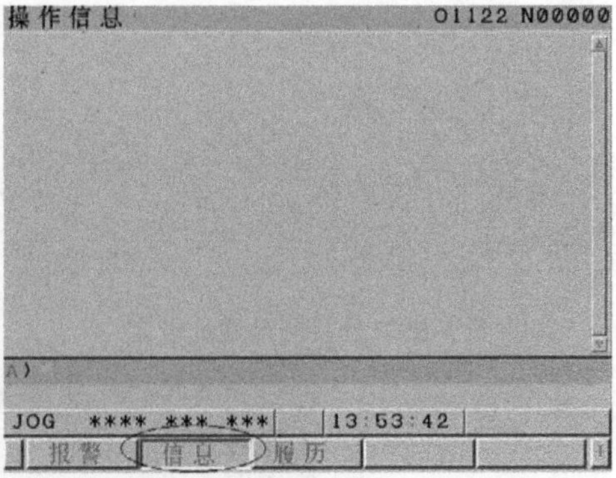

图 3-71 操作信息画面

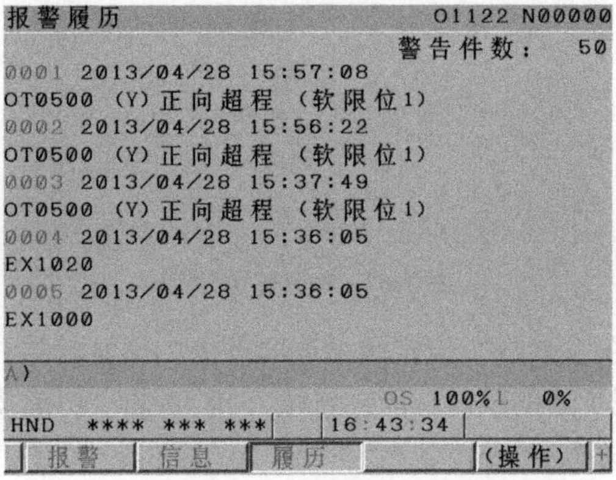

图 3-72 报警履历画面

6）刀路图形轨迹显示按钮 CSTM/GRPH。如图 3-73 所示按此按钮进入“刀具路径图”画面，刀具路径绘图坐标及刀具路径绘图大小可由“参数”按钮来设定，如图 3-74 所示，绘图坐标是用来设定不同坐标轴视角的（如需设定 XYZ 三维视角，只要将“0”改为“4”，按面板上“INPUT”键输入如图 3-75 所示，再切换到图形画面即可见三维刀路显示如图 3-76 所示）。如图 3-77 所示图形的大小可由“比例”窗口来设定，如原先刀具路径比例为“1”如图 3-78 所示，现需将比例放大 1 倍，操作方法：先将光标移至比例处，如图 3-79 所示在缓冲区输入“2.”，如图 3-80

所示按面板上“INPUT”按钮输入即可，将显示器画面切换到“图形”画面，图形比例也放大1倍，如图3-81所示。

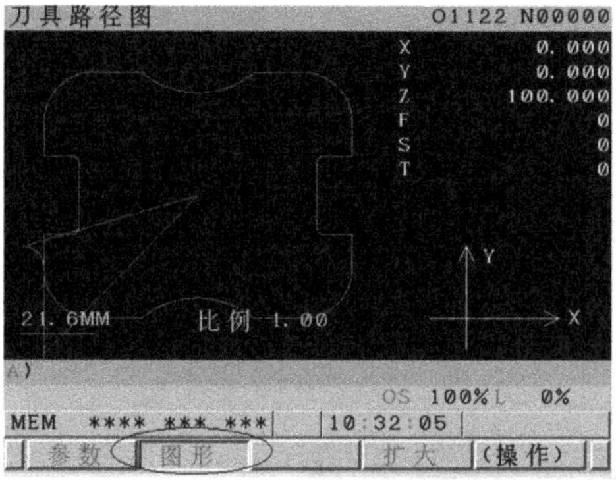

图3-73　刀具路径轨图画面

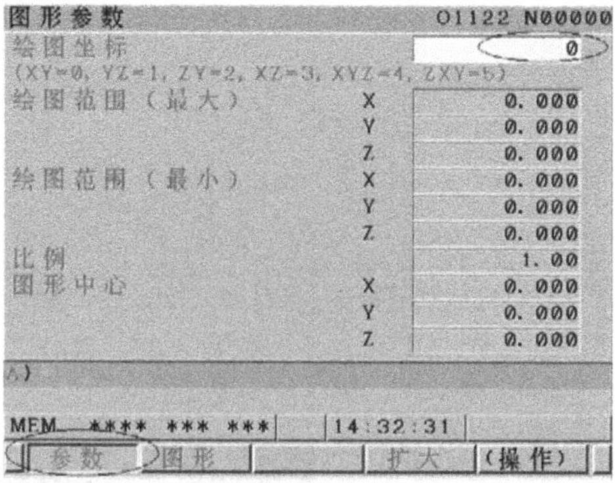

图3-74　参数设定画面

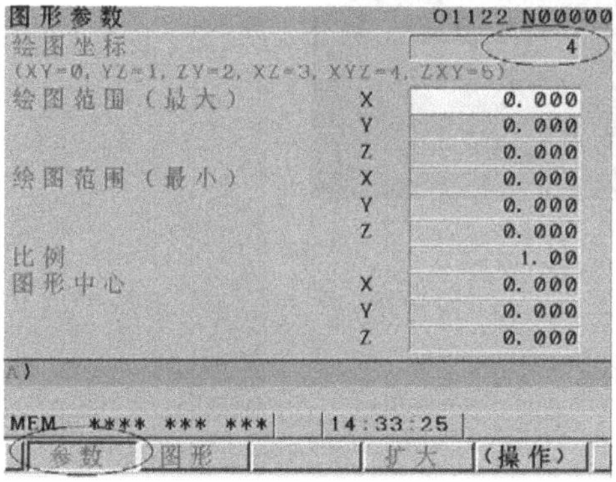

图3-75　绘图坐标修改

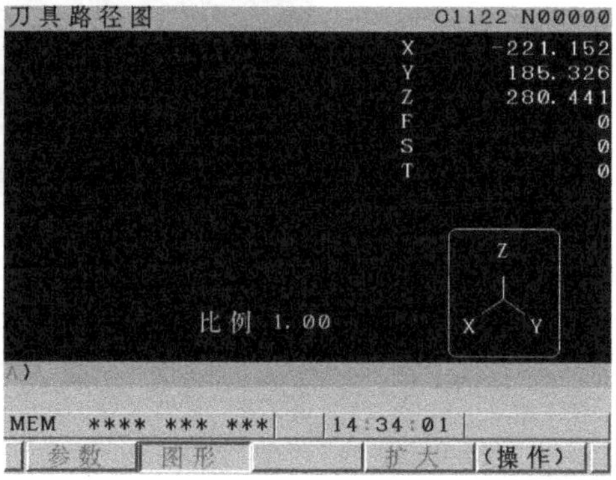

图3-76　三维刀具路径显示

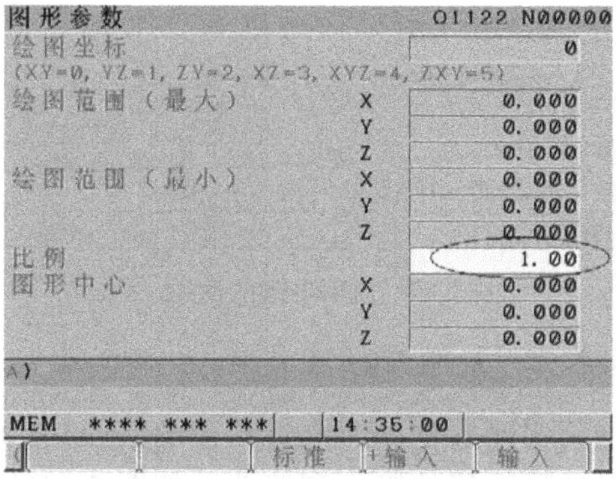

图3-77　刀具路径图形比例

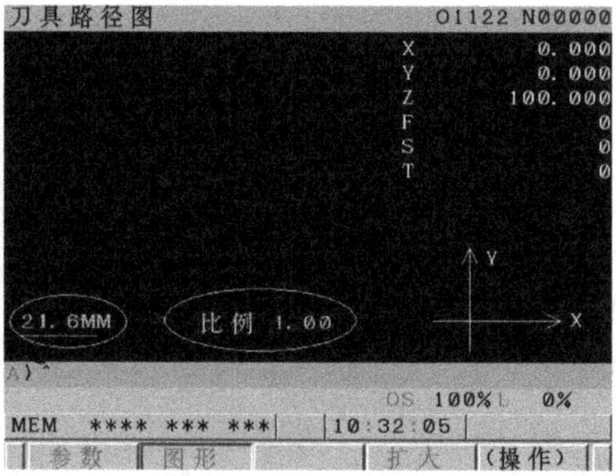

图3-78　刀具路径图形比例

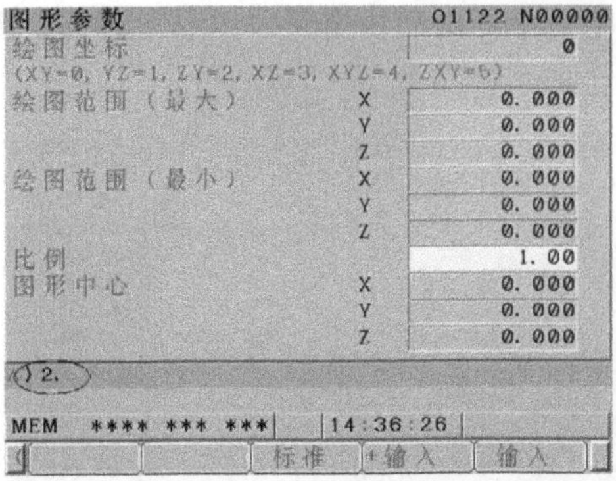

图 3-79 缓存区数值输入

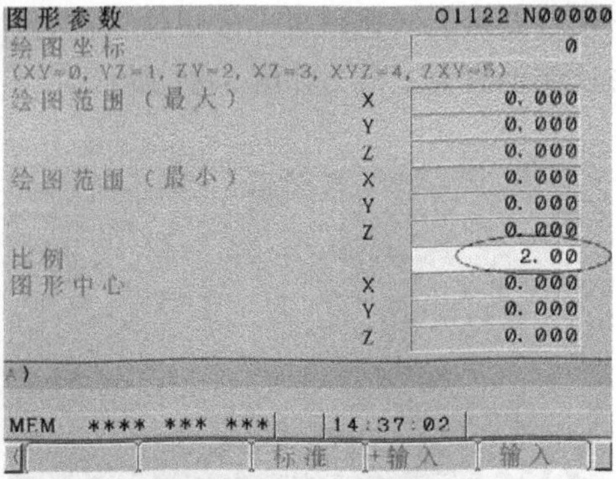

图 3-80 比例数值输入

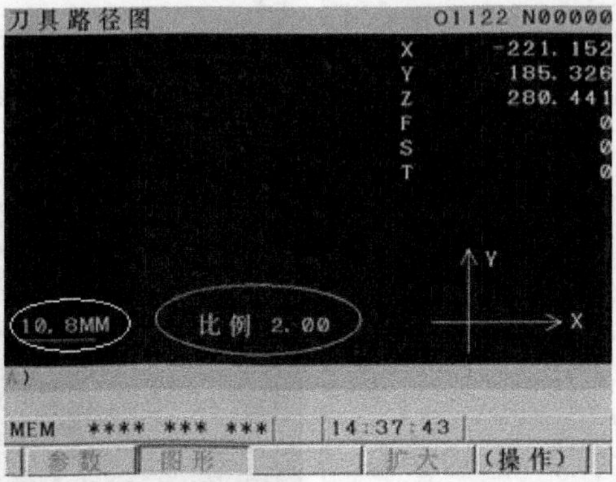

图 3-81 刀具路径图形比例放大

（5）编辑键

1）切换键SHIFT。字母键、数字键的左上角有另一个字符，当需选择左上角的字符时，如图 3-82 所示按 SHIFT 键时屏幕左下角缓存区会出现“^”字符，表示键面左上角的字符可以输入。

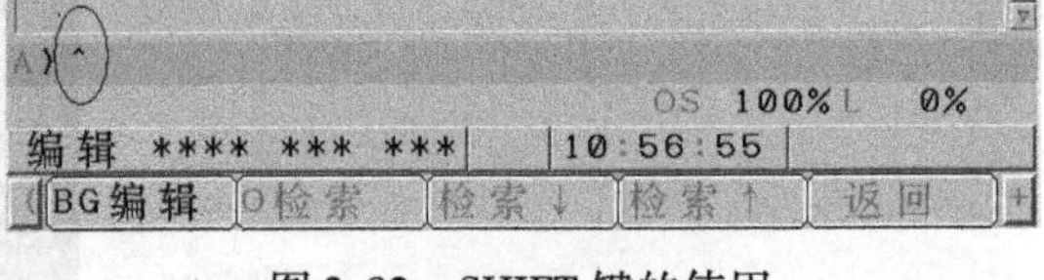

图 3-82 SHIFT 键的使用

2）取消键CAN。按此键可删除已输入到缓冲区的最后一个字符。“取消键”只能对缓冲区内的字符进行清除，对屏幕中的程序字符无效。如图 3-83 所示的缓存区中“Y0”输成了“Y00”，直接按“取消键”即可去掉一个零，如图 3-84 所示。

3）输入键INPUT。此键主要用于刀偏值（刀具半径值、刀具长度补偿值等）、工件坐标系的坐标值（G54 ~ G59）以及机床参数数值的输入和修改，如图 3-85 所示。该键在编写零件加工程序时无效。

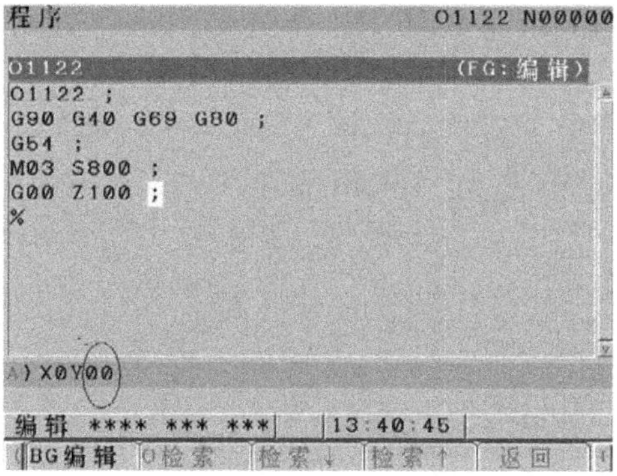

图 3-83　取消前的字符

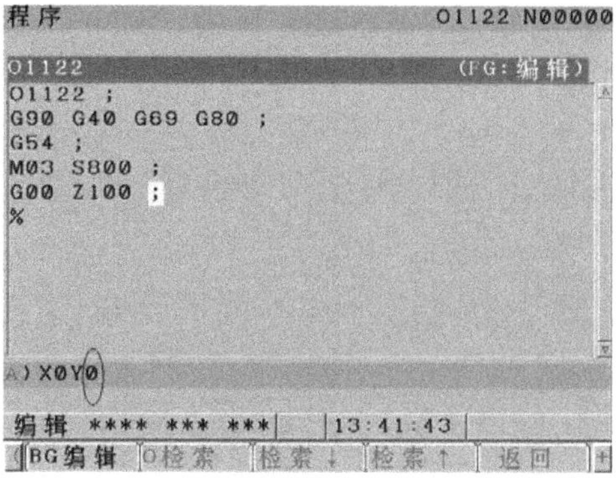

图 3-84　取消后的字符

4）替换键ALTER。该键用于对零件程序错误部分进行修改。如图 3-86 所示的程序中，现需将光标处的“G03”改为“G02”。如图 3-87 所示将光标移到需修改的“G03”处，在缓冲区输入“G02”，按“替换键”即可进行替换修改，如图 3-88 所示。

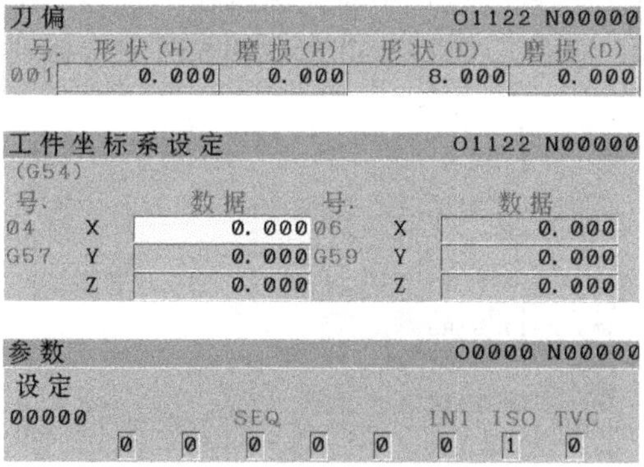

图 3-85　输入键的使用场合

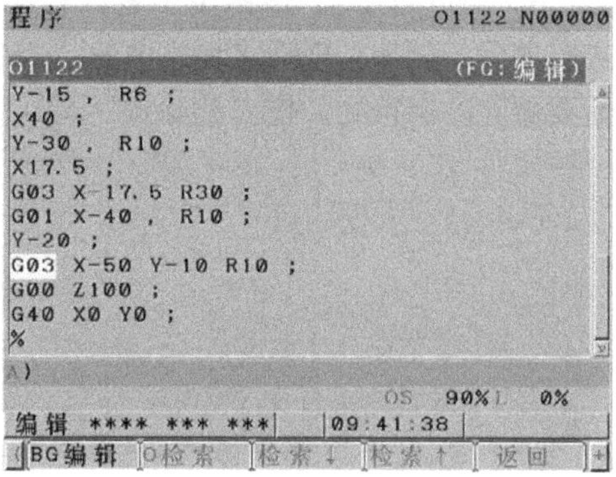

图 3-86　需修改的字符

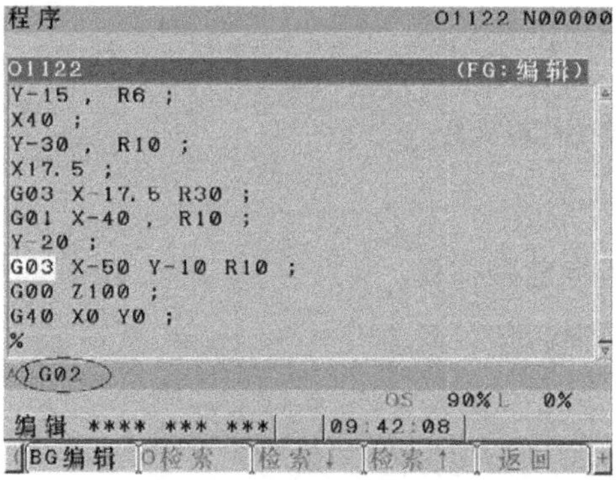

图 3-87　缓冲区字符输入

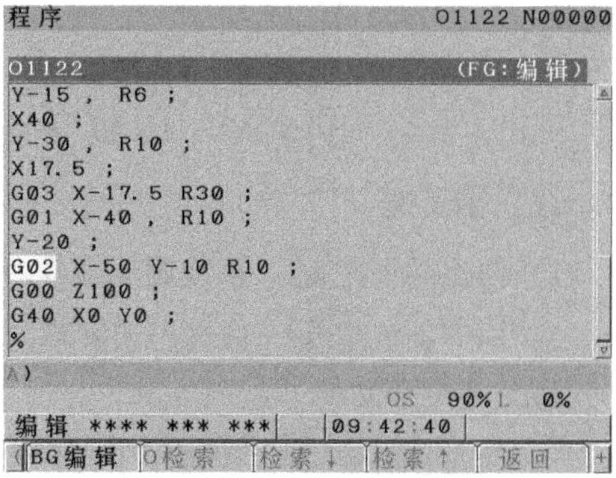

图 3-88　字符的替换

5）插入键NSERT。该键可在零件程序编写过程中将缓存区的字符输入到屏幕中。例如，现需将缓存区的“M30”输入到屏幕程序中，按“插入键”即可，如图 3-89 所示。

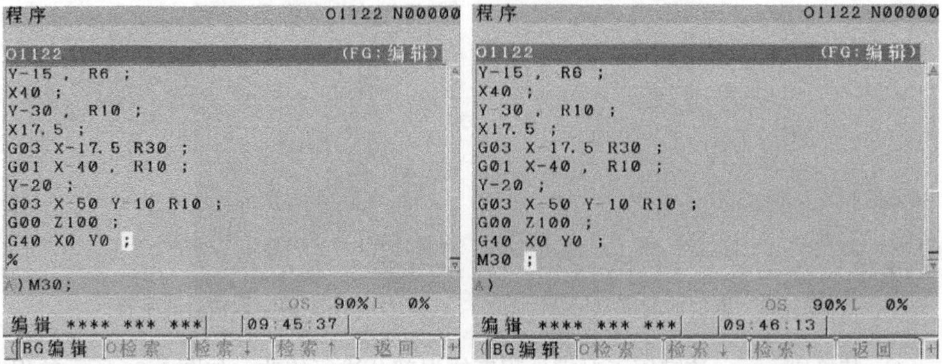

a) b)

图 3-89 插入键的使用

6）删除键 DELETE。该键用于零件程序编写、修改过程中对光标所在位置的字符进行删除。例如，现需将程序中的“Z100”删除，如图 3-90 所示需先将光标移到需要删除的字符处，按“删除键”即可。

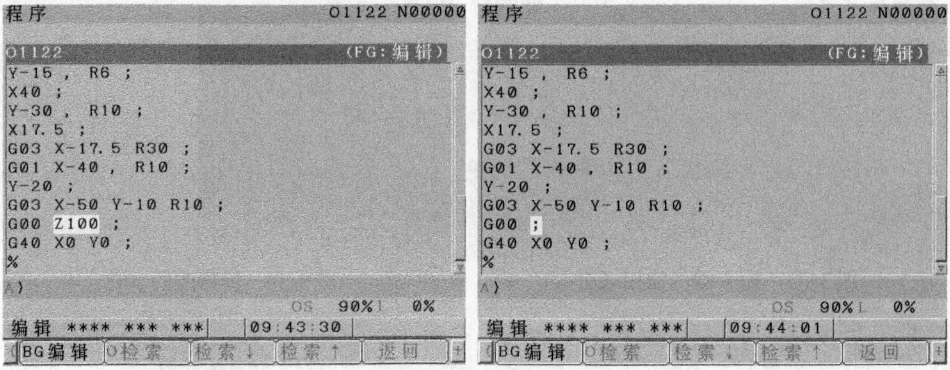

a) b)

图 3-90 删除键的使用示图

（6）翻页键

1）向上翻页键 ↑PAGE。该键用于屏幕内容向前翻一页。

2）向下翻页键 PAGE↓。该键用于屏幕内容向后翻一页。

（7）光标移动键

1）向左移动键 ←。该键用于光标向左或向倒退方向移动。

2）向上移动键 ↑。该键用于光标向上或向倒退方向移动。

3）向右移动键 →。该键用于光标向右或向前进方向移动。

4）向下移动键 。该键用于光标向下或向前进方向移动。

（8）帮助键

按此键可用来帮助操作人员查看机床报警的解决方法、一些简单的机床操作步骤和参数的查询范围等，如图 3-91 所示。

1）报警详述帮助。如图 3-92 所示在显示器帮助画面点按“报警”功能按钮，进入报警帮助画面，如图 3-93 所示。在缓存区输入报警编号后，点按显示器右下角的“选择”按钮，如图 3-94 所示。该报警的原因及处理解决方法会在显示器中显示，如图 3-95 所示。

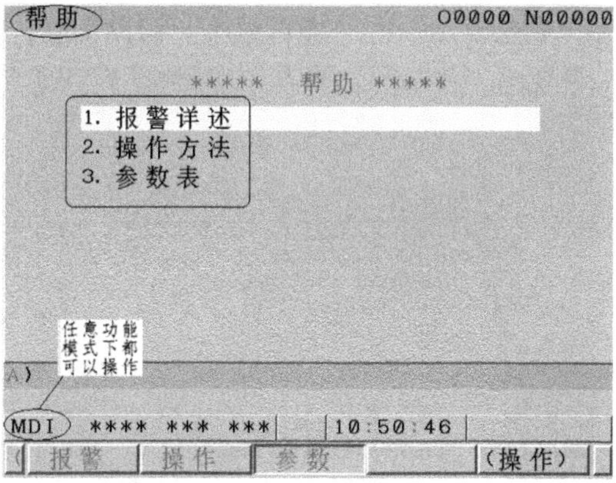

图 3-91　帮助画面显示

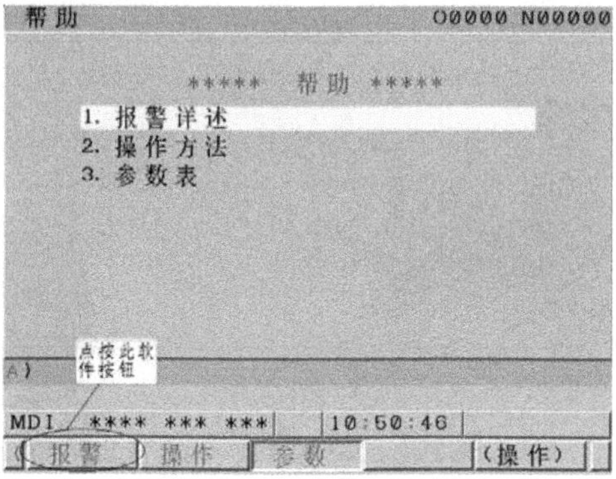

图 3-92　报警功能按钮操作

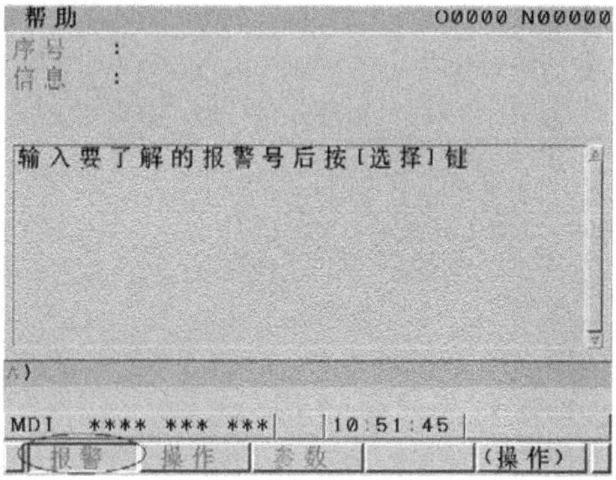

图 3-93　报警帮助画面

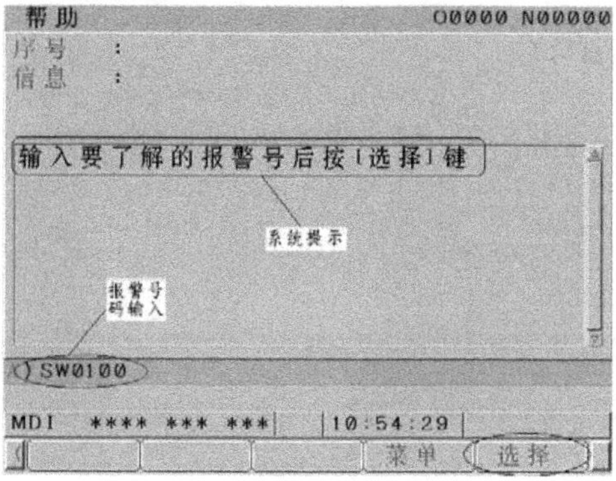

图 3-94　报警号缓存区输入

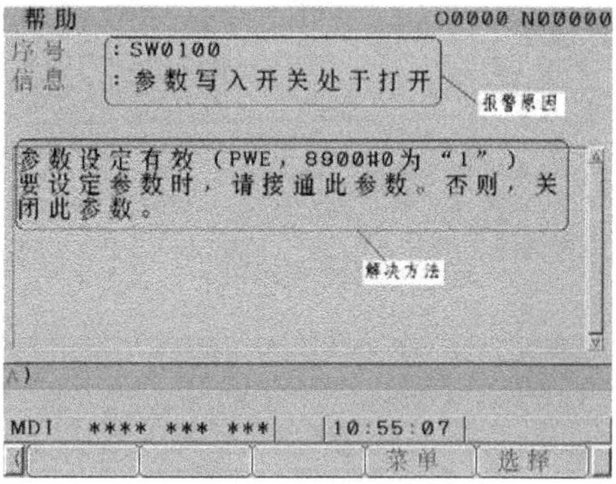

图 3-95　参数帮助信息

2）操作方法帮助。如图3-96所示在显示器帮助画面点按“操作”功能按钮，进入操作方法帮助画面，如图3-97所示。如图3-98所示移动光标选择需要帮助的信息，点按“（操作）”功能按钮如图3-99所示，再按“选择”功能按钮如图3-100所示，则会显示一些“编辑程序”帮助信息，如图3-101所示。

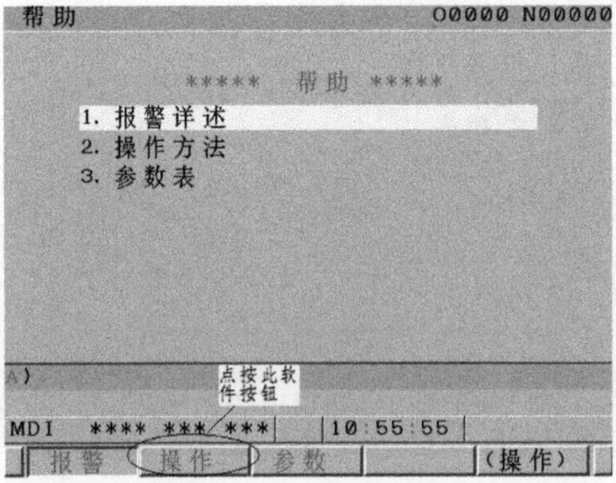

图3-96 操作功能按钮操作

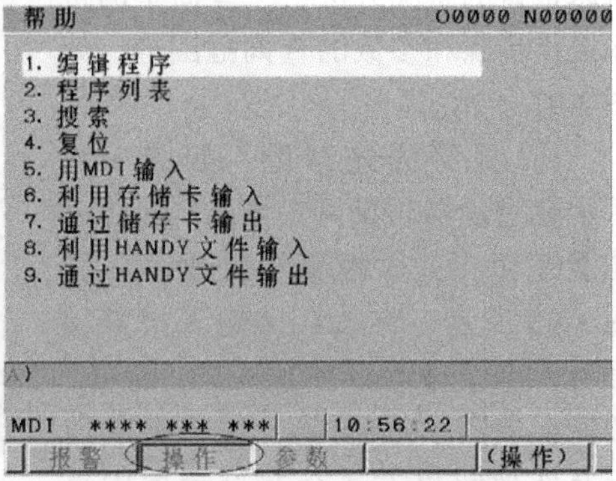

图3-97 操作方法帮助画面

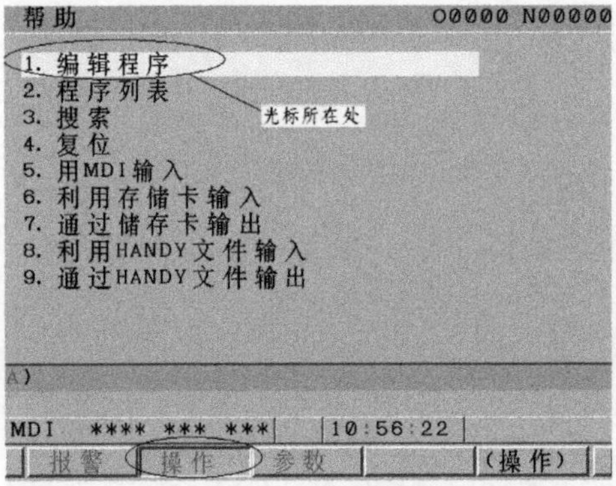

图3-98 光标所在位置

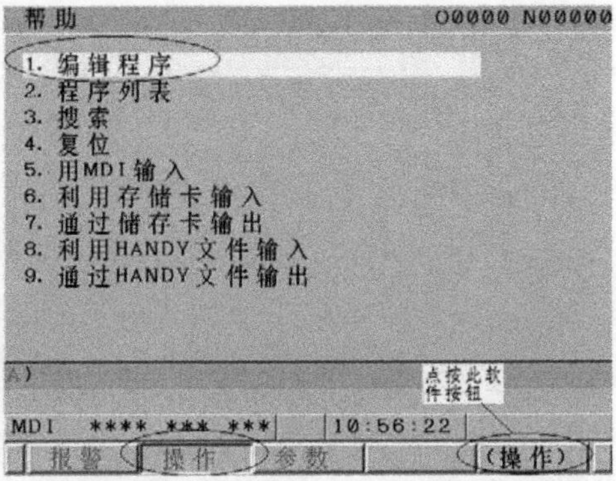

图3-99 “（操作）”功能按钮操作

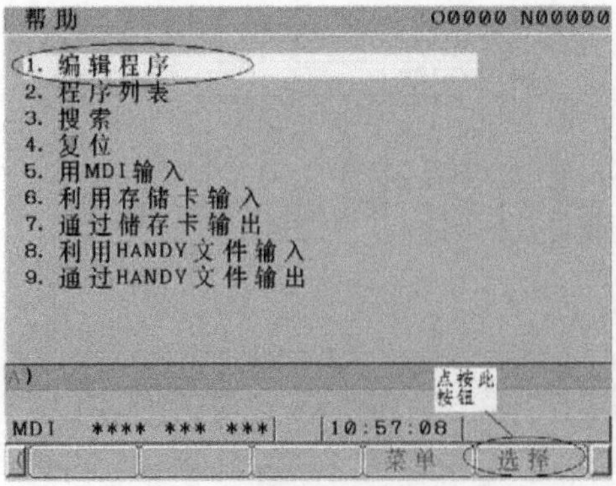

图3-100 选择功能按钮操作

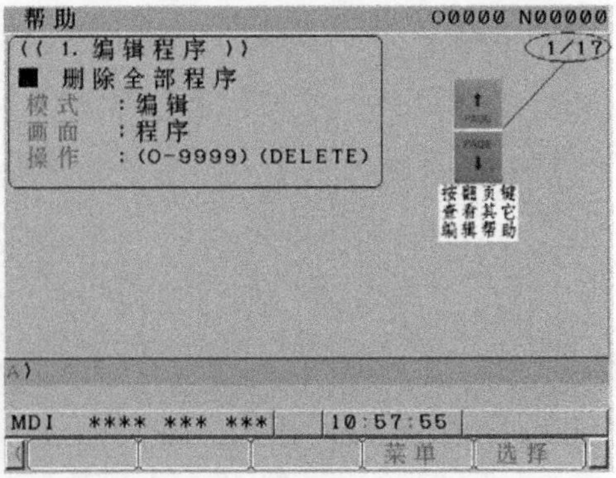

图3-101 编辑程序帮助画面

3）参数表帮助。如图 3-102 所示在显示器帮助画面点按“参数”功能按钮，进入参数表帮助画面，再点按“选择”按钮，如图 3-103 所示，此时显示器会显示一些功能设置的参数查询帮助，如图 3-104 所示。将光标移动到要查看的功能上点按“（操作）”进行查看及修改，如图 3-105 所示。

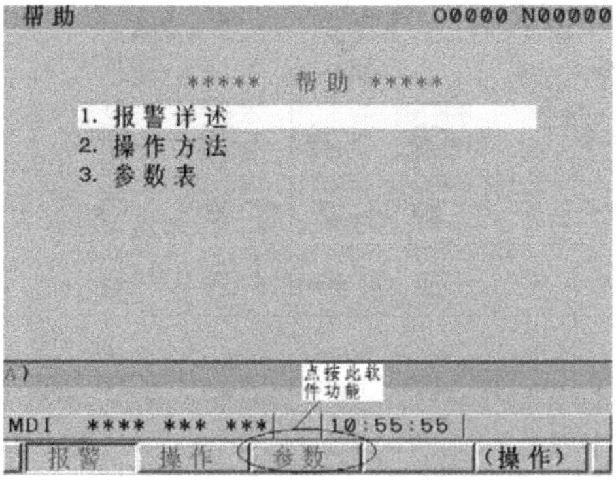

图 3-102　参数功能按钮操作

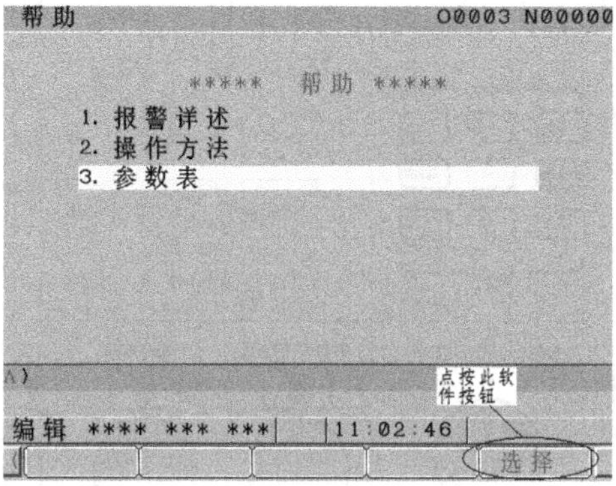

图 3-103　选择功能按钮操作

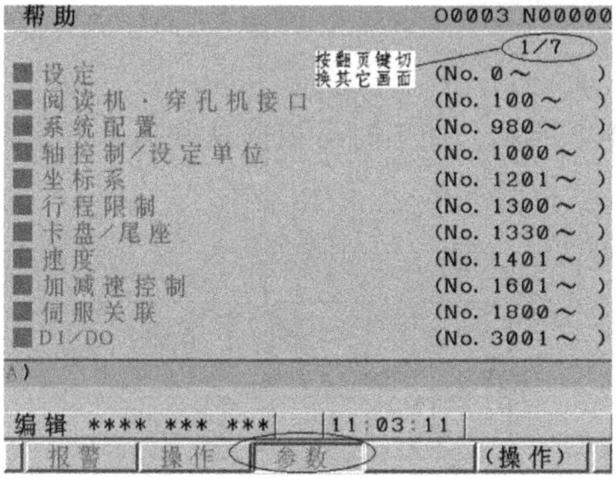

图 3-104　参数帮助画面

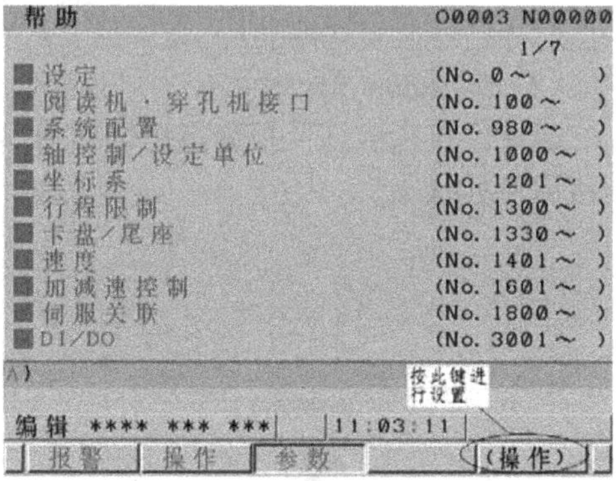

图 3-105　参数查看及修改，“（操作）”功能按钮操作

4. 机床控制面板介绍

机床控制面板是由机床生产厂家设计制造的，不同厂家生产的机床控制面板布局差异比较大，但功能基本相同。机床控制面板上的各种功能键可执行简单的操作，直接控制机床的动作及加工过程，一般有急停、模式选择、轴向选择、切削进给速度调整、主轴转速调整、主轴的起停、程序调试功能及 M 功能、S 功能、T 功能等。本书介绍的 GSVM8050L$_2$ 型立式加工中心的机床控制面板如图 3-106 所示。

（1）系统电源按钮

如图 3-107 所示为机床控制系统电源按钮，“ON”为控制系统电源打开，“OFF”

为控制系统电源关闭。

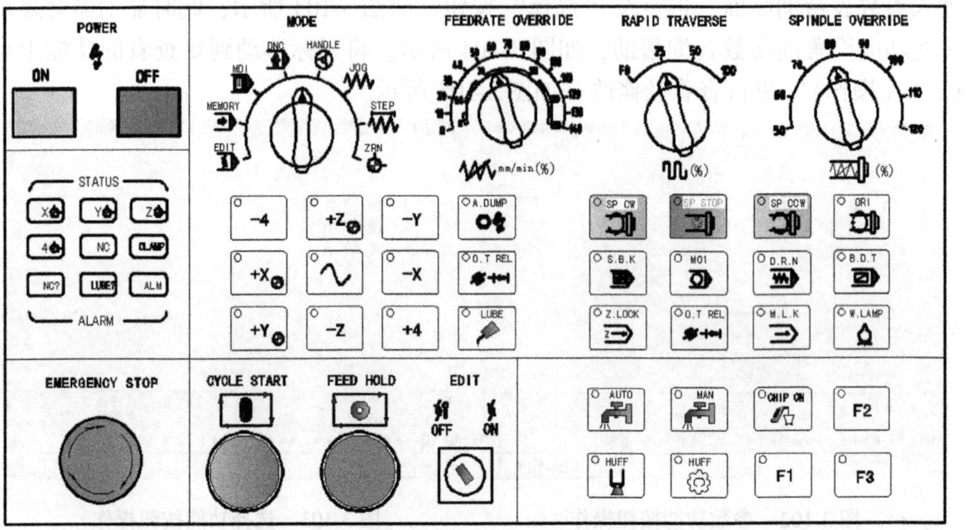

图 3-106　机床控制面板

（2）机床指示灯

机床原点指示灯及报警指示灯如图 3-108 所示，加工时可根据这些指示灯来判断机床所处状态。

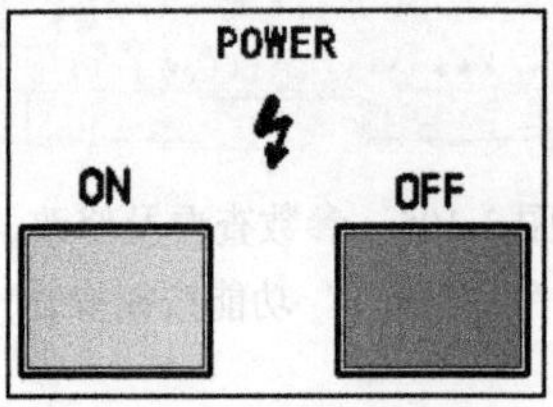

图 3-107　系统电源按钮

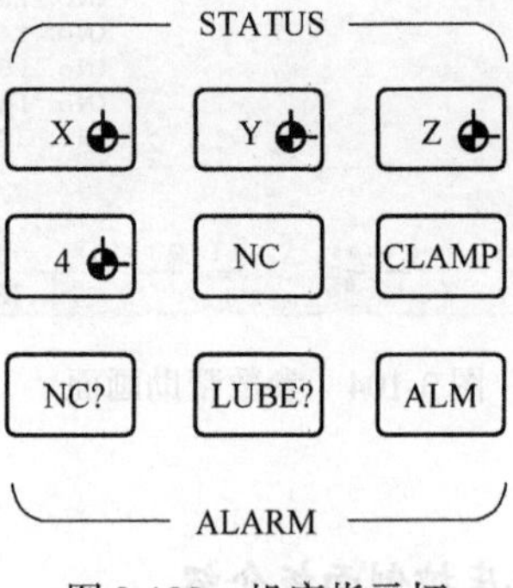

图 3-108　机床指示灯

（3）机床主轴手动控制

1）主轴正转 SP CW。在 JOG 功能或 HANDLE 功能模式下，点按此按钮主轴将以最近的记忆转速顺时针旋转（即主轴正转）。

2）主轴反转 SP CCW。在 JOG 功能或 HANDLE 功能模式下，点按此按钮主轴将以最近的记忆转速逆时针旋转（即主轴反转）。

3）主轴停止 SP STOP。在 JOG 功能或 HANDLE 功能模式下，点按此按钮主轴停止转动。

数控铣床（加工中心）主轴在旋转的过程中，还可通过调节控制面板上的主轴转速控制旋钮来实现主轴转速的递减或递增，机床旋钮开关如图 3-109 所示。

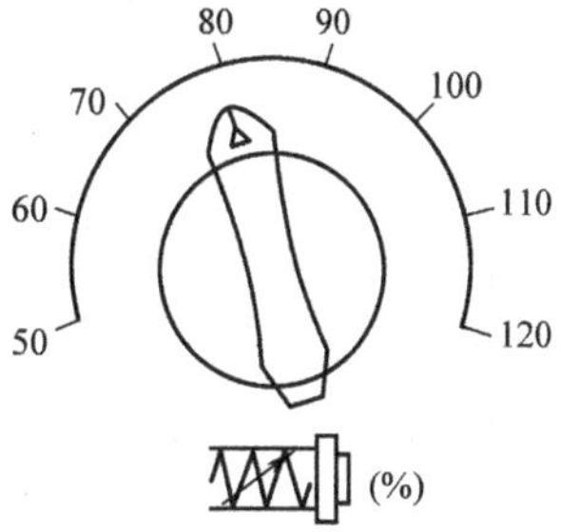

图 3-109 主轴转速控制旋钮

（4）急停按钮

数控机床（加工中心）在加工过程中，一旦发现程序有错误或工件与刀具产生碰撞需立即断电停止机床运行，按紧急停止按钮是最快的选择，如图 3-110 所示。断电时，直接按下此按钮即可，接通电源时需按照表面箭头提示旋至一定的角度才能打开。

（5）功能模式选择

机床功能模式选择旋钮如图 3-111 所示，其中，各按钮功能如下。

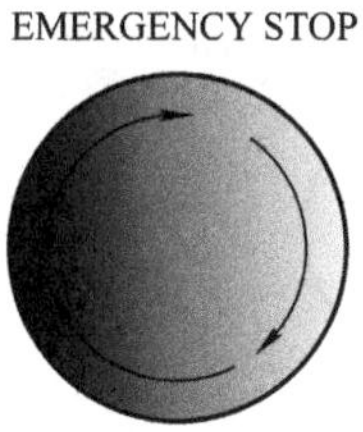

图 3-110 急停按钮

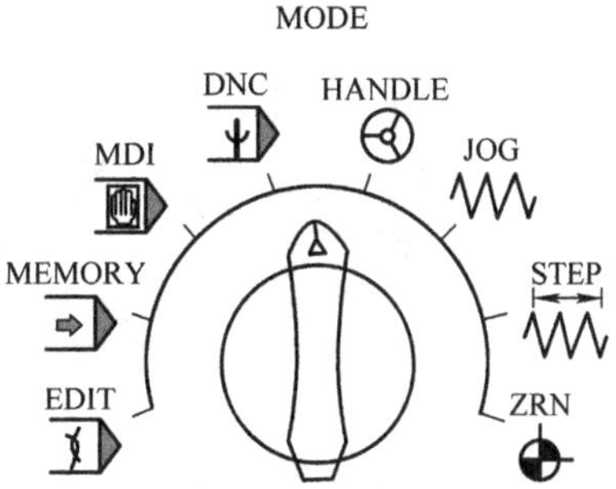

图 3-111 功能模式选择旋钮

1）回机床参考点 ZRN。将功能选择旋钮旋到该图标处，系统进入回参考点功能模式。有些机床在打开机床电源后需要人工回机床参考点，然后才能进行零件加工；而有些机床则不需要人工回机床参考点，可以直接进行零件加工，这是机床生产厂家安装的检测脉冲编码器不同的缘故。检测脉冲编码器有绝对脉冲编码器和增量脉冲编码器两种。如果机床上安装的是增量脉冲编码器，在打开电源后必须先回机床参考点，回参考点的方法由机床生产厂家设定（本机床需要回参考点，回参考点的方法是按有原点标记的“+X”“+Y”“+Z”按钮如图 3-112 所示，在回参考点的过程中，为了防止发生意外，一般要求先回 Z 轴，再回 X 轴与 Y 轴）。

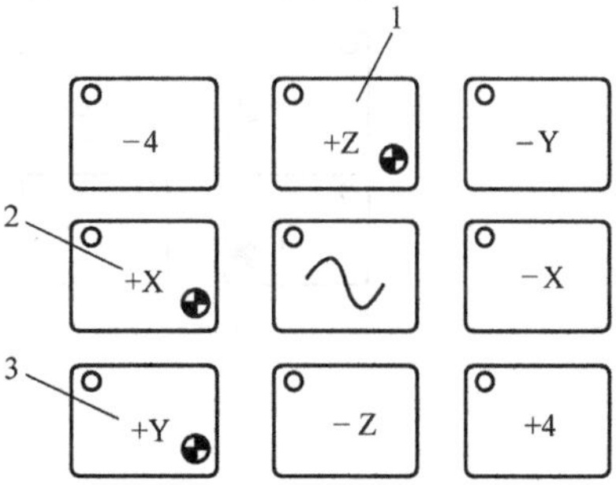

图 3-112 回参考点顺序

2）步进 STEP。将功能选择旋钮旋到该图标处，系统进入步进功能模式。该功能是介于手动进给功能与手摇脉冲进给功能之间，因此厂家一般不设置该功能，而是直接设置成手动进给。

3）手动进给（JOG）。将功能选择旋钮旋到该图标处，系统进入手动进给功能模式。该功能是移动机床坐标的，控制面板上与该功能配套的按钮如图 3-113 所示，中间的按钮为快速移动按钮，是结合坐标方向按钮一起使用的，快速移动的速度快慢由快速移动倍率旋钮来调节如图 3-114 所示。单独按坐标方向按钮为常规进给操作，其进给速度由进给倍率旋钮来调节如图 3-115 所示。

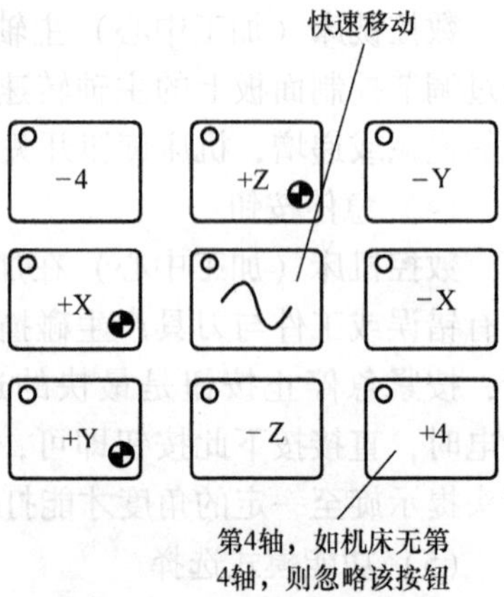

图 3-113　手动进给按钮

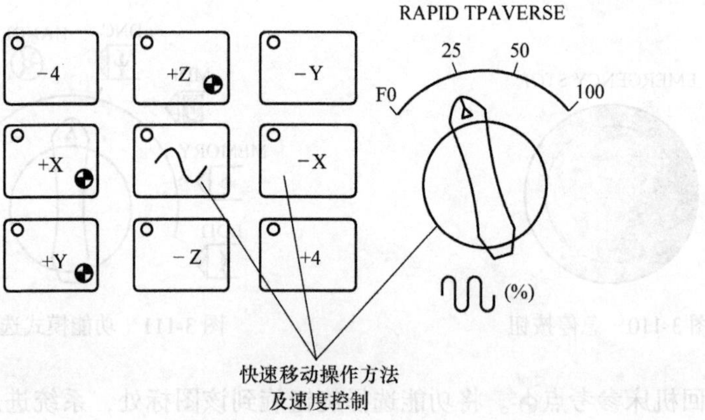

图 3-114　快速移动操作

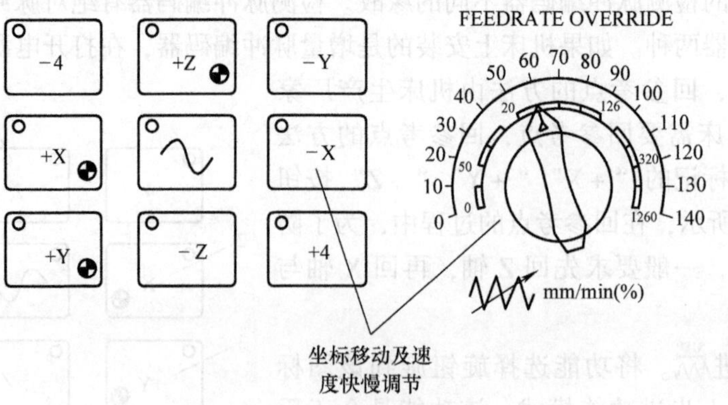

图 3-115　坐标移动操作

4）手摇脉冲进给 HANDLE。将功能选择旋钮旋到该图标处，系统进入手摇脉冲进给功能模式。在此方式下机床坐标轴可由机床控制面板上手摇脉冲发生器（简称手摇轮）连续旋转来控制机床实现连续不断地移动，如图 3-116 所示。手摇脉冲发生器旋转一个刻度，机床坐标轴移动相应的距离，机床坐标轴移动的速度由移动倍率开关确定。

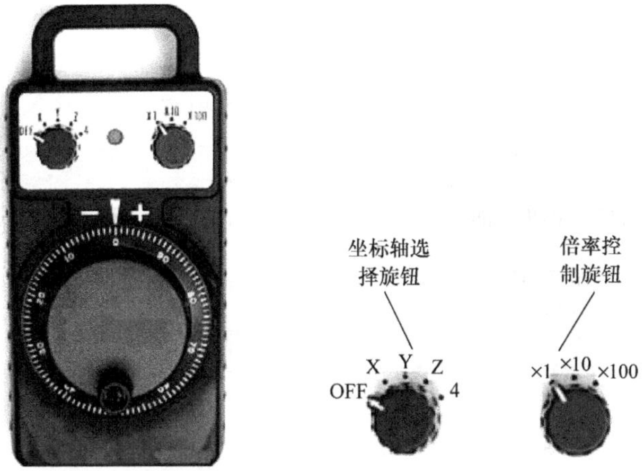

图 3-116　手摇脉冲发生器

图 3-116 所示的倍率控制旋钮中移动量“×1”为 0.001mm，“×10”为 0.01mm，“×100”为 0.1mm。刻度轮盘上的 – ▼ + 为方向控制，向“+”方向摇动手轮代表向各坐标轴的正向移动，向“–”方向摇动手轮代表向各坐标轴的负向移动。

5）手动数据输入（Manual Data Input，简称 MDI）MDI。将功能选择旋钮旋到该图标处，系统进入 MDI 功能模式。该功能模式下可进行程序的编写与运行。必须注意的是：MDI 方式下可以从 LCD/MDI 面板上直接输入并执行单个（或几个）程序段，被输入并执行的程序段不会被存入程序存储器（即程序段运行完毕后会自动删除）。

例如，在 MDI 方式下输入并执行程序段“M03 S700;”，操作步骤如下。

① 将功能按钮旋至“MDI”处。

② 按 PROG 键使 LCD 显示屏显示“程序（MDI）”画面，如图 3-117 所示。

③ 在缓存区输入“M03 S700;”程序指令，如图 3-118 所示。

④ 按 INSERT 键将程序指令输入 LCD 显示屏中，如图 3-119 所示。

⑤ 直接按循环起动按钮 CYCLE START 执行该指令，此时机床主轴会以 700r/min 的正向

转速旋转，同时程序指令被删除。

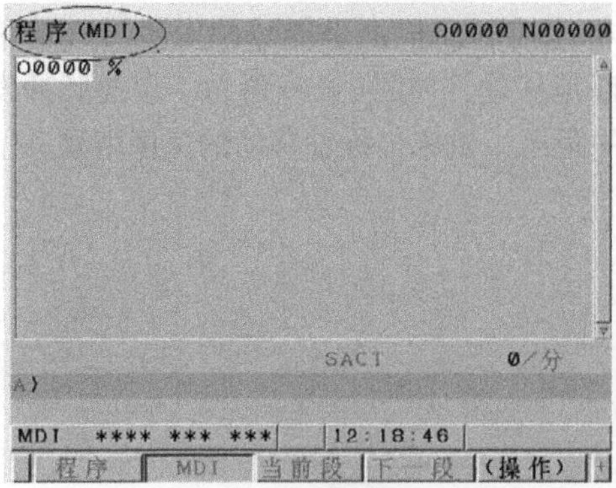

图 3-117 MDI 画面

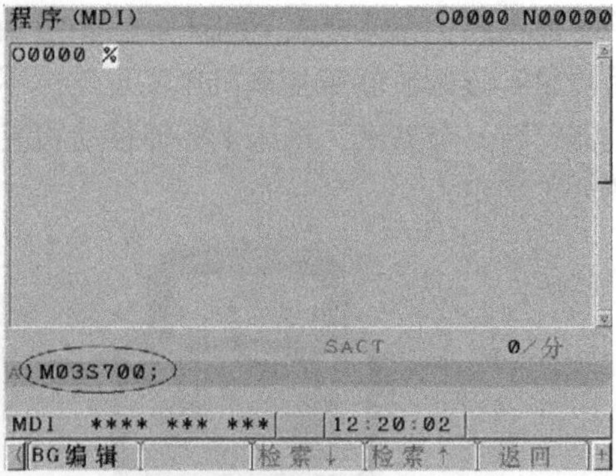

图 3-118 程序指令缓存区输入

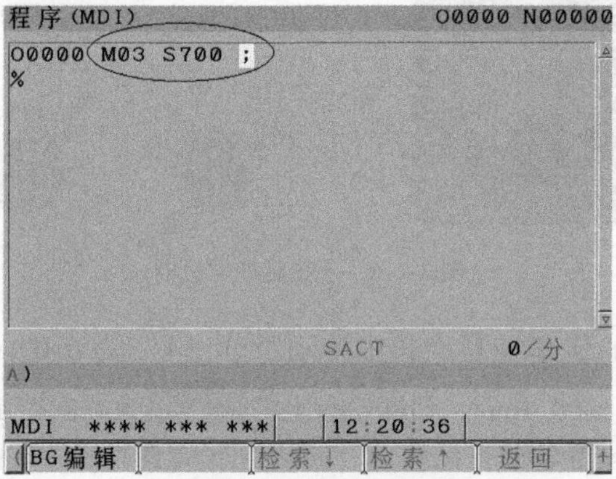

图 3-119 程序指令屏幕输入

6）程序编辑 EDIT。将功能选择旋钮旋到该图标处，系统进入程序编辑功能模式。在该功能模式下可进行程序的输入、编辑和存储。

新程序的建立：向 NC 的程序存储器中加入一个新的程序号的操作称为新程序建立，操作步骤如下。

① 将功能按钮选择至“EDIT”处。

② 将程序保护钥匙开关  置“OFF”位。

③ 按 PROG 键显示程序画面，并将画面切换到程序目录画面，如图 3-120 所示，也可切换到单个程序显示画面，如图 3-121 所示（本例以程序目录画面为例）。

④ 在缓存区输入要新建的程序名，如 O0008（该程序名不能与系统内已有的程序重名，否则会出现程序重名报警），如图 3-122 所示。

⑤ 按INSERT键，新程序名被输入显示器内，如图3-123所示。

⑥ 按EOB键输入程序段结束符（在缓存区显示为“;”如图3-124所示），再按INSERT键将“;”插入到新建程序名后，一个新的程序名就建立完成了，如图3-125所示。

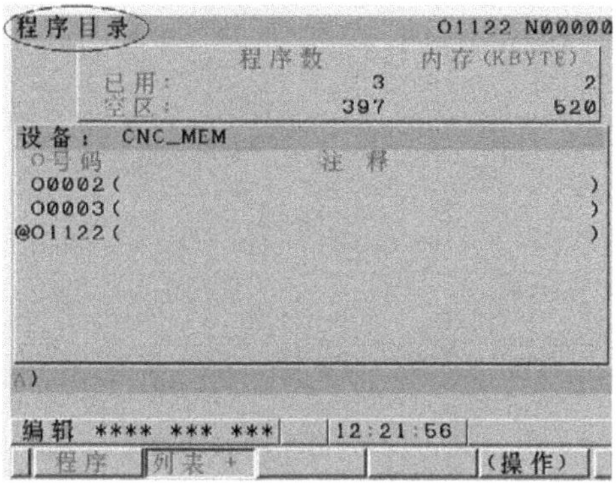

图3-120　程序目录画面

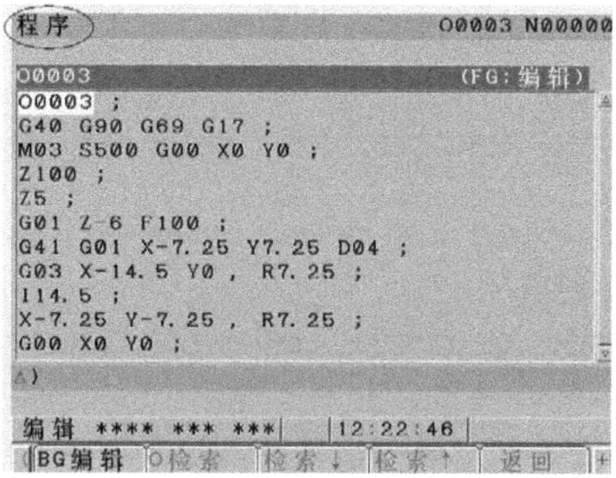

图3-121　单个程序显示画面

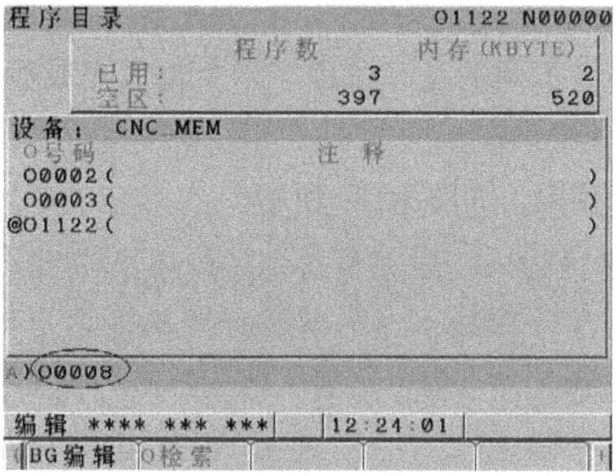

图3-122　新程序名缓存区输入

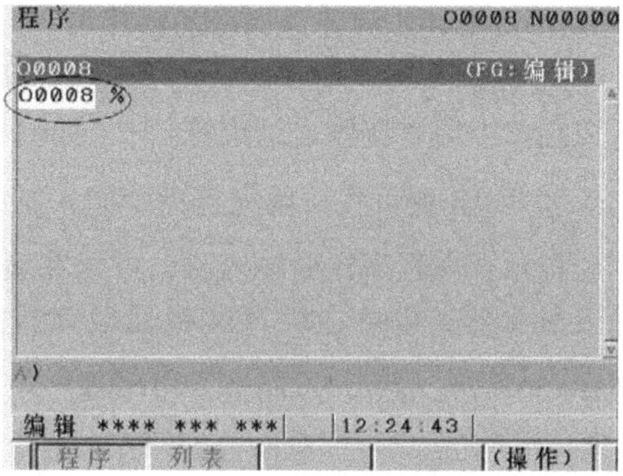

图3-123　新程序名显示器内输入

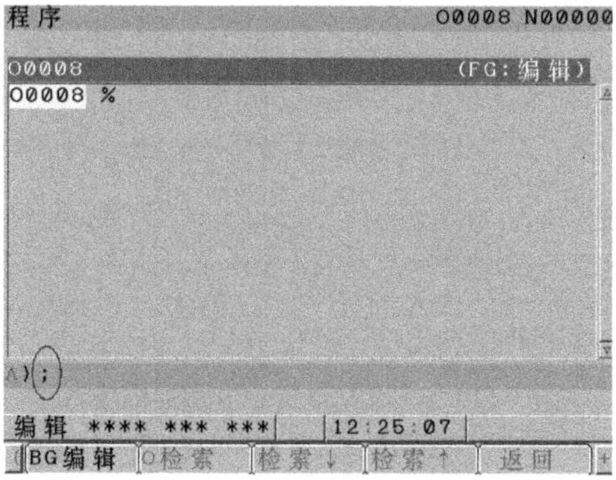

图3-124　结束符缓存区输入

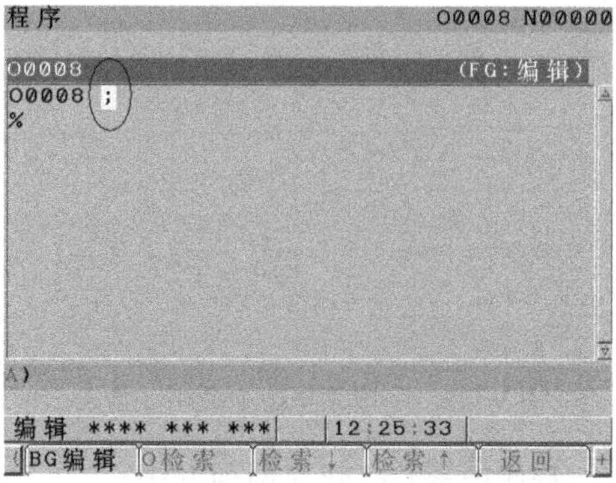

图3-125　结束符显示器内输入

提示：

在上述操作第④步中，如果如图 3-126 所示在程序名后直接先输入程序段结束符（即“O0008;”），按键后会出现“格式错误”报警，如图 3-127 所示。

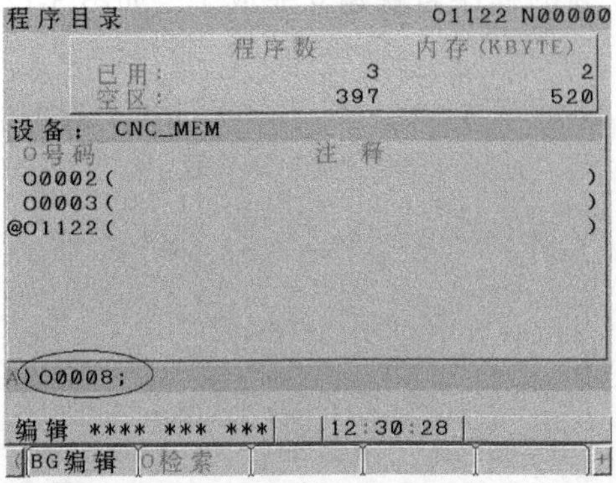

图 3-126　缓存区错误字符输入

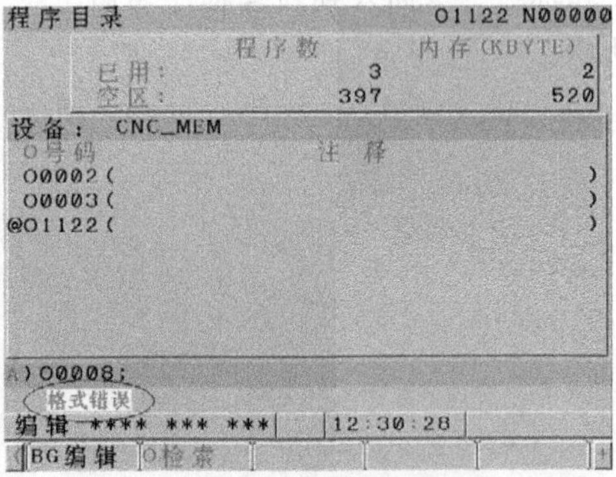

图 3-127　格式错误报警

程序指令的输入：

① 按上述步骤建立完新的程序名。

② 在输入程序指令时，与建立新程序名不同的是一段程序指令输入完成后，可以在指令后直接输入结束符“;”如图 3-128 所示。

③ 按键可将一段完整指令输入显示器内，如图 3-129 所示。

提示：在程序指令输入时，可以在缓冲区输入一段完整指令后按键将指令输入显示器；也可在缓存区将几段完整指令一起输入（只要缓存区足够长）如图 3-130所示，然后按键将多段程序一起输入显示器，如图 3-131 所示。

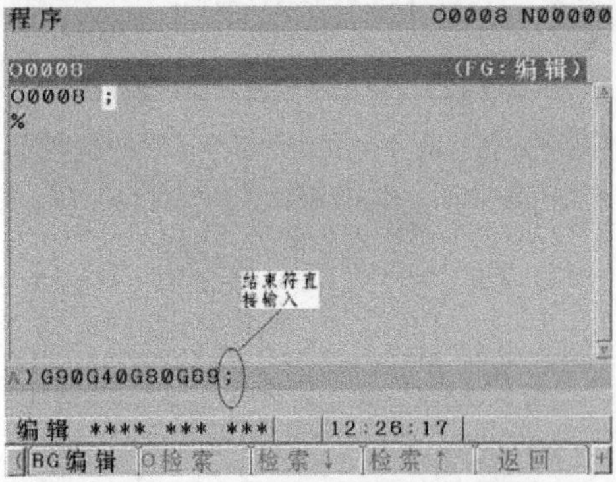

图 3-128　一段完整指令缓存区输入

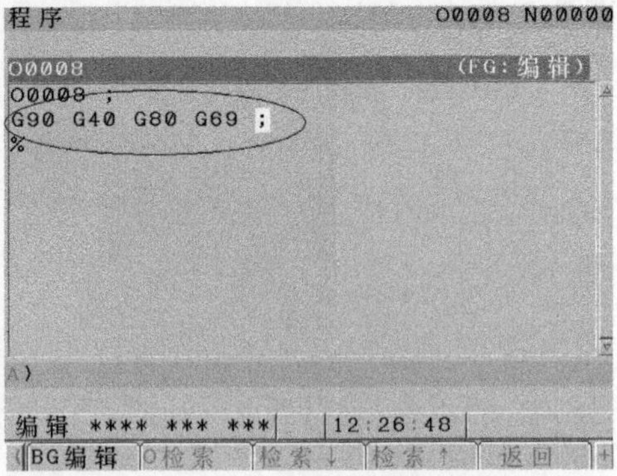

图 3-129　一段完整指令显示器内输入

程序搜索并打开（两种方法）

方法一：

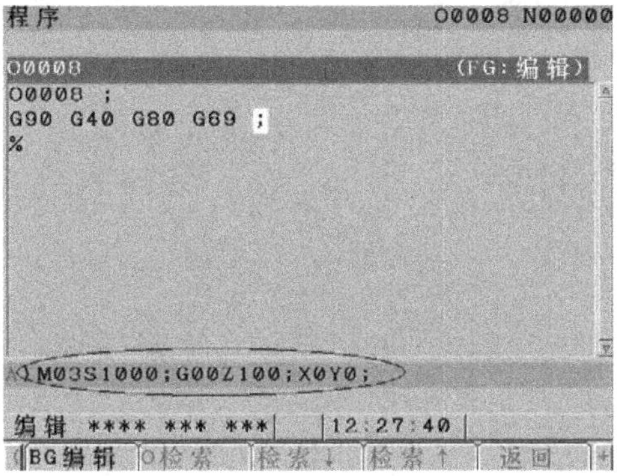

图 3-130　多段完整指令缓存区输入

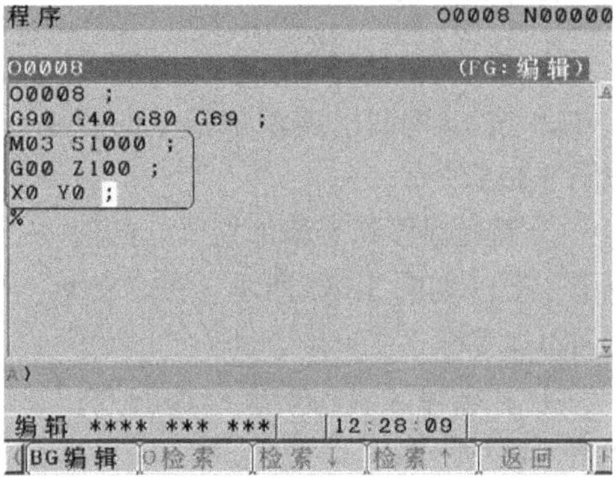

图 3-131　多段完整指令显示器内输入

① 将功能旋钮旋至EDIT。

② 按PROG键将画面切换至程序目录画面或单个程序显示画面。

③ 在缓存区输入被调程序的程序名（如“O0003”），如图 3-132 所示。

④ 按光标键↓搜索。

⑤ 搜索完毕后，被搜索的程序会出现在显示器上，如图 3-133 所示。如果没有找到指定的程序，则会出现报警。

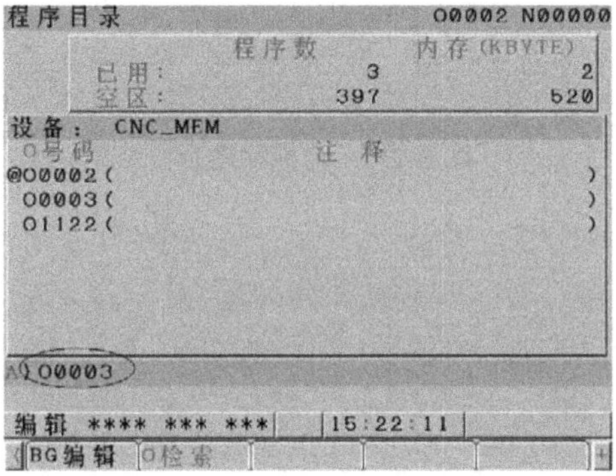

图 3-132　程序名缓存区输入

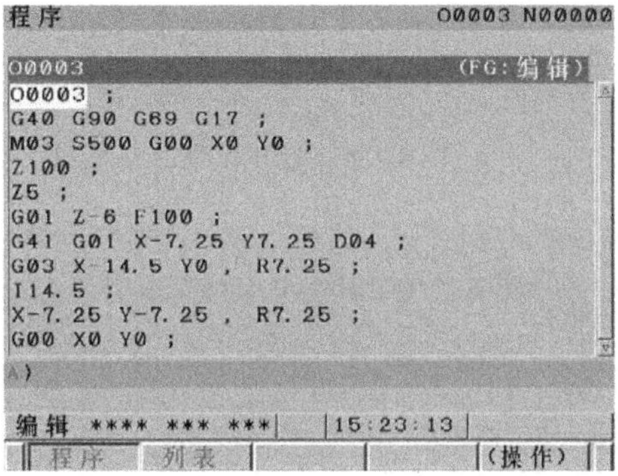

图 3-133　程序搜索并打开

方法二：

① 将功能旋钮旋至EDIT。

② 按PROG键将画面切换至程序目录画面或单个程序显示画面。

③ 在缓存区输入被调程序的程序名（如“O0003”），如图 3-132 所示。

④ 按屏幕下方的“O 检索”按钮，则程序被调出，如图 3-134 所示。

程序指令的添加：

① 将功能旋钮旋至 。

② 按 键调出需添加指令的程序如图 3-135 所示。

③ 将光标移到需添加指令处的前一个指令上（如图 3-136 所示，在“S500”后面添加字符“;”）。

④ 在缓存区输入需要添加的“;”，如图 3-137 所示。

⑤ 按 键完成指令的添加，如图 3-138 所示。

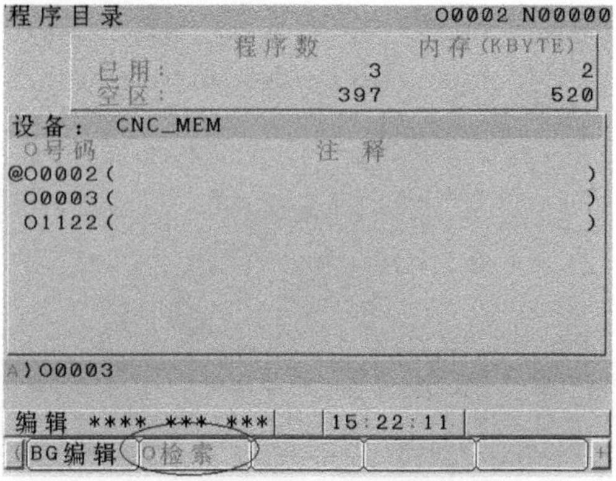

图 3-134 程序软件按钮检索

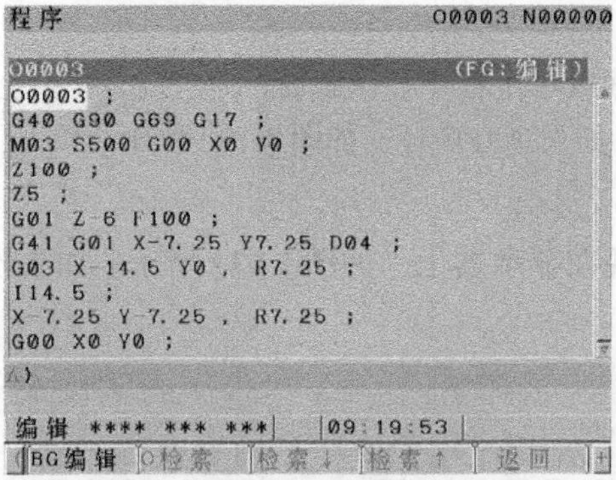

图 3-135 打开程序

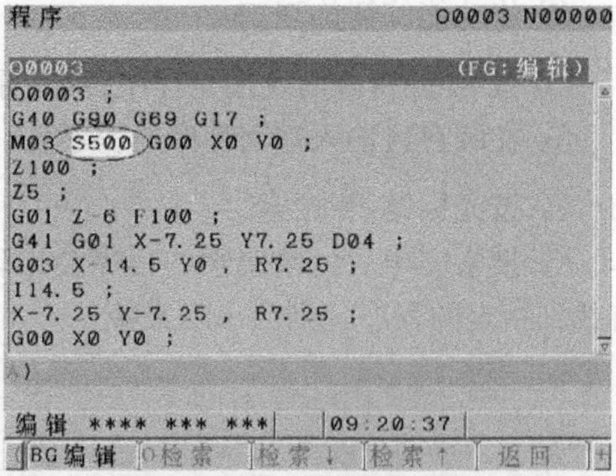

图 3-136 光标移动到位

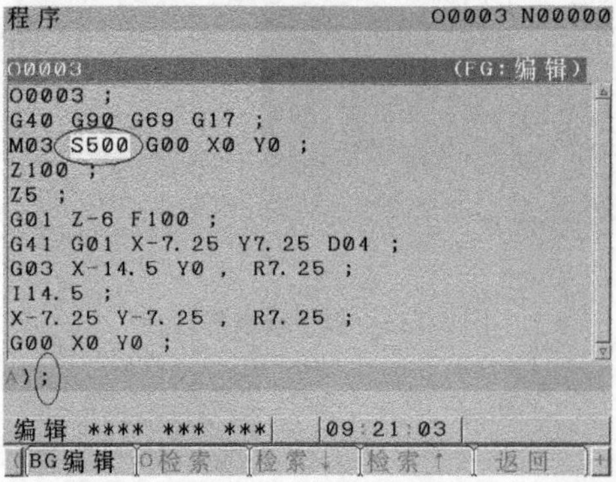

图 3-137 缓存区字符输入

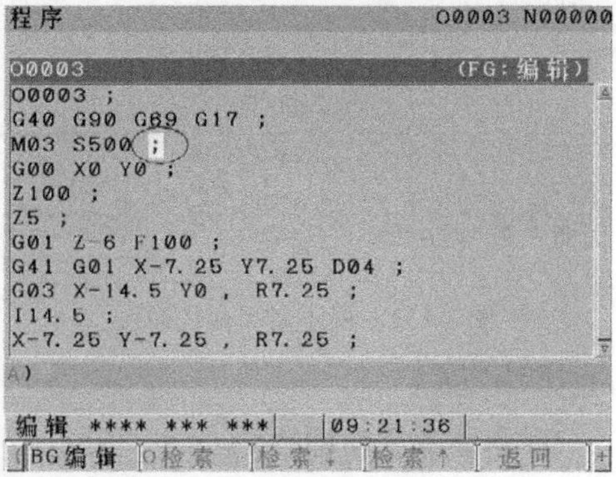

图 3-138 字符添加完成

程序指令的修改（两种方法）

方法一：

① 将功能旋钮旋至 EDIT。

② 按 PROG 键调出需修改指令的程序，如图 3-139 所示。

③ 将光标移到需修改的指令上（如图 3-140 所示将“S500”修改为“S800”）。

④ 在缓存区输入正确的指令“S800”，如图 3-141 所示。

⑤ 按 ALTER 键完成指令的修改，如图 3-142 所示。

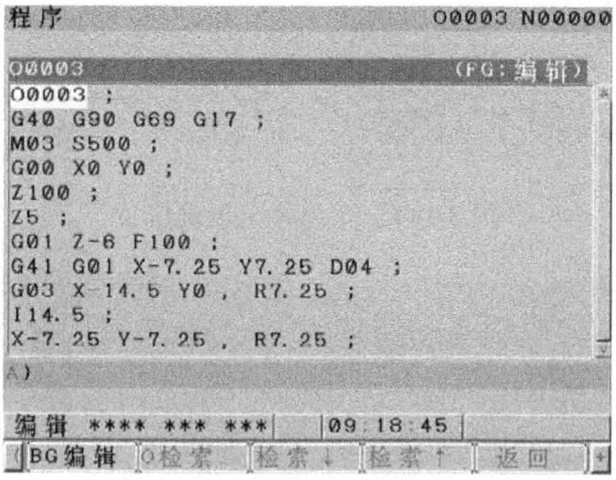

图 3-139　打开程序

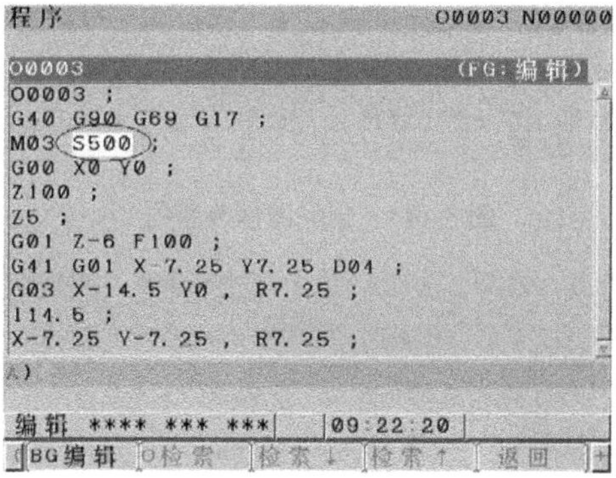

图 3-140　光标移动到位

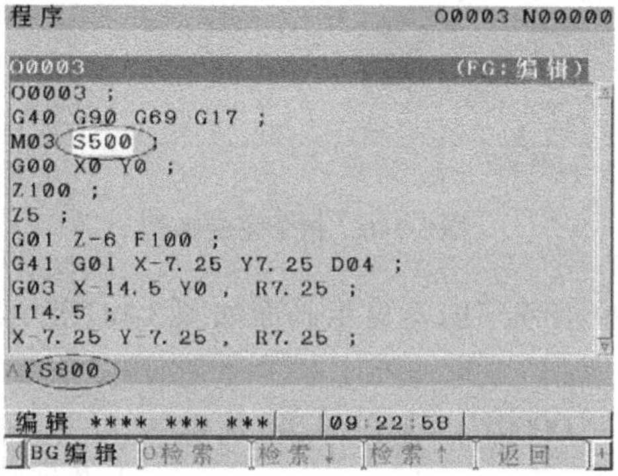

图 3-141　缓存区字符输入

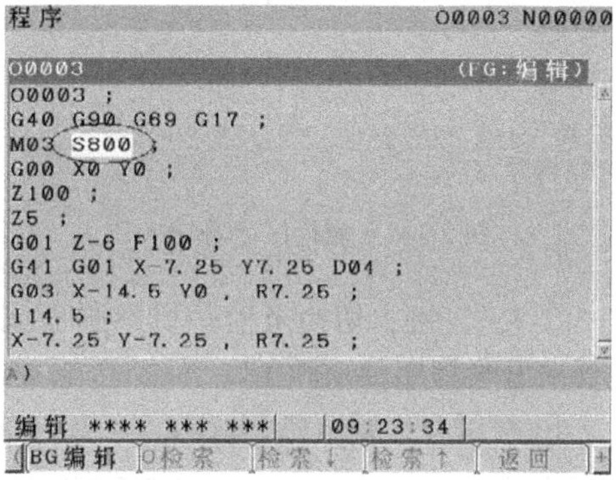

图 3-142　指令修改完成

方法二：

① 重复“方法一”的①②③步。

② 按编辑键中的 DELETE 键删除需修改的指令“S500”，如图 3-143 所示。

③ 将光标键前移至上一个指令处，如图 3-144 所示。

④ 在缓存区输入正确的指令“S800”如图 3-145 所示。

⑤ 按 INSERT 键，完成指令的修改，如图 3-146 所示。

程序的删除（一个程序）：

① 将功能旋钮旋至 EDIT。

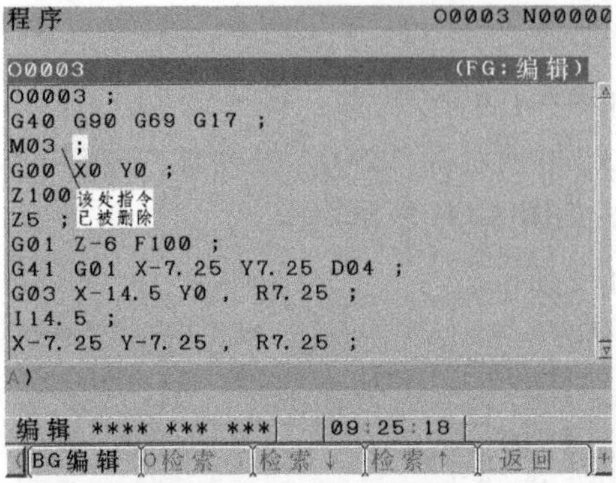

图 3-143　删除需修改字符

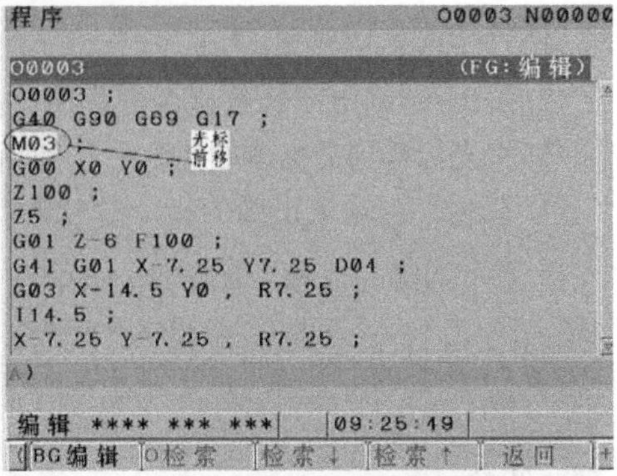

图 3-144　光标移至正确位置

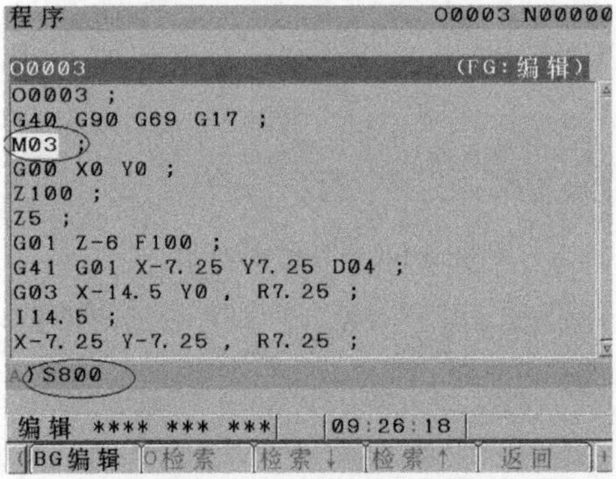

图 3-145　缓存区字符输入

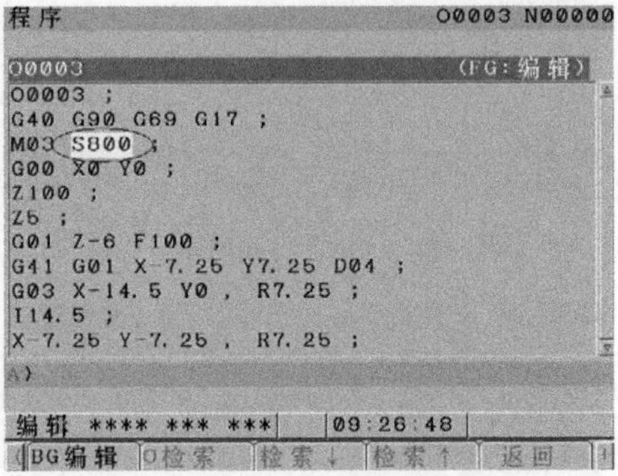

图 3-146　指令完成修改

② 按PROG键，切换至程序目录画面或单个程序内容显示画面如图 3-147 所示。现要求删除程序“O0001”。

③ 在缓存区输入需删除程序的程序名“O0001”，如图 3-148 所示。

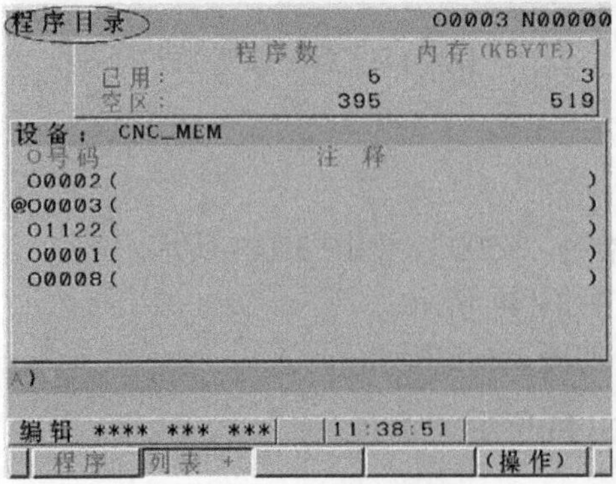

图 3-147　程序目录画面

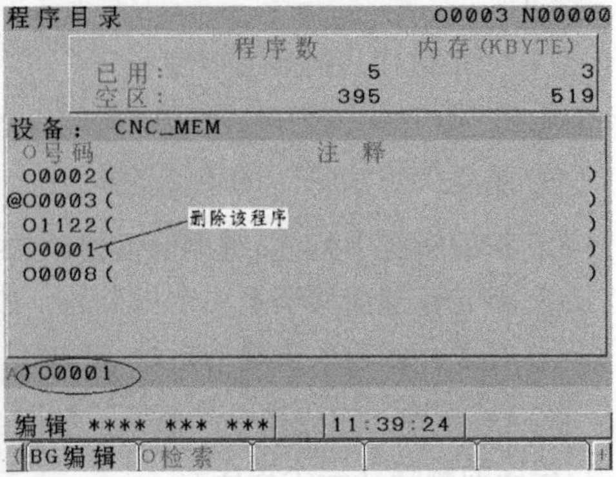

图 3-148　缓存区程序名输入

④ 按DELETE键，此时显示器的左下角显示“程序（O0001）是否删除?”的提示，如图3-149所示。

⑤ 按显示器下方的“执行”按钮如图3-150所示，则程序目录中“O0001”程序被完全删除如图3-151所示。

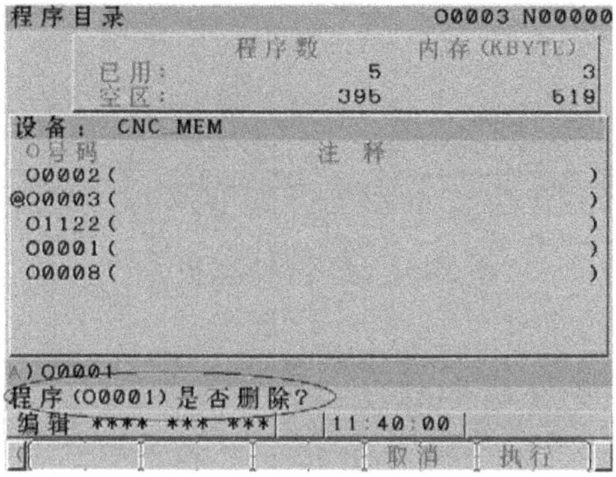

图3-149　程序删除前提示

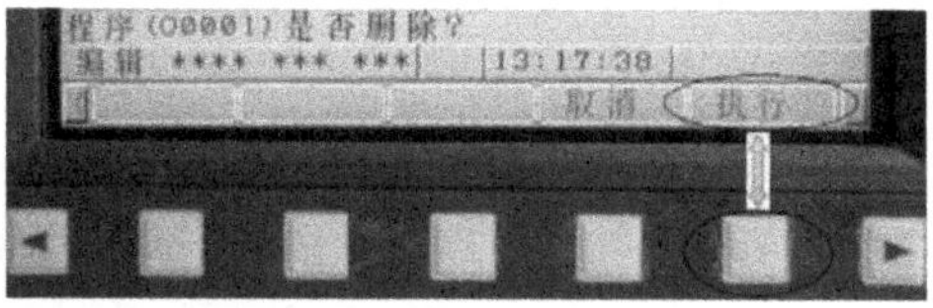

图3-150　删除执行按钮

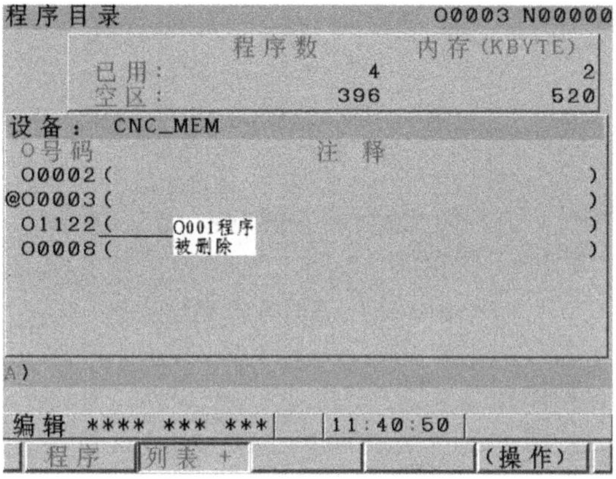

图3-151　删除程序后的目录

全部程序的删除：

① 重复“程序的删除”①②步。

② 在缓存区输入“O-9999”如图3-152所示。

③ 按DELETE键，此时显示器的左下角显示“程序是否全部删除?”的提示，如图3-153所示。

④ 按显示器下方的“执行”按钮，则程序目录中所有程序被完全删除如图3-154所示。

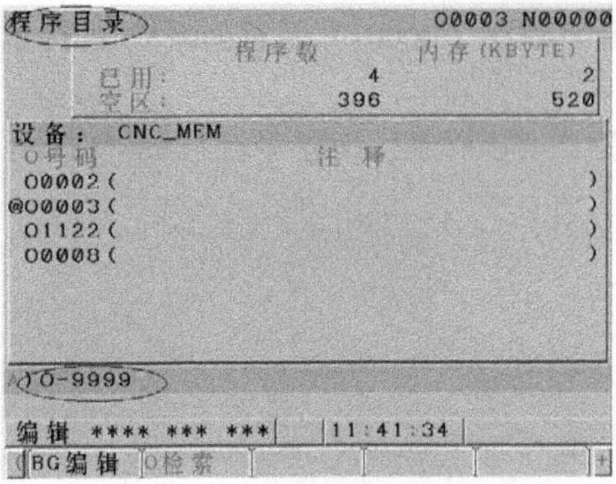

图 3-152 缓存区指令字符的输入

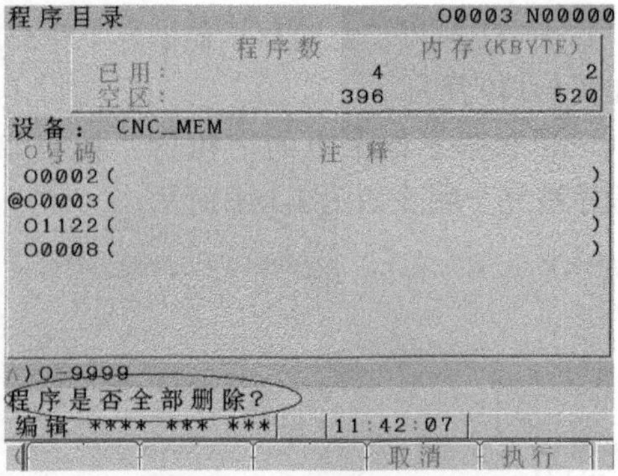

图 3-153 程序删除前提示

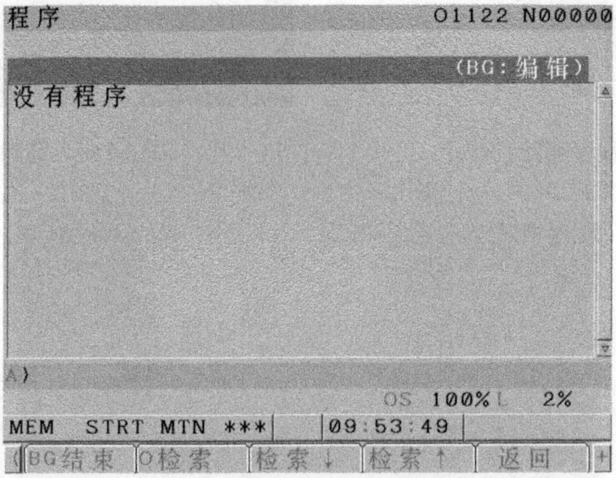

图 3-154 程序全部删除

程序内容的复制/粘贴：

① 将功能旋钮旋至EDIT。

② 按PROG键切换至单个程序内容显示画面，如图 3-155 所示。现要求将程序中的一部分指令复制到一个新的程序名中（也可复制到当前程序中的任意位置或另一个已有的程序中）。

③ 将光标移动到复制部分的起始指令处如图 3-156 所示。

④ 按显示器右下方的向右菜单扩展键，如图 3-157 所示，显示器下方出现如图 3-158 所示的新软件功能显示，点按“选择”按钮如图 3-159 所示，再结合键将光标移动到复制部分的终点处如图 3-160 所示（该部分内容会高亮显示）。

⑤ 点按显示器下方的“复制”按钮如图 3-161 所示，此时显示器中复制部分的高亮显示消失，光标自动跳到复制指令段的结尾如图 3-162 所示。

⑥ 在缓存区输入新的程序名如图 3-163 所示，按

键输入显示器如图 3-164 所示，再如图 3-165、图 3-166 所示将程序名建立完成。

⑦ 点按“粘贴”按钮如图 3-167 所示，显示器下方显示如图 3-168 所示的新软件功能，点按“BUF 执行”按钮如图 3-169 所示，实现指定程序内容的复制如图 3-170 所示。

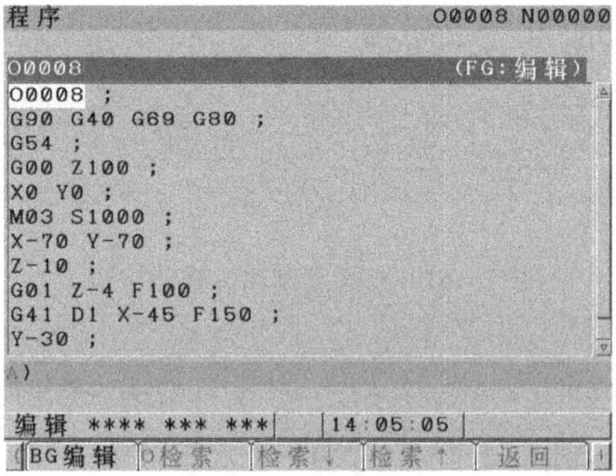

图 3-155　单个程序打开

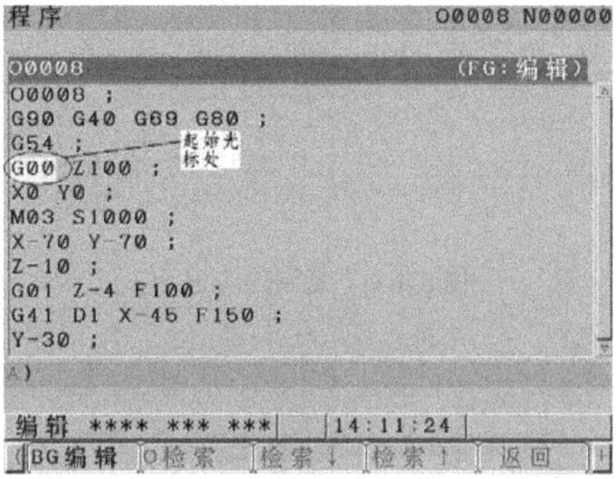

图 3-156　起始光标处

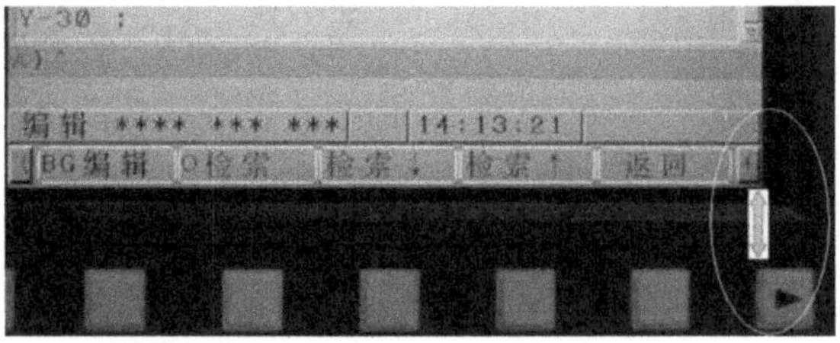

图 3-157　右向菜单扩展键

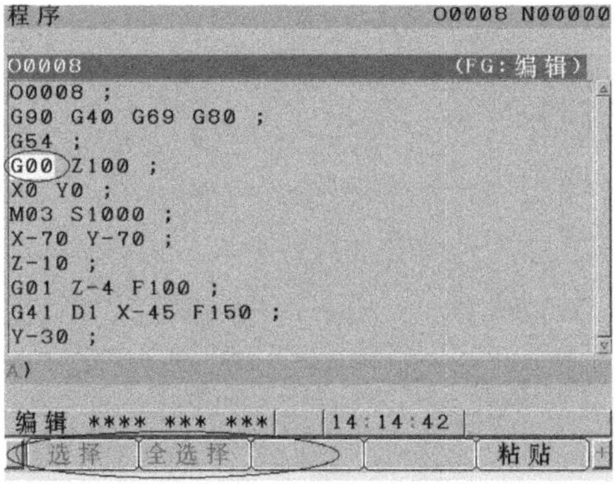

图 3-158　程序画面扩展后新软件功能显示

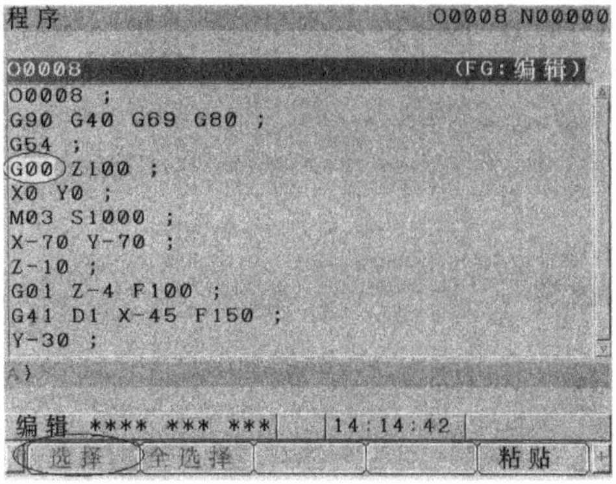

图 3-159　点选软件功能按钮

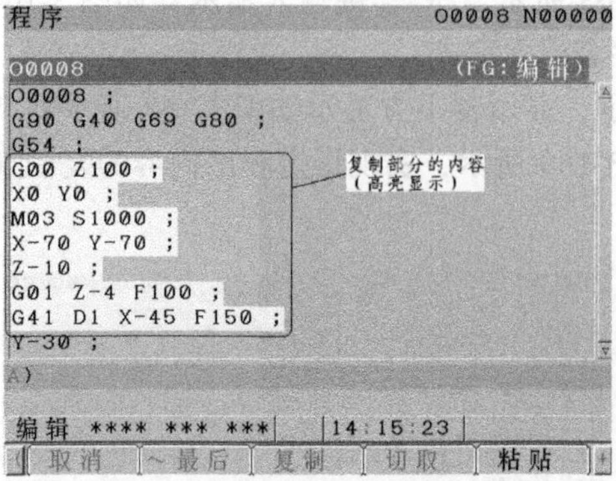

图 3-160　复制内容显示

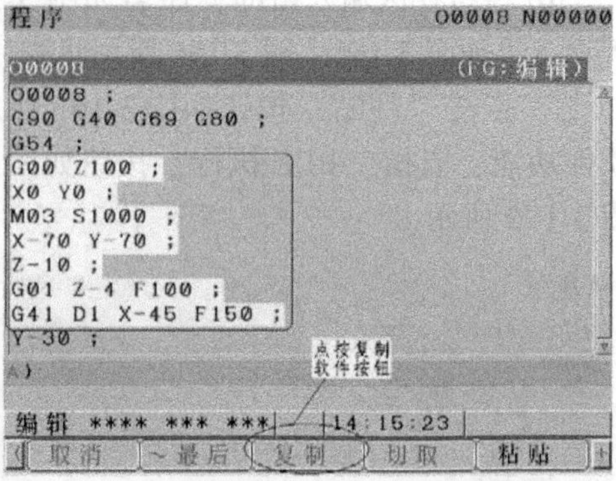

图 3-161　点选复制软件功能按钮

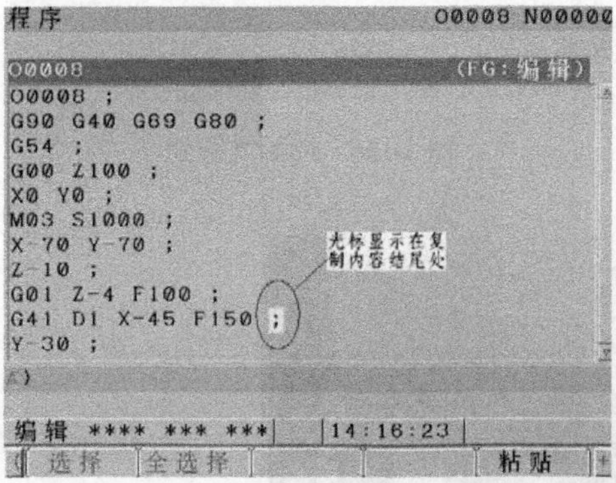

图 3-162　复制后的光标位置

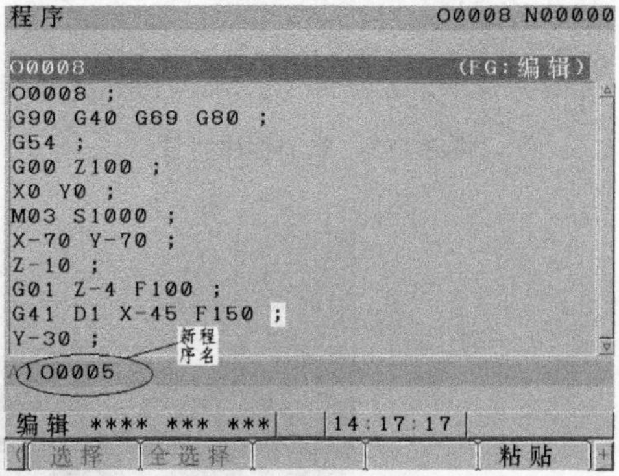

图 3-163　新程序名缓存区输入

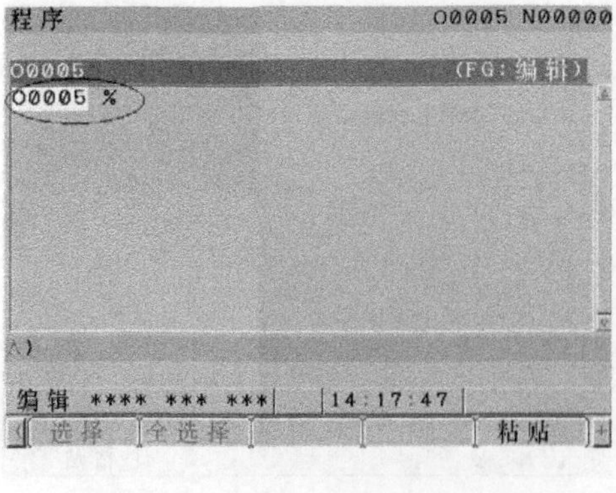

图 3-164　程序名显示器内输入

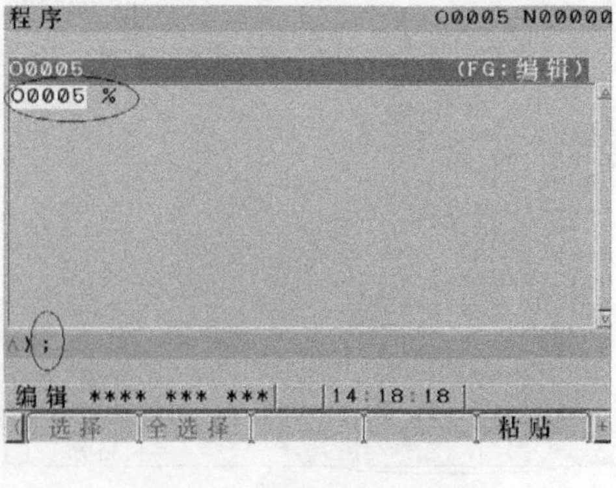

图 3-165　结束符缓存区输入

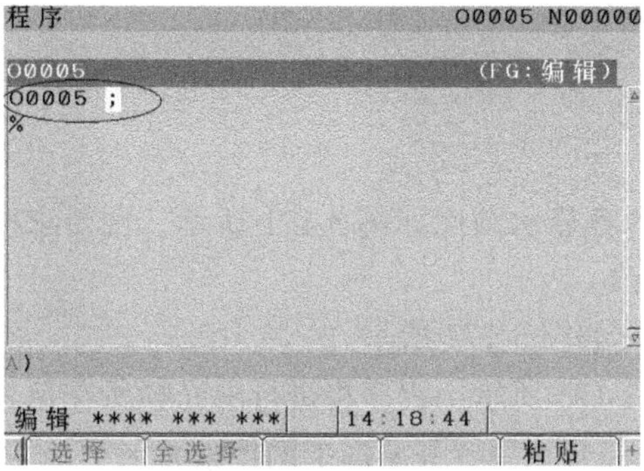

图 3-166　结束符显示器内输入

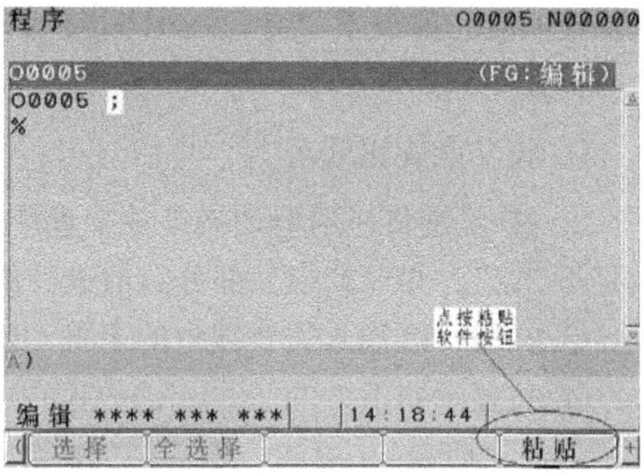

图 3-167　点按粘贴按钮

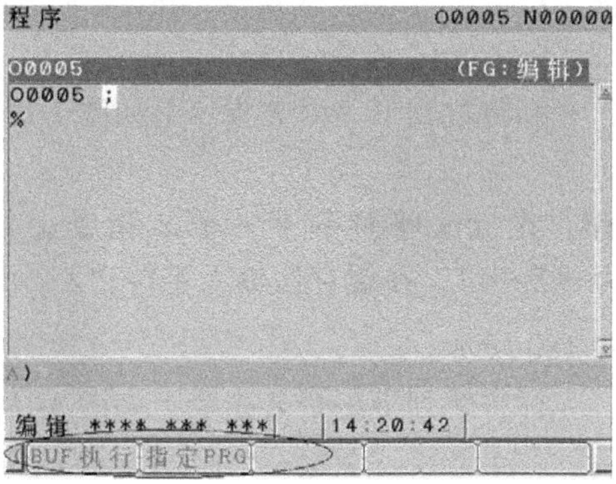

图 3-168　粘贴后新软件功能显示

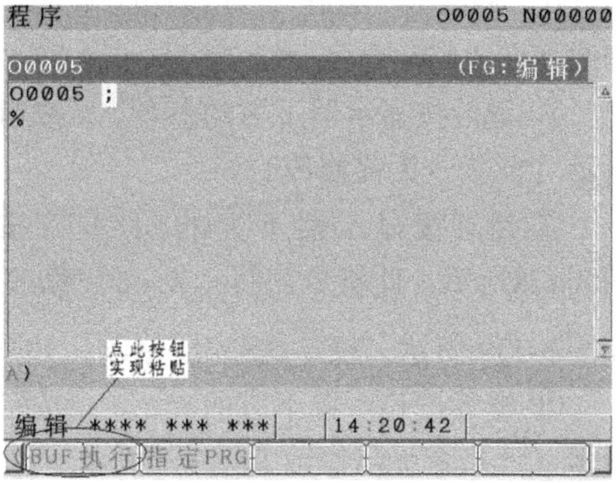

图 3-169　粘贴执行按钮

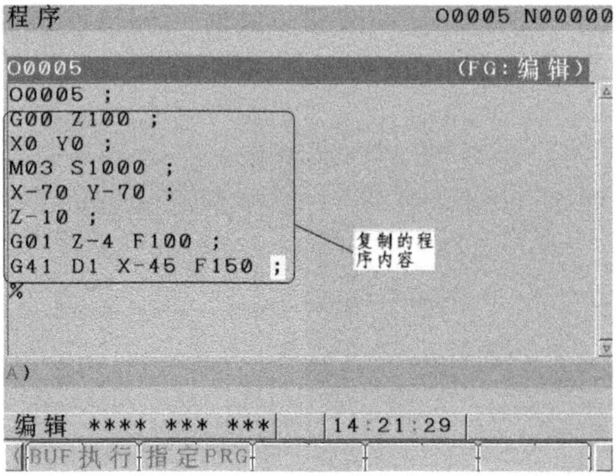

图 3-170　复制完的程序内容

程序中字符的搜索：

当一个程序中需要对某些指定的指令进行数据修改时，可采用字符搜索的方法来快速实现。如搜索“M”“G01”“F××”“S”等所有指令字符。

操作步骤如下：

① 将功能旋钮旋至EDIT。

② 按PROG键将显示器切换至单个程序内容显示画面如图 3-171 所示。现要求搜索字符“Z”，并对其中一部分数值进行修改。

③ 在缓存区输入需要搜索的字符“Z”如图 3-172 所示。

④ 按显示器下方的检索↓按钮如图 3-173 所示，程序将进行由光标所在位置开始的向下搜索。（提示：检索↑是由光标所在位置开始向上的搜索）

⑤ 光标自动跳到第一个搜索到的 Z 指令上，如图 3-174 所示，此指令需要将“Z100”修改为“Z50”。在缓存区输入字符“Z50”如图 3-175 所示，按ALTER键完成修改如图 3-176 所示。

⑥ 继续按显示器下方的检索↓按钮，光标将跳到下一个 Z 指令上如图 3-177 所示（此指令无需修改）。

⑦ 继续按显示器下方的检索↓按钮，光标又将跳到下一个 Z 指令上如图 3-178所示。此指令需将“Z－6”修改为“Z－4”。在缓存区输入字符“Z－4”如图 3-179 所示，按ALTER键完成修改，如图 3-180 所示。

⑧ 继续按显示器下方的检索↓按钮，光标将跳到下一个 Z 指令上如图 3-181 所示（此指令无需修改）。

⑨ 继续按显示器下方的检索↓按钮，光标将跳到下一个 Z 指令上如图 3-182 所示（此指令无需修改）。

⑩ 继续按显示器下方的检索↓按钮，此时光标自动跳到程序结尾处，同时显示“未找到字符”报警如图 3-183 所示，即完成整个程序的搜索。

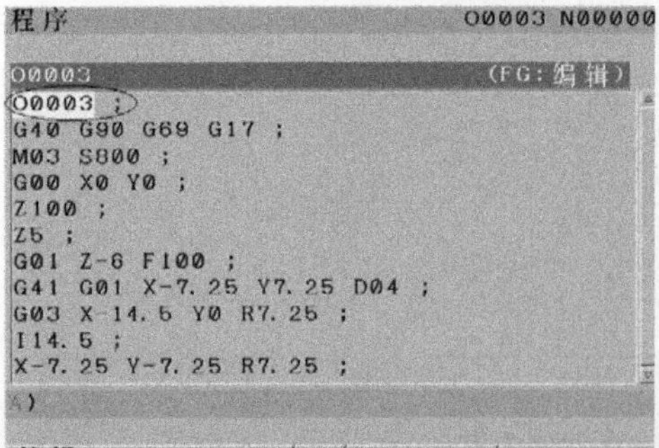

图 3-171 程序画面显示

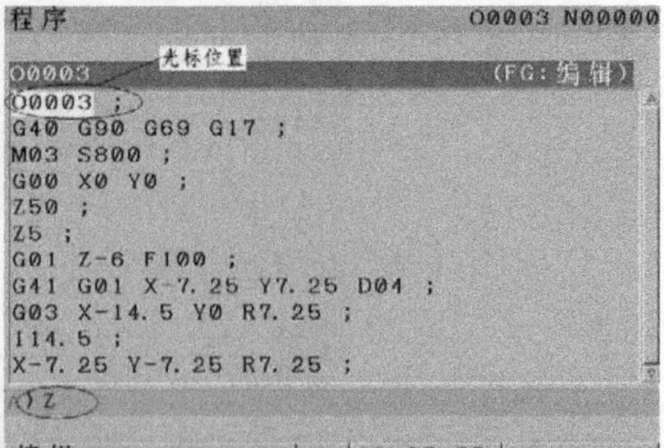

图 3-172 搜索字符缓存区输入

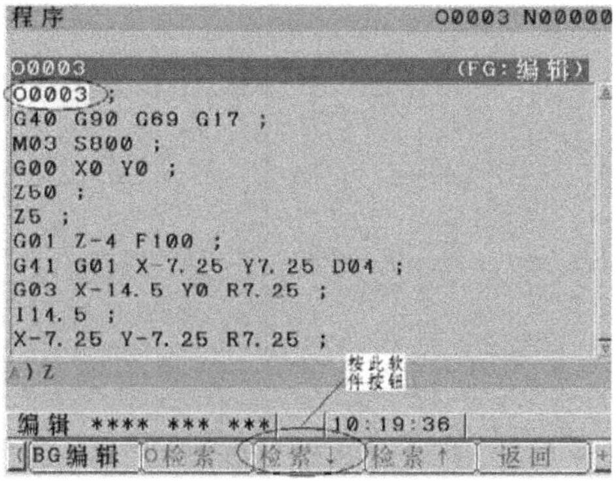

图 3-173　搜索按钮显示

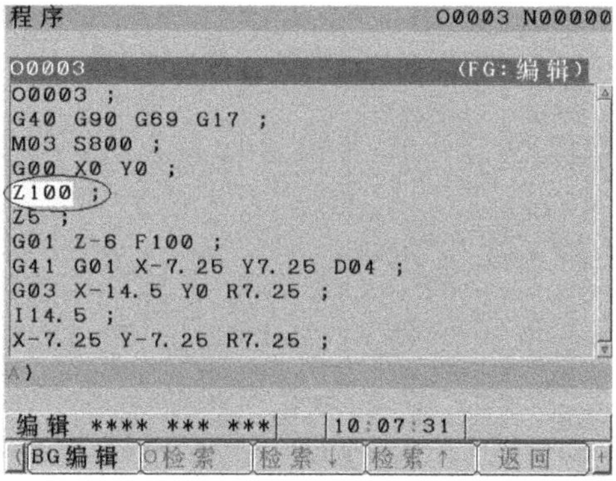

图 3-174　搜索结果显示

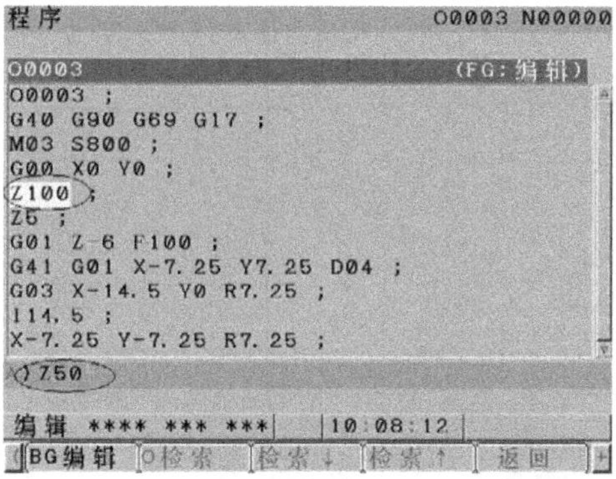

图 3-175　缓存区修改数值输入

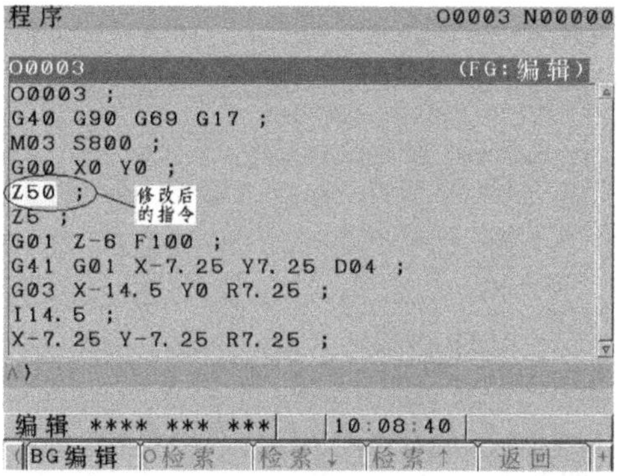

图 3-176　修改后的指令值

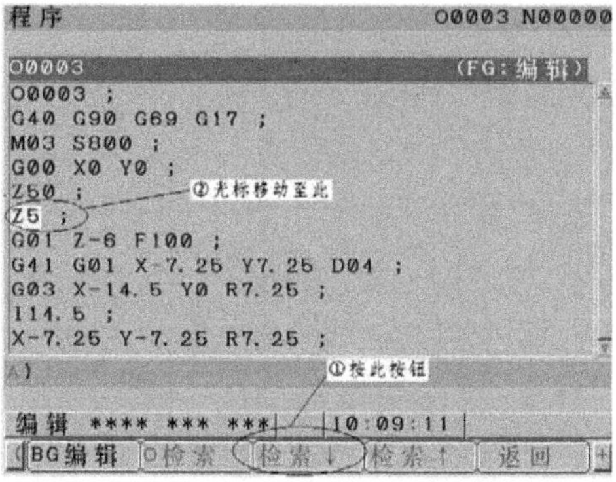

图 3-177　2 次搜索字符画面

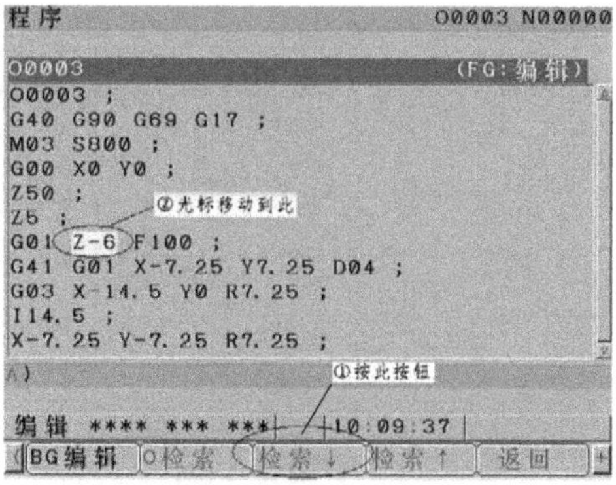

图 3-178　3 次搜索字符画面

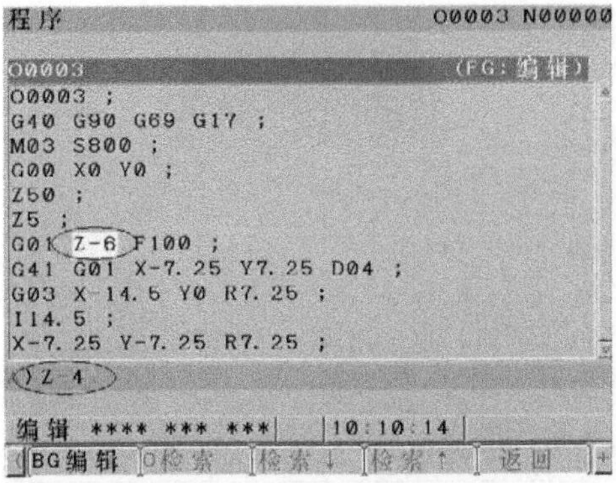

图 3-179 修改指令缓存区输入

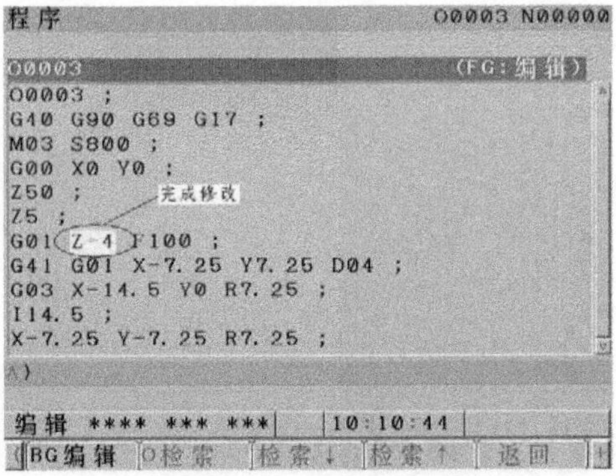

图 3-180 修改后的指令值

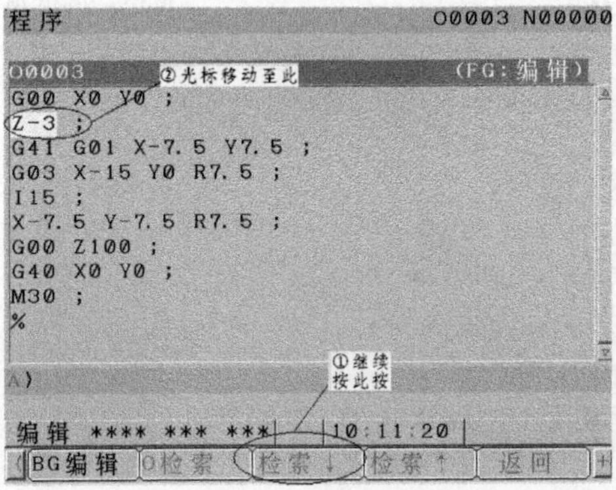

图 3-181 4 次搜索字符画面

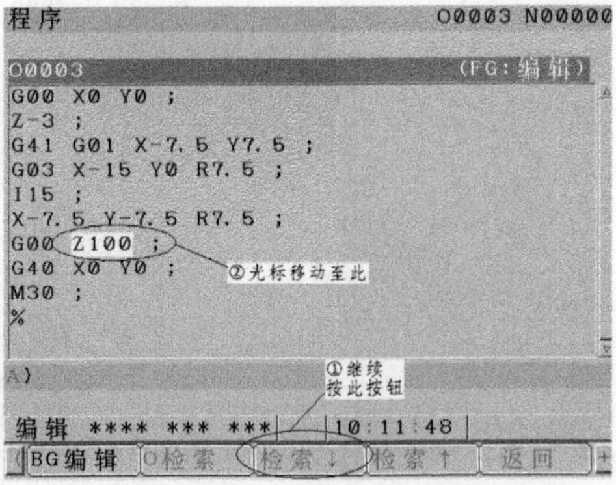

图 3-182 5 次搜索字符画面

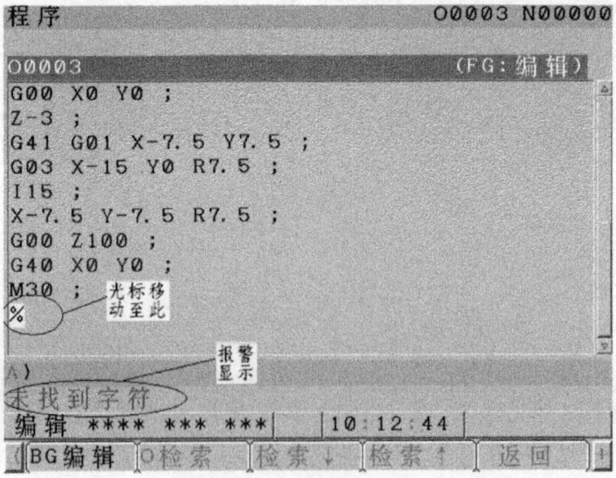

图 3-183 搜索结束画面

7）自动加工 MEMORY。此功能是用来运行已编辑好并检查无误的程序的。

该功能的操作步骤：

① 将功能旋钮旋至 EDIT。

② 按 PROG 键打开将要运行的程序并将光标移至程序开头（如，运行程序“O1122”）。

③ 将功能旋钮旋至 MEMORY，此时显示器显示程序画面，如图 3-184 所示。

④ 按“循环起动”按钮 CYCLE START，程序开始运行。提示：在按“循环起动”按钮前，所有的准备及检查工作必须完成（包括对刀数值以及补偿值输入等）。

⑤ 程序自动运行时可以按显示器下方的“检测”按钮如图 3-185 所示，将画面切换至“检视”窗口，以便观察刀具及程序的行程。图 3-186 所示为绝对坐标检测画面，图 3-187 所示为相对坐标检测画面。

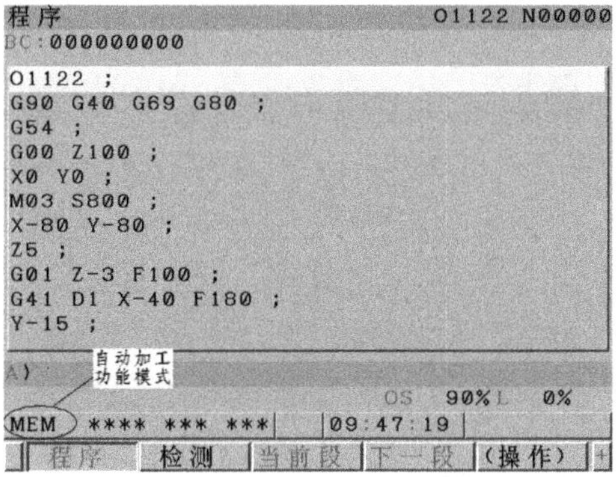

图 3-184　自动功能模式画面

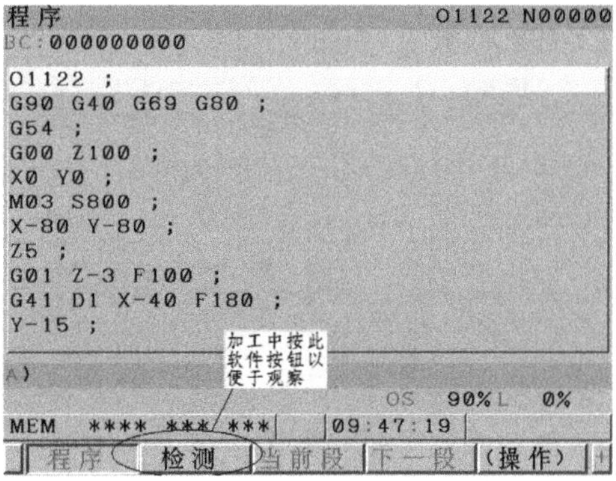

图 3-185　检测按钮画面

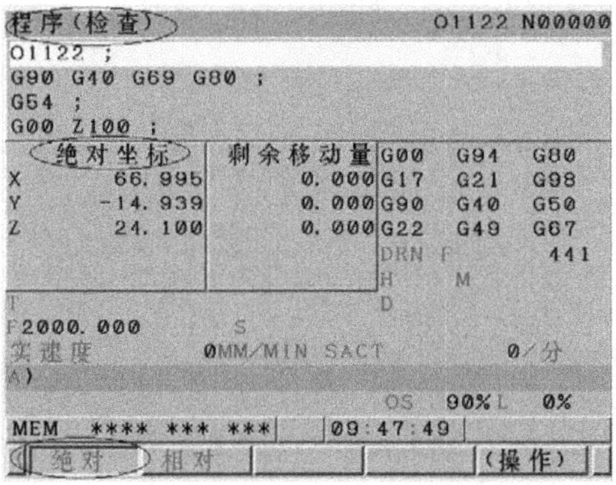

图 3-186　绝对坐标检测画面

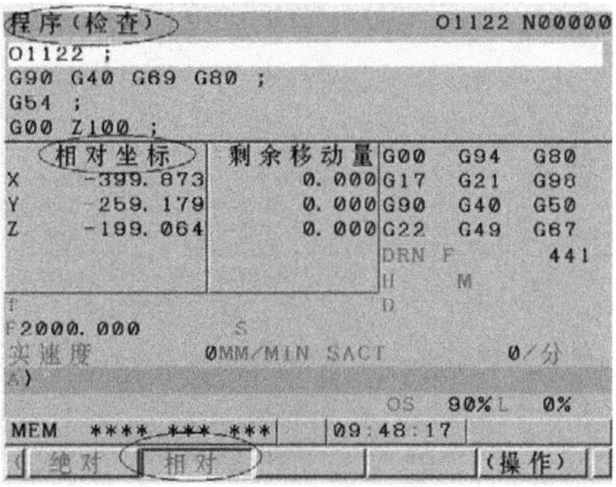

图 3-187　相对坐标检测画面

在机床自动加工过程中，为了减少不必要的等待时间，数控系统一般都带有边加工边手工输入程序的功能（通常称为“后台编辑功能”），该功能的使用操作步骤如下。

① 在程序运行过程中点按显示器右下角的“操作”按钮如图 3-188 所示。此时显示器下方的软件功能换为新的功能显示如图 3-189 所示。

② 点按显示器左下角的BG编辑按钮如图 3-190 所示，此时显示器下方的软件功能又切换成新功能显示，再点按编辑按钮如图 3-191 所示，显示后台新的程序编辑画面如图 3-192 所示，系统进入后台编辑模式。

③ 在缓存区输入新的程序名（如“O0008”）如图 3-193 所示，按INSERT键将后台程序名输入到显示器内，如图 3-194 所示，再在缓存区输入程序段结束符“;”如图 3-195 所示，再按INSERT键将程序段结束符“;”输入到显示器内如图 3-196 所示，后台程序名建立完成。

④ 在显示器内输入程序指令内容如图 3-197 所示。

⑤ 后台程序编写完成后，需退出后台编辑模式时点按BG结束按钮即可，如图 3-198 所示。

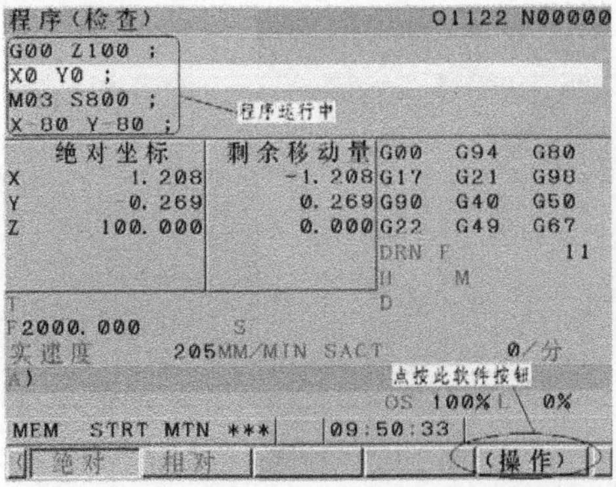

图 3-188 进入后台编辑操作按钮显示画面

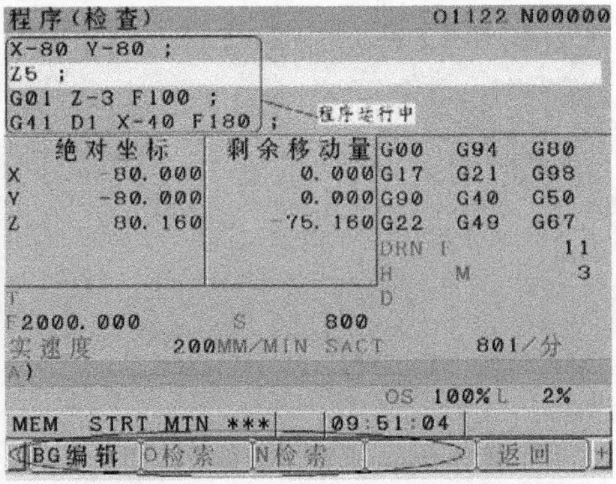

图 3-189 显示后台编辑按钮画面

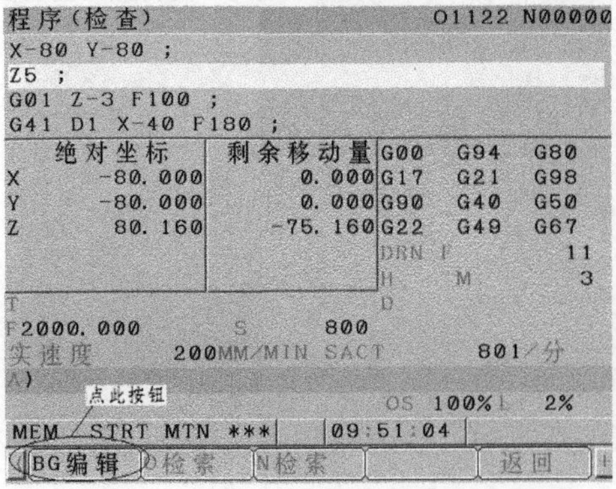

图 3-190 后台编辑按钮操作显示画面

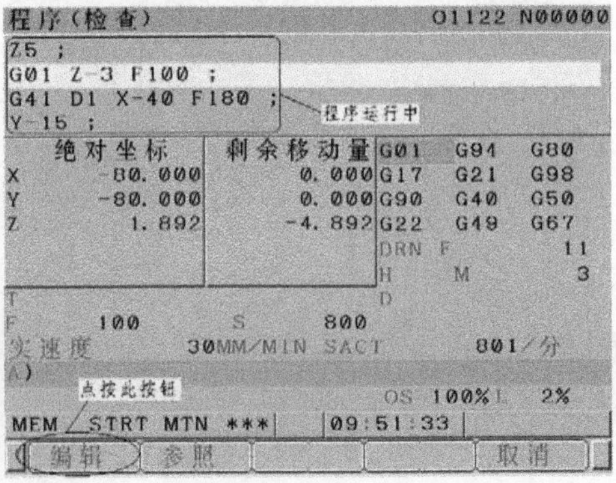

图 3-191 后台编辑“编辑”按钮显示画面

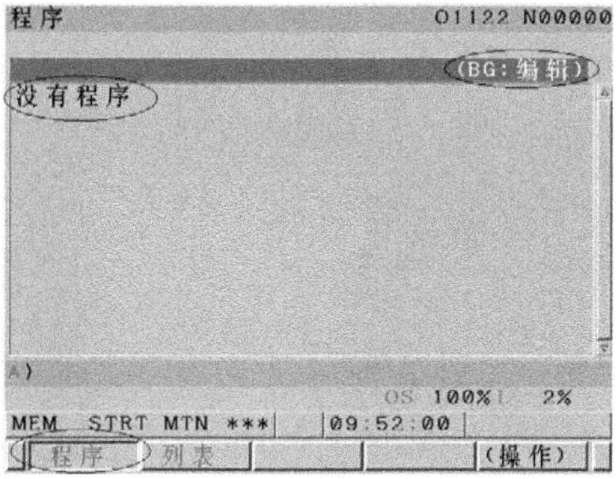

图 3-192　后台新程序编辑画面

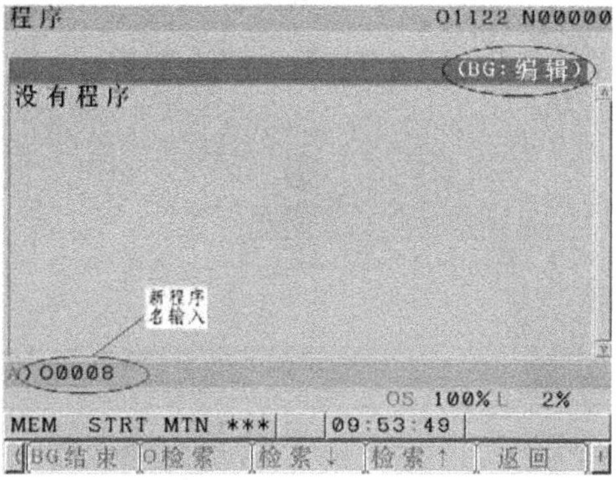

图 3-193　后台程序名缓存区输入

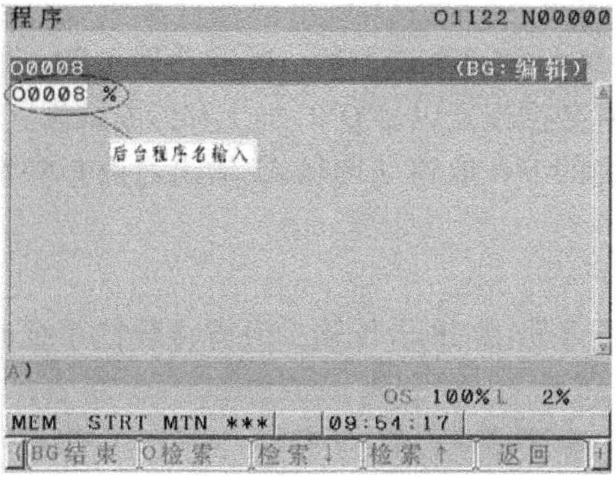

图 3-194　后台程序名显示器内输入

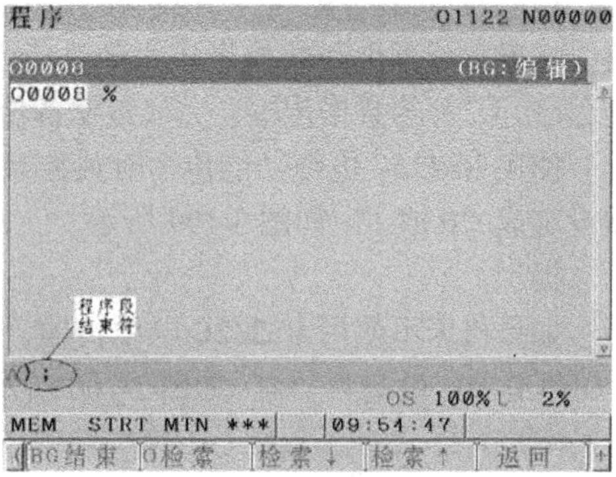

图 3-195　后台程序段结束符缓存区输入

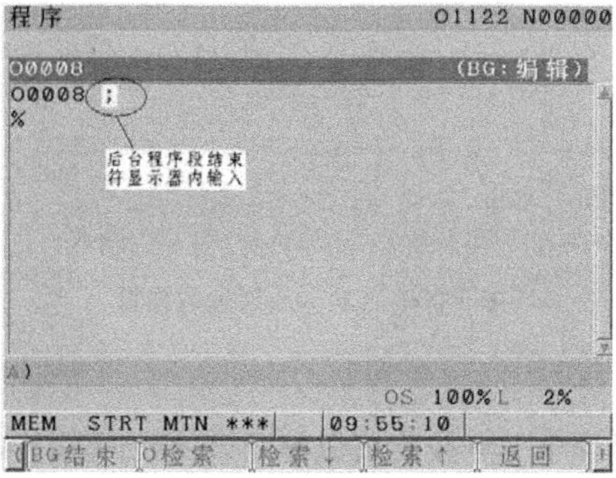

图 3-196　后台程序段结束符显示器内输入

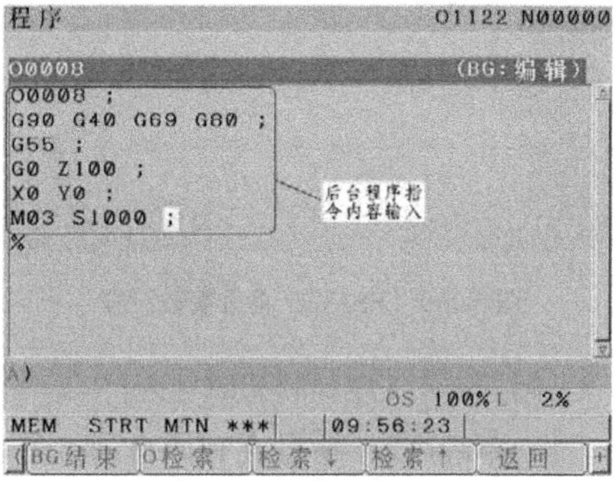

图 3-197　后台程序指令内容输入

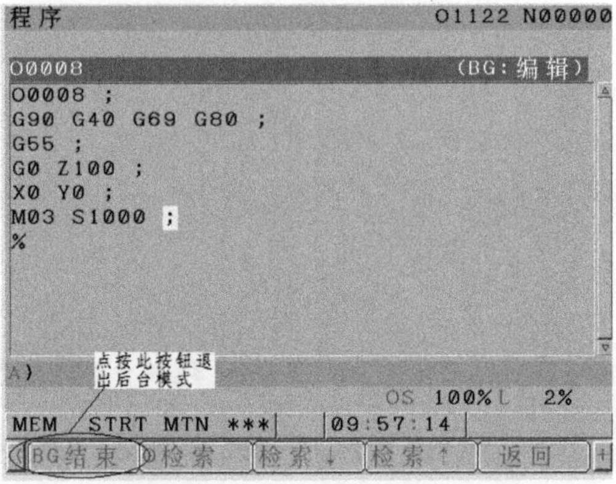

图 3-198 后台编辑模式退出

8）数据传输 DNC。在此功能模式下，通过一根 RS232C 电缆和计算机进行连接，实现在计算机和数控机床之间进行系统参数、PMC 参数、螺距补偿参数、加工程序、刀补等数据传输，完成数据备份和数据恢复以及 DNC 加工和诊断维修。

使用 RS232C 电缆功能传输时数控系统的 I/O 通道（即输入/输出通道）参数需设定成“0 或 1”如图 3-199 所示。

提示：

如果机床不使用 RS232C 电缆传输，还可使用 CF 卡传输，但需将数控系统的 I/O 通道参数设定为“4”如图 3-200 所示。

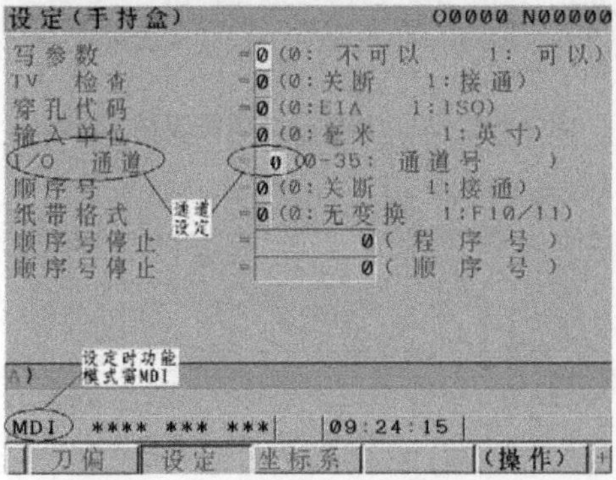

图 3-199 RS232C 通道参数设置

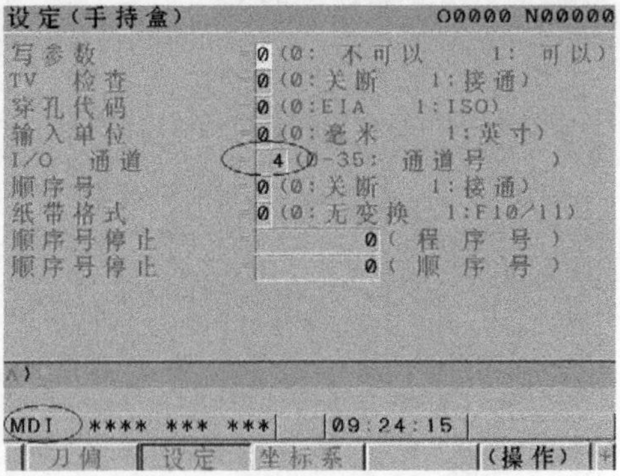

图 3-200 CF 卡通道参数设置

（6）程序运行控制功能开关

1）单程序段 S.B.K。在程序自动运行过程中，点按此按钮打开该功能后程序将实现单程序段运行（即单行运行）。一段程序运行结束后系统将处于进给保持状态（进给保持灯亮），要运行下一段程序时需按“循环起动”按钮如图 3-201 所示。

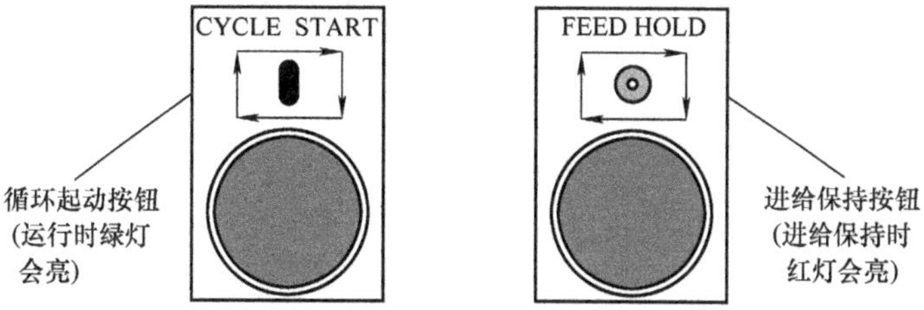

图 3-201　循环起动与进给保持按钮

2）M01 暂停有效。点按此按钮打开该功能后，如果程序中有“M01”指令，则程序运行到该指令时会自动暂停（进给保持灯亮）如图 3-202 所示，按“循环起动”按钮后程序继续运行。

3）程序空运行。点按此按钮打开该功能后程序将以系统设定的最快速度（G00 运行速度）运行程序。故该功能按钮不能在零件加工时使用，只能用于程序的模拟。

4）程序跳段。点按此按钮打开该功能后，程序在运行时将不运行带有“/”的程序段（即跳过该程序段）如图 3-203 所示，关闭该功能按钮所有程序段都将被运行。

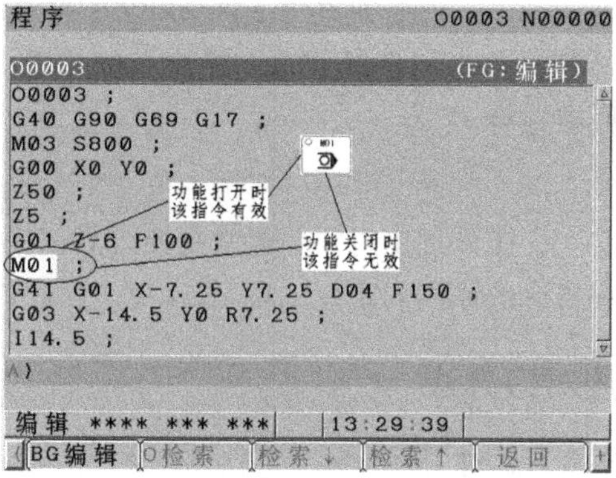

图 3-202　M01 功能按钮的使用

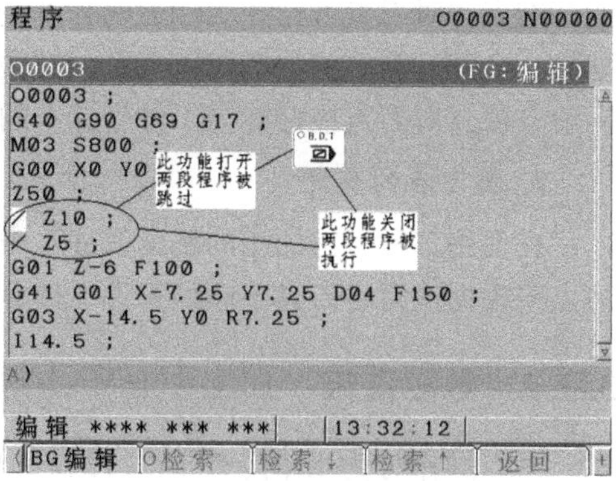

图 3-203　程序跳段功能按钮使用

5）机床坐标锁住。点按此按钮打开该功能后，机床的坐标将被锁住（系统中的“机械坐标”被锁住，而“相对坐标”与“绝对坐标”无法锁住），此功能与程序空运行结合使用，主要用于程序的模拟。

6）机床 Z 轴锁住。点按此按钮打开该功能，机床 Z 轴的旋转被锁住。

（7）辅助指令按钮

1）照明灯。点按此按钮打开机床内的辅助照明灯。

2）手动冷却。点按此按钮手动打开/关闭机床切削液。

3）排屑器。点按此按钮手动打开/关闭机床排屑器。

4）吹气。点按此按钮手动打开/关闭机床上的吹气管。

5）刀库旋转。点按此按钮旋转刀库。

3.3 数控铣床（加工中心）对刀

对刀是数控铣床（加工中心）在操作加工中最重要的内容之一，对刀的准确性将直接影响零件的加工精度。目前对刀的方法主要有手动对刀与自动对刀两种，这里只介绍手工对刀，因为手工对刀是基础，学会它自动对刀将迎刃而解。

对刀的目的是通过对刀工具来确定工件坐标系原点（即编程原点）在机床坐标系中的位置，并将对刀数值输入到相应的存储位置。

3.3.1 对刀点、换刀点的确定

1. 对刀点的确定

对刀点是工件在机床上定位装夹后，用于确定工件坐标系在机床坐标系中位置的基准点。对刀点可选在工件上或装夹定位元件上，但对刀点与工件坐标点必须有准确、合理、简单的位置对应关系，方便计算工件坐标系的原点在机床上的位置。一般来说，对刀点最好能与工件坐标系的原点重合。

2. 换刀点的确定

在使用多种刀具加工的铣床或加工中心上，工件加工时需要经常更换刀具，换刀点应根据换刀时刀具不碰到工件、夹具和机床的原则而定。

3.3.2 数控铣床（加工中心）的常用对刀方法

对刀操作分为 X 向、Y 向对刀和 Z 向对刀。对刀的准确程度将直接影响加工精度。对刀方法一定要同零件加工精度要求相适应。

根据使用的对刀工具的不同，常用的对刀方法分为以下几种：

1）试切对刀法。

2）采用偏心寻边器如图 3-204 所示、光电寻边器如图 3-205 所示和 Z 轴设定器如图 3-206 所示等工具对刀法（此种方法是对刀中最常用的）。

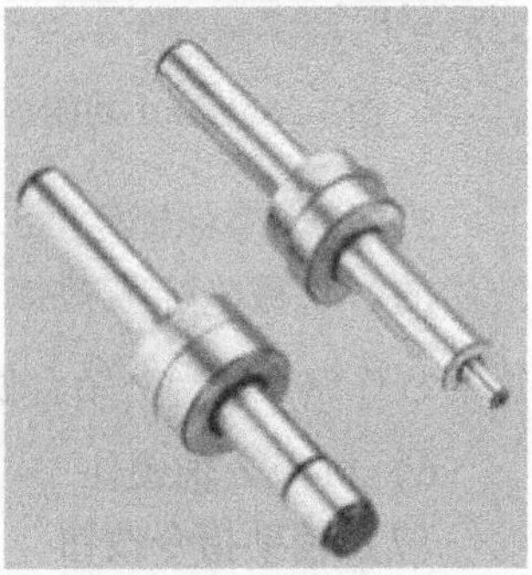

图 3-204 偏心寻边器

a)　　　　b)

图 3-205　光电寻边器

图 3-206　Z 轴设定器

3）塞尺、标准芯棒和量块对刀法（此种方法对刀时主轴不转动，在刀具和工件之间加入塞尺、标准芯棒、量块，以塞尺恰好不能自由抽动为准，注意计算坐标时应将塞尺的厚度减去。因为主轴不需要转动切削，这种方法不会在工件表面留下痕迹，所以对刀精度不是很高）。

4）顶尖对刀法（用于工件较大及精度要求不高的场合）。

5）定中心指示表对刀法如图 3-207 所示。

6）自动对刀器对刀法如图 3-208 所示。以上 5 种对刀方法多少都有一些缺点，如安全性差、占机时间多以及人为带来的随机性误差大等。这些对刀方法已适应不了数控加工的节奏，而且也没有充分发挥数控机床的功能。用自动对刀器对刀有对刀精度高、效率高、安全性好等优点，把繁琐的靠经验保证的对刀工作简单化了，保证了数控机床的高效率、高精度。

另外根据选择对刀点位置和数据计算方法的不同，又可分为单边对刀法、双边对刀法、转移（间接）对刀法和分中对零对刀法（要求机床必须有相对坐标及清零功能）等。

本书主要介绍偏心寻边器结合分中对零法（X 轴、Y 轴）和试切对刀法（Z 轴）对刀。

图 3-207 定中心指示表

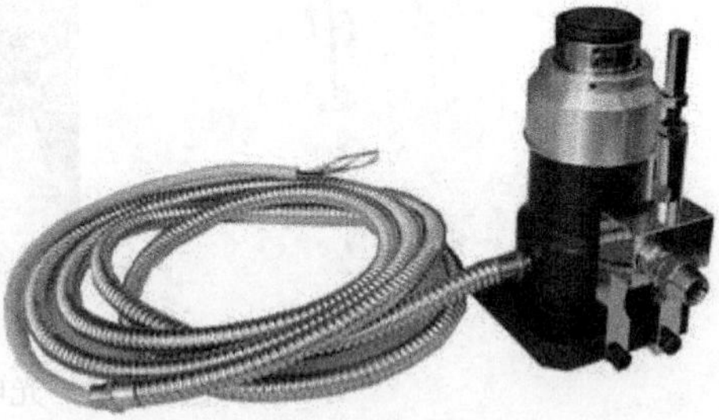

图 3-208 自动对刀器

(1) 偏心寻边器 X 轴对刀（先左边后右边）

使用偏心寻边器完全靠操作人员的眼睛来判断位置，对精度的把控有一定的难度，偏心寻边器的对刀操作方法如下。

1）起动机床主轴（主轴转速≤500r/min 为宜），使偏心寻边器产生偏心旋转，将机床功能切换到 HANDLE 模式，用手摇轮移动工作台和 Z 轴，让偏心寻边器快速（倍率采用“×100”）移动到靠近工件左侧的位置如图 3-209 所示，将手摇脉冲倍率调低后（倍率采用“×10”）再继续摇动手摇轮使工件缓慢向寻边器靠近，通过目测最终使偏心消失，此时才能称工件左边的边被寻边器找寻到，如图 3-210 所示。

2）将显示器画面切换到综合显示画面，此时机械坐标中所显示的 X 轴数值就是寻边器寻到的工件左边的坐标值如图 3-211 所示。

3）沿 Z 轴正方向将寻边器退至工件表面以上（X 轴不能移动），点按显示器右下角的“操作”按钮如图 3-212 所示，显示器下面的软件功能切换成新的功能显示，点按其中的“归零”功能按钮如图 3-213 所示（提示：此时也可直接在缓存区输入“X0”然后点按“预置”功能按钮，也能完成将相对坐标中 X 值清零的预期目标），点按“所有轴”功能按钮如图 3-214 所示，再点按“执行”功能按钮则相对坐标全部被清零如图 3-215 所示。摇动手摇轮将寻边器移动到工件的右侧（倍率采用“×100”）如图 3-216 所示，调低手摇脉冲倍率（倍率采用“×10”）让寻边器找到工件的右边如图 3-217 所示。

4）此时显示器机械坐标中 X 轴坐标值如图 3-218 所示，而相对坐标中的数值就是工件的宽度与寻边器对刀部分直径的和。

5）沿Z轴正方向将寻边器退至工件表面以上（X轴不能移动），摇动手轮并看着坐标画面，将相对坐标中X轴的坐标数值回退至中间值（110/2 = 55），再看机械坐标中的X轴数值，该数值就是工件的中心坐标值如图3-219所示。

6）对刀的目的就是为了找到该中心坐标值，该坐标值也是要保存到系统中的值，点按系统面板上的 OFS SET 按钮进入“刀偏”画面，再点按下方的“坐标系”按钮如图3-220所示。此时显示器显示“工件坐标系设定”画面如图3-221所示。

7）将对刀找出的工件中心坐标值存储到“工件坐标系设定”中的G54～G59里（提示：6个存储框中任选一个就行，本例以G54为例），将光标移动到G54存储框中，在缓存区输入“X0”如图3-222所示，点按下方的“测量”按钮如图3-223所示，此时显示器坐标画面中机械坐标里的X坐标值自动存储到G54里对应的X框中如图3-224所示，工件在X轴向对刀完毕。

提示：

坐标值存储到“工件坐标系设定”G54～G59中时还有其他输入方法，这里就不一一介绍了。

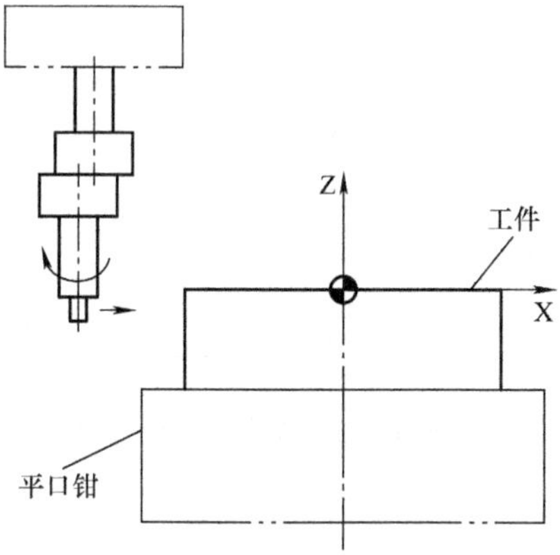

图3-209 寻边器靠近左边

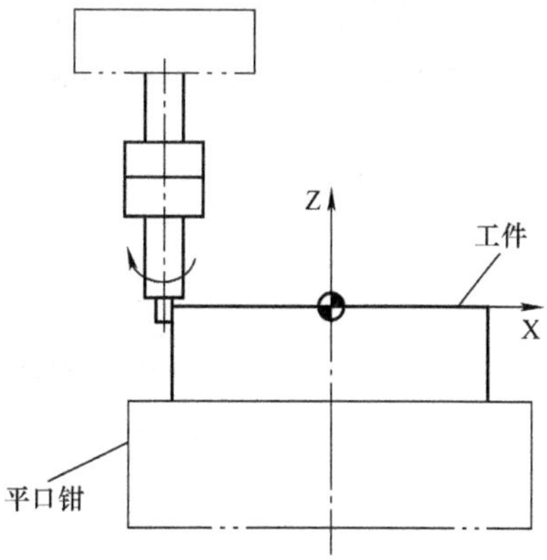

图3-210 寻边器寻到左边

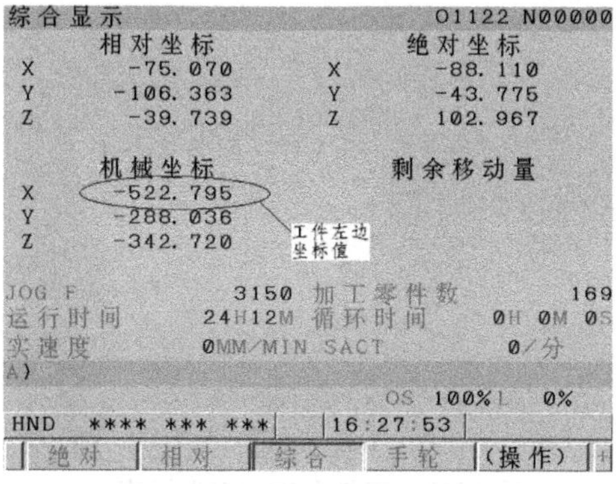

图3-211 工件左边对刀坐标值

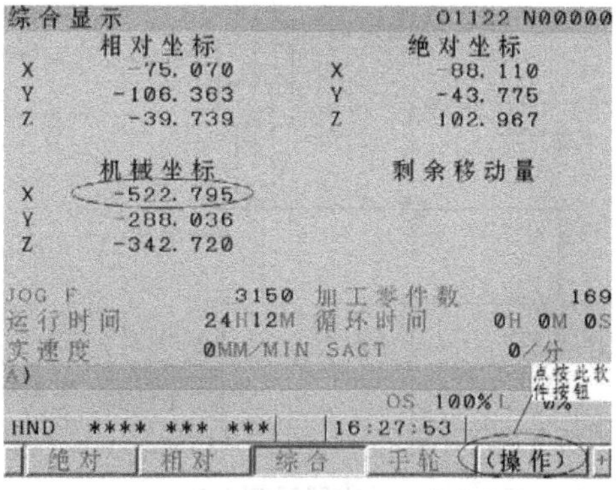

图3-212 操作按钮显示画面

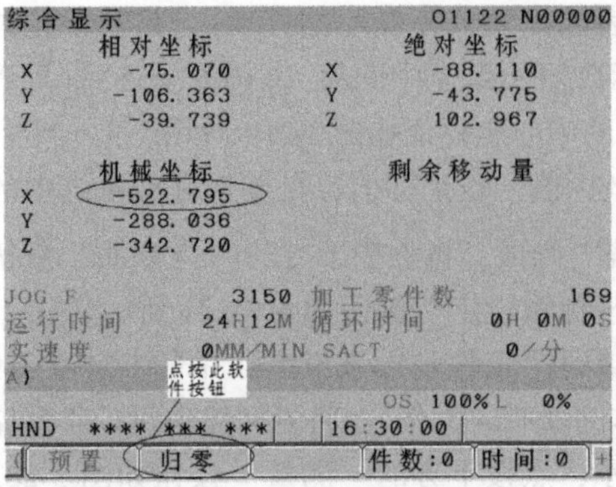

图 3-213 归零按钮显示画面

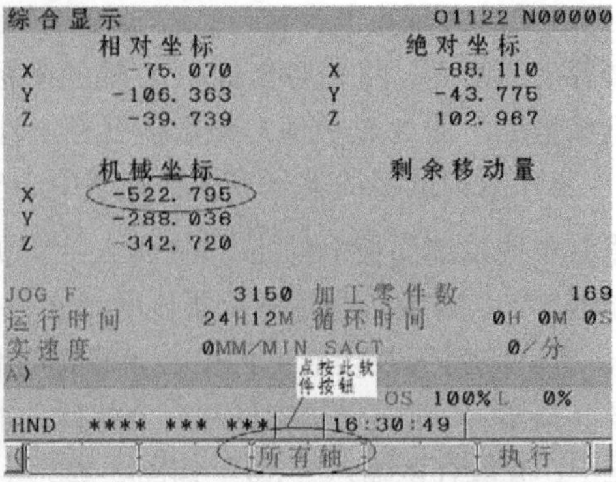

图 3-214 所有轴按钮显示画面

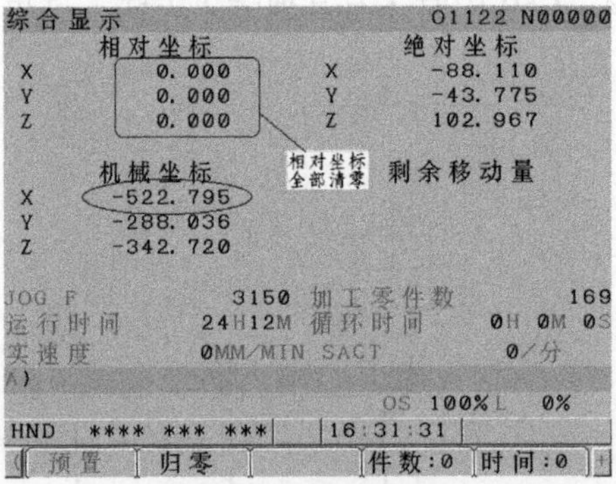

图 3-215 相对坐标清零

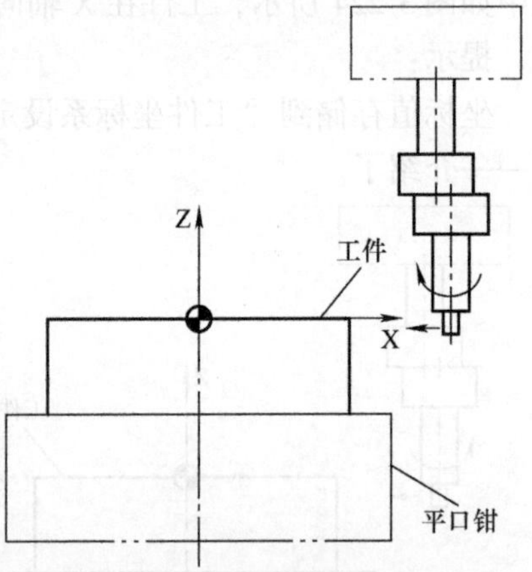

图 3-216 寻边器靠近右边

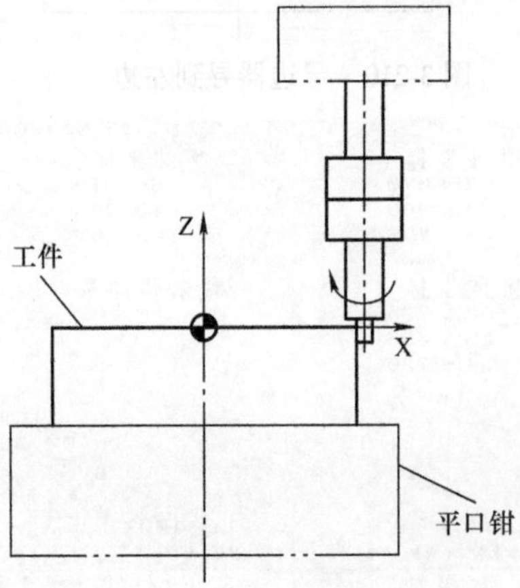

图 3-217 寻边器寻到右边

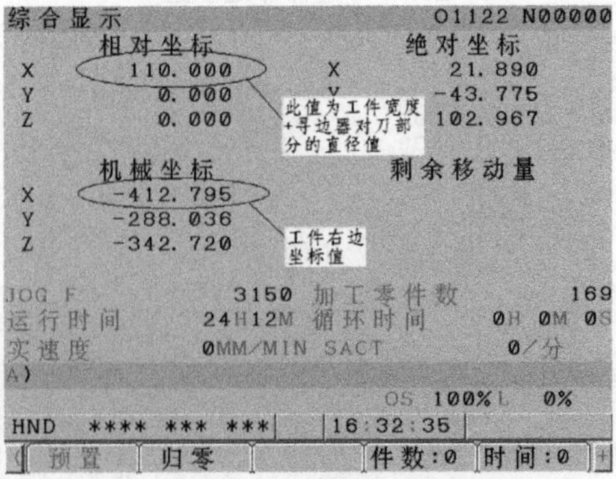

图 3-218 工件右边对刀坐标值

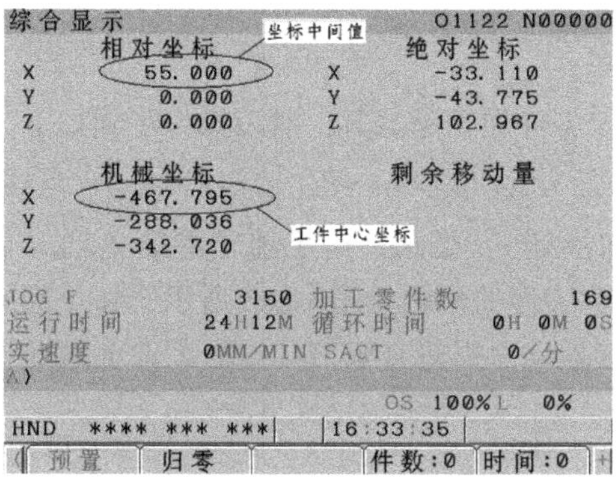

图 3-219　工件中心坐标值

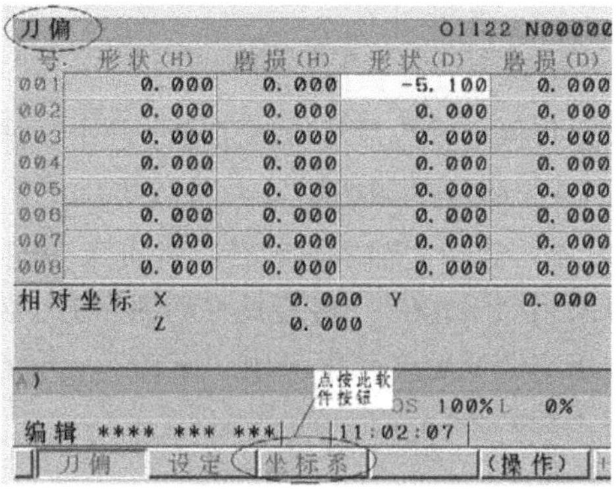

图 3-220　刀偏显示画面

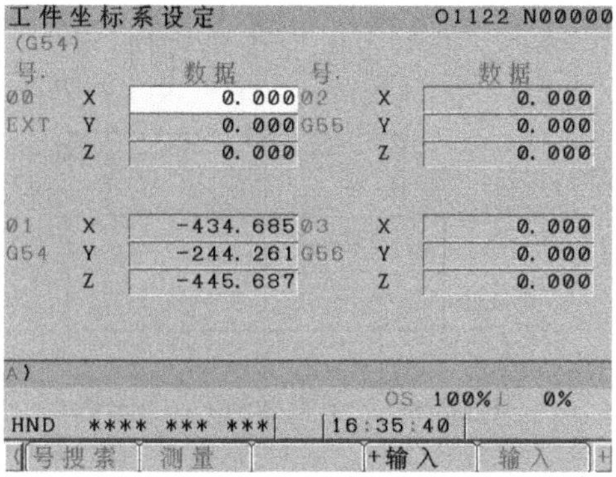

图 3-221　工件坐标系设定画面

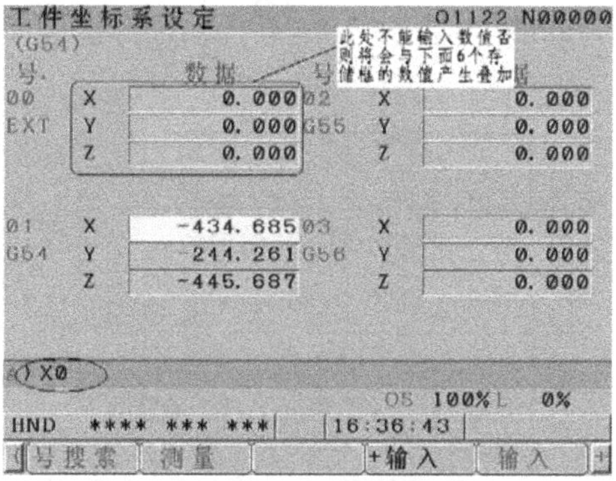

图 3-222　缓存区字符输入

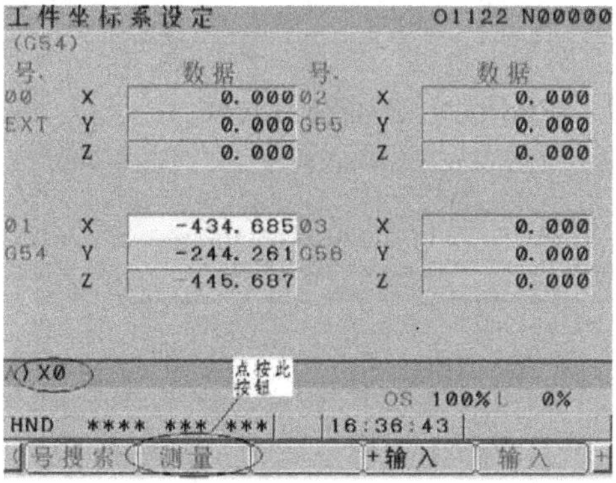

图 3-223　测量按钮显示画面

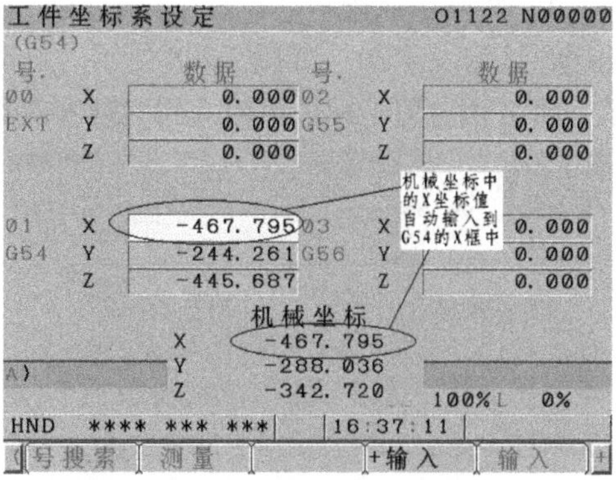

图 3-224　X 轴对刀坐标值存储

（2）偏心寻边器 Y 轴对刀

与 X 轴向对刀相同，具体请参见 X 轴向对刀。

(3) Z 轴对刀

Z 轴对刀（数控铣床）：

将偏心寻边器从机床主轴上卸下，换上工件加工用刀具，对刀操作步骤如下。

1）将刀具快速移至工件上方。

2）起动主轴中速旋转，将机床功能切换到 HANDLE 模式，用手摇轮移动 Z 轴（倍率采用“×100”）将刀具移动到靠近工件上表面的位置如图 3-225 所示，将手摇脉冲倍率调低后（倍率采用“×10”）再继续摇动手摇轮直至刀具接触工件上表面如图 3-226 所示。

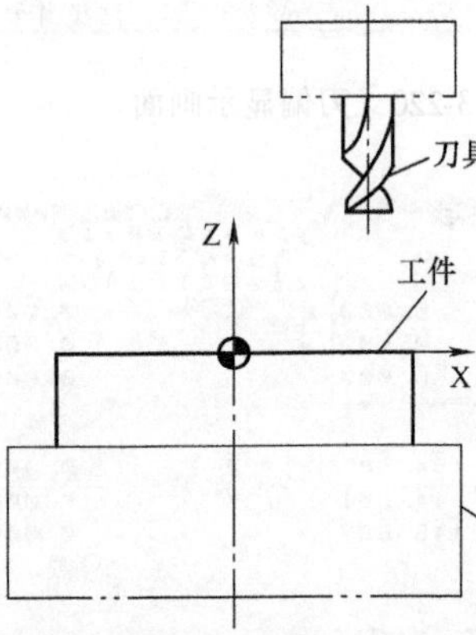

图 3-225　刀具靠近工件上表面

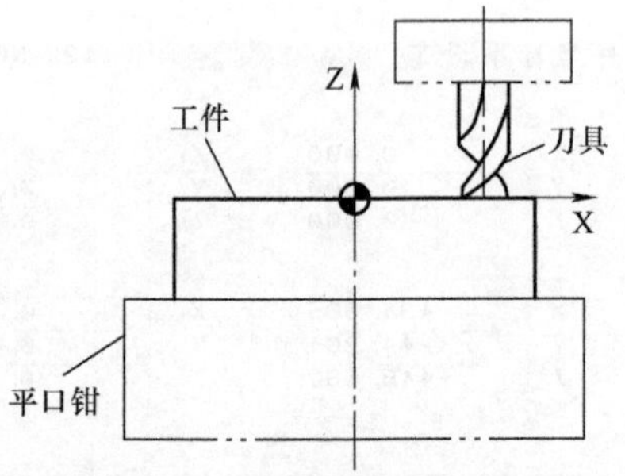

图 3-226　刀具接触到工件上表面

3）刀具不能移动，将显示器画面切换到综合显示画面，此时机械坐标中显示的 Z 轴数值就是该刀具在工件 Z 轴方向上的坐标值如图 3-227 所示。

4）将画面点按到“工件坐标系设定”处，移动光标到 G54 所对应的存储框中，在缓存区输入“Z0”如图 3-228 所示。点按显示器下方的“测量”按钮如图 3-229 所示，将 Z 轴对刀坐标数值输入到 G54 中如图 3-230 所示，Z 轴对刀完成。

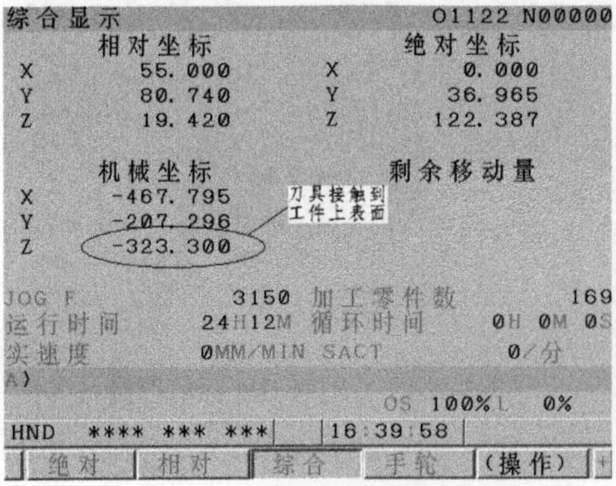

图 3-227　Z 轴对刀坐标值

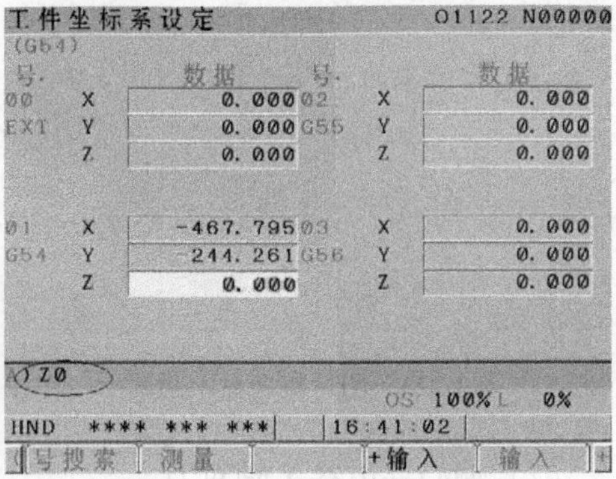

图 3-228　缓存区字符输入

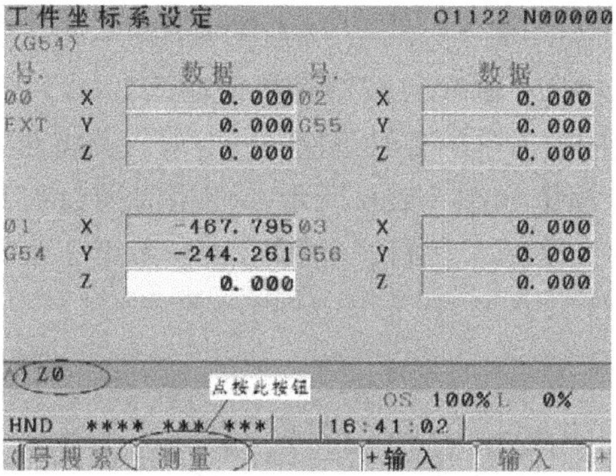

图 3-229　Z 轴测量按钮显示画面

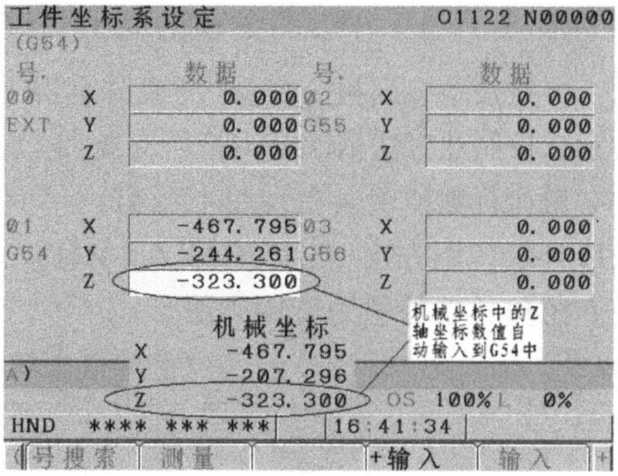

图 3-230　Z 轴对刀坐标值存储

提示：由于数控铣床没有刀库，所以加工工件时，第 1 把刀切削完成后需使机床停止运行，手工卸下刀具，再手工换上第 2 把刀具，此时又需重复上述 Z 轴对刀步骤，再次进行对刀。

Z 轴对刀（加工中心）：

由于加工中心带有刀库，所以能在一次装夹工件中（即加工中 X、Y 坐标不变）结合自动换刀功能把该装夹面所有的图形轮廓一次性加工完成。在加工中机床不会中途停止，因此所用的全部刀具在 Z 轴方向上的对刀必须在加工前全部对好。但问题在于一个工件坐标系存储框中只有一个 Z 轴坐标存放处，多把刀同时使用时就必须停止机床运行重新输入新的 Z 轴坐标值，这样就无法发挥加工中心的加工优势。所以加工中心在对刀时一般采用以下方法。

1）工件夹紧后 X 轴、Y 轴的对刀仍采用前面所讲的方法一次性对好，将 X 轴、Y 轴的对刀坐标值输入到 G54 ~ G59 中的任意一个存储框中（如 G54 中），将该存储框中 Z 坐标的值改为“0”，如图 3-231 所示。

2）从刀库中将第 1 把要用的刀调出，采用前面所讲的 Z 轴对刀法将第一把刀的 Z轴坐标值找到如图3-232所示，点按按钮进入“刀偏”画面，将光标移动

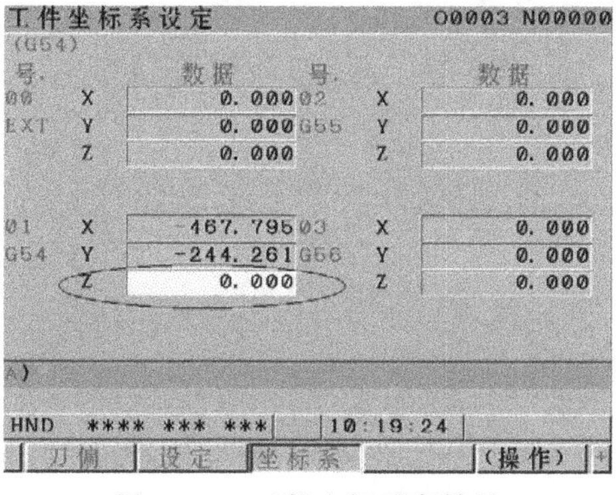

图 3-231　工件坐标系存储处

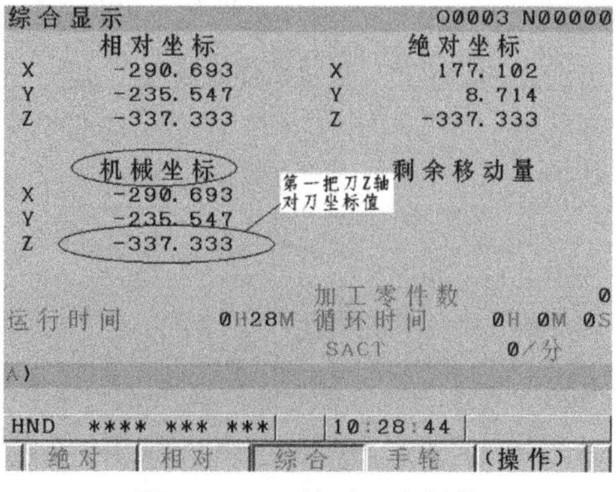

图 3-232　Z 轴对刀坐标值

到“形状（H）”中如图 3-233 所示，在缓存区输入 Z 轴对刀坐标值如图 3-234 所示，再点按系统面板上的 INPUT 键或显示器下方的“输入”按钮将数值输入如图 3-235 所示。按照此方法依次换刀把所有要加工使用的刀具的 Z 轴逐次一一对好，并将对刀的 Z 轴坐标数值输入在“形状（H）”对应框里如图 3-236 所示，使用时通过刀具长度补偿调用方法“G43/G44 Z× ×H× ×”来依次执行。具体用法参考第 2 章指令介绍里长度补偿的使用方法。

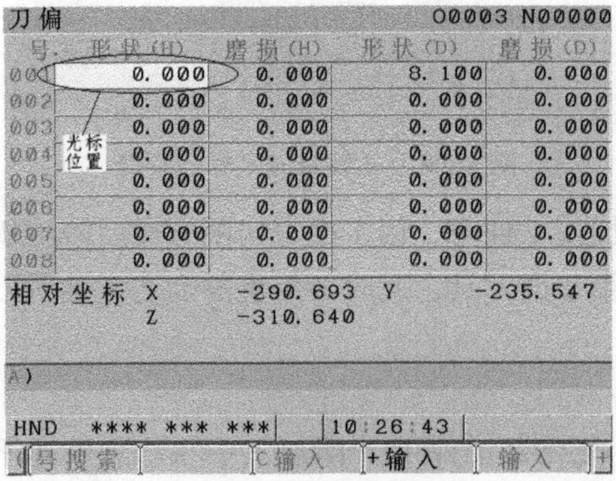

图 3-233 光标所在位置

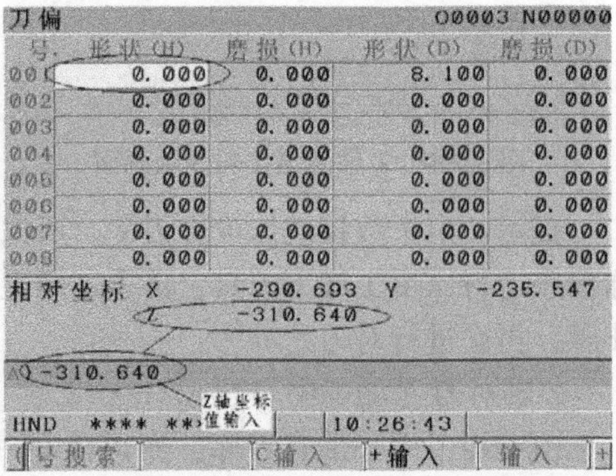

图 3-234 对刀坐标值缓存区输入

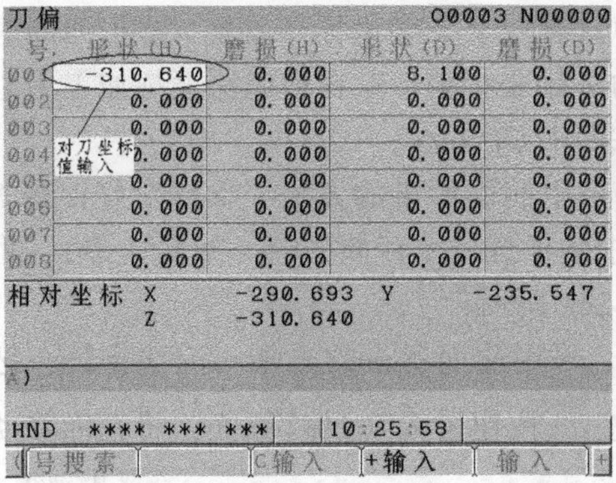

图 3-235 对刀坐标值输入

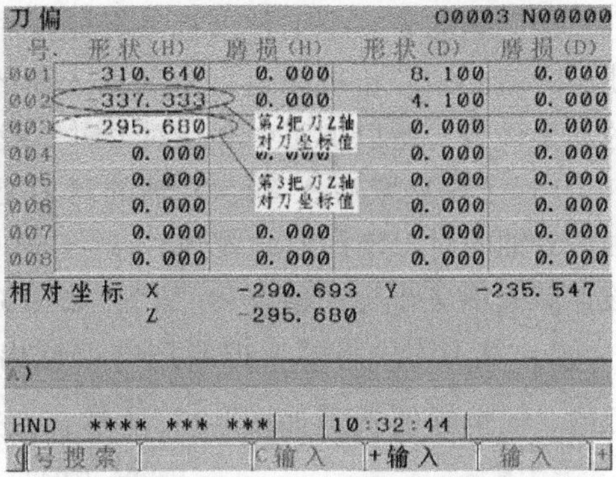

图 3-236 其余对刀坐标值输入

第4章

数控铣床（加工中心）的操作加工示例

数控机床在加工编程时，首先要对零件进行工艺分析，制订合理的加工工艺过程，具体加工操作步骤如下：

图样工艺分析→确定装夹方案→确定工艺方案→确定工步顺序→确定进给路线→确定加工刀具→确定切削参数→填写工艺文件→编写加工程序。

除数控铣床无自动换刀功能外，在一般情况下数控铣床与加工中心操作基本相同。

数控铣床（加工中心）加工举例：

加工图4-1所示的工件，工件材料为45钢。

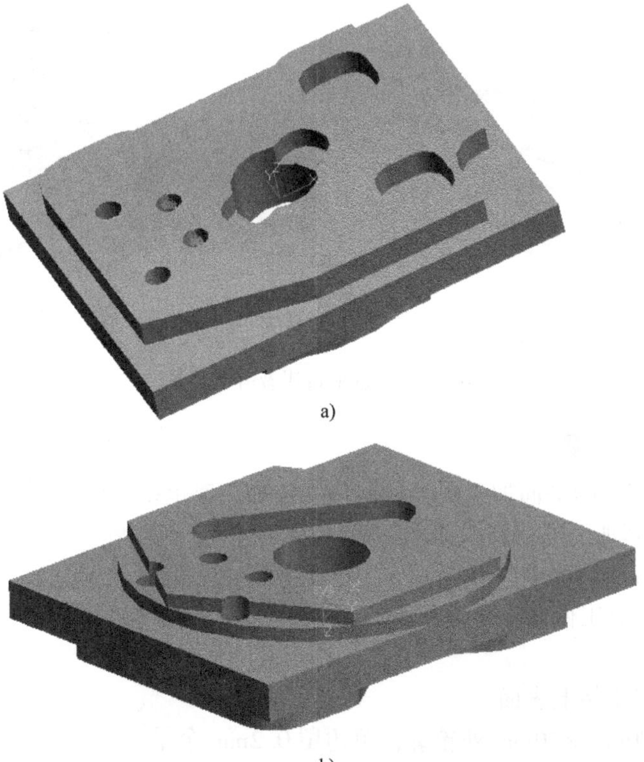

a)

b)

图4-1　加工零件三维图

4.1 工艺分析

1. 毛坯选择

为了满足工件加工要求，要求毛坯除上下2个面各留1mm余量外，其余4个面要先加工完成。

2. 加工设备的选择

本例选用GSVM8050L_2型立式加工中心为加工机床，机床控制系统为FANUC 0i Mate -MD 。

3. 确定工件的定位基准和装夹方式

1）装夹方法。采用精密平口钳装夹，如图4-2所示。

2）定位基准。X方向、Y方向采用偏心寻边器分中，Z方向采用平口钳加等高垫铁定位，以左右对称面为工艺基准。

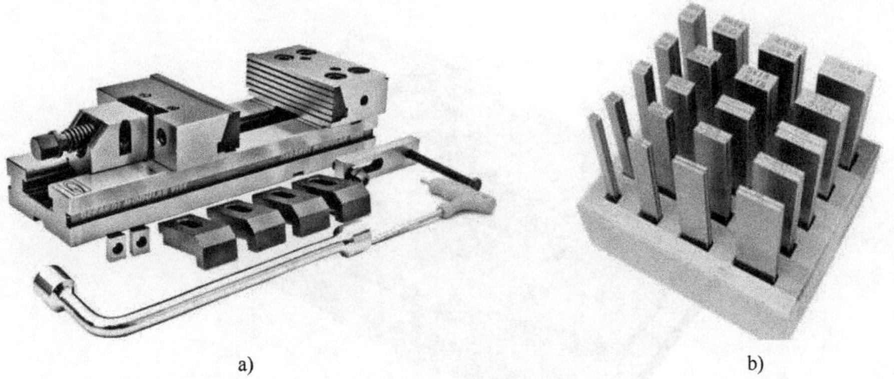

a) b)

图4-2 精密平口钳及等高垫铁

4. 制订加工方案

图4-3为工件的平面加工图，根据该工件加工要求结合图形轮廓确定工艺方案及加工路线，其加工工艺路线如下。

工件第1面加工如图4-4所示。

1）平口钳夹工件80mm宽的平行面，使工件露出平口钳的高度为10mm（配合等高垫铁）。

2）精加工工件上表面。

3）粗铣70mm×90mm外轮廓，单边留0.2mm余量。

4）分层或螺旋铣中间ϕ20mm孔，螺旋加工时采用子程序调用方法，单边留0.2mm余量（由于该孔精度较高，精加工时需采用镗孔加工）。

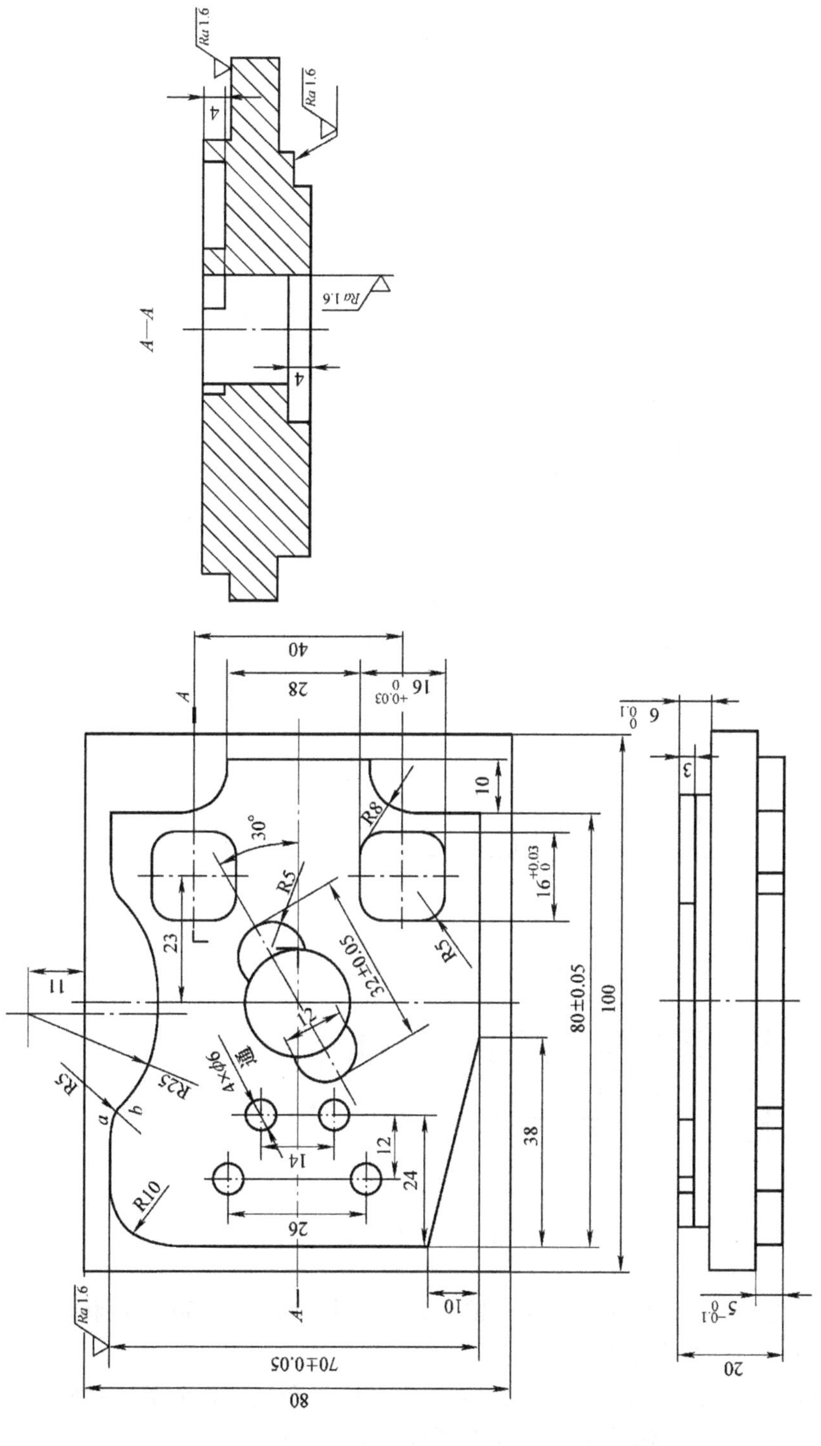
A—A
Ra 1.6
4
40
28
16 +0.03 0
A
6 0 -0.1
3
10
R8
30°
R5
16 +0.03 0
23
11
32±0.05
12
4×Φ6
通
R25
R5
a
b
80±0.05
100
38
14
12
24
R10
26
10
70±0.05
80
5 0 -0.1
20

图 4-3　工件平面加工图

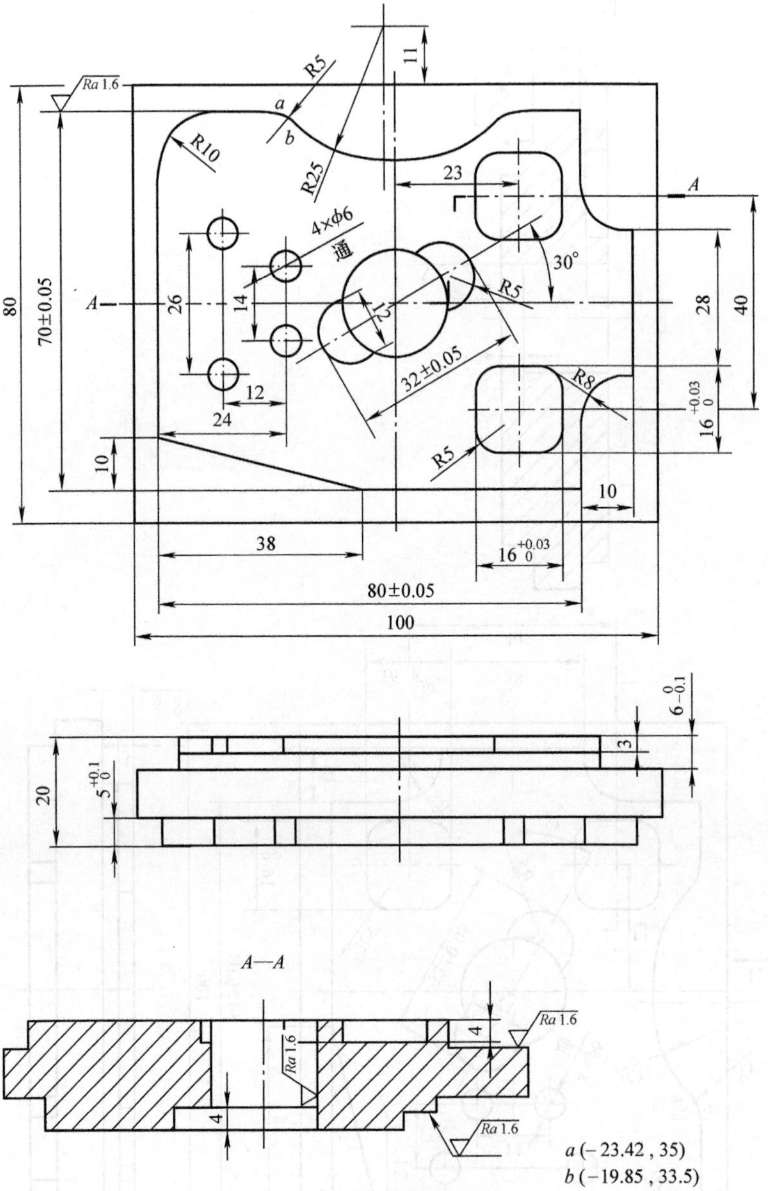

图 4-4 第 1 面图样轮廓及尺寸

5）粗铣 32mm×12mm 槽，单边留 0.2mm 余量（该槽有 30°的旋转角度，为了方便编程采用旋转指令编写）。

6）粗铣 2 个 16mm×16mm 槽，单边留 0.2mm 余量（2 个槽是对称并且相同的，故在编程时可采用镜像指令并结合子程序来加工）。

7）钻 4 × ϕ6 中心孔。

8）钻孔 4 × ϕ6 孔通孔（结合工件反面轮廓图形以及工艺安排的合理性，这 4 个孔只能在这一面加工完成）。

9）镗 ϕ20 孔至要求。

10）精加工留余量的尺寸至要求。

11）去飞边。

工件第 2 面加工如图 4-5 所示，该面加工轮廓的图形在 X 方向上偏移了 2mm，在设定工件坐标系时应注意偏移。

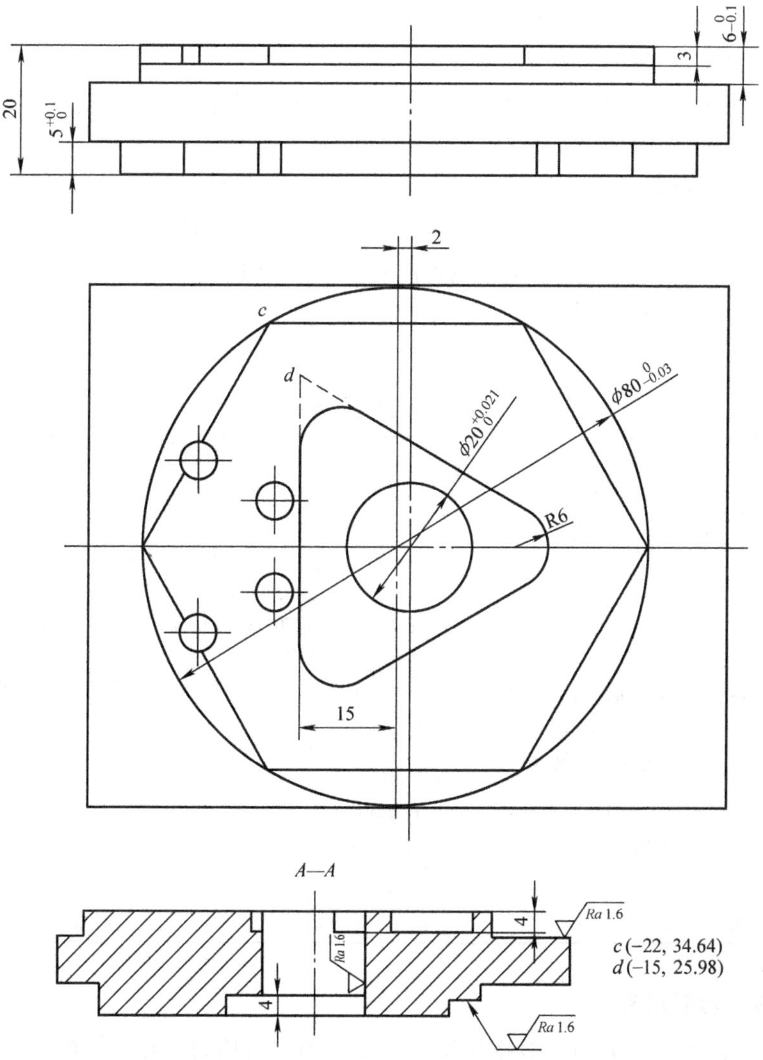

图 4-5　第 2 面图样轮廓及尺寸

1）翻面后平口钳夹 80mm 宽平行面，使工件露出平口钳高度 8mm（配合等高垫铁的使用）。

2）精加工工件上表面，保证工件厚度 20mm。

3）粗铣 $\phi80$ 外轮廓，单边留 0.2mm 余量。

4）粗铣正六边形外轮廓，单边留 0.2mm 余量。

5）粗铣三角形内槽，单边留 0.2mm 余量。

6）精加工留余量的尺寸至要求。

5. 刀具选择

该工件表面粗糙度要求较高，所以在选择刀具时尽量选择切削效率高、使用寿命较长、切削效果好的刀具。

1）加工平面时，应选用镶刀片式面铣刀，这种刀加工效率高、效果好，使用寿命长、刀片更换方便。

2）铣刀选择硬质合金铣刀，以提高加工效率、降低工件表面粗糙度。

3）因中心钻使用较少，所以可选用普通高速钢中心钻，以节约成本。

4）钻头选择硬质合金钻头，以提高孔表面的加工质量。

5）镗刀选择可调式精镗刀，便于控制尺寸。

加工刀具选用表见表 4-1。

表 4-1　刀具选用表

工件名称：×××		零件图号：×××	
序　号	刀具名称及规格	加 工 内 容	备　注
1	ϕ120mm 镶刀片面铣刀	加工工件上表面	
2	ϕ12mm 整体硬质合金铣刀 2 刃	粗加工 70mm×90mm 外轮廓、ϕ20mm 孔、ϕ80mm 外轮廓、正六边形外轮廓	
3	ϕ12mm 整体硬质合金铣刀 4 刃	精加工粗加工 70mm×90mm 外轮廓、ϕ80mm 外轮廓、正六边形外轮廓	
4	ϕ8mm 整体硬质合金铣刀 2 刃	粗加工两处 16mm×16mm 内槽、30°斜槽、三角形内槽	
5	ϕ8mm 整体硬质合金铣刀 3 刃	精加工两处 16mm×16mm 内槽、30°斜槽、三角形内槽	
6	可调精镗刀（ϕ16mm 镗杆）	镗 ϕ20mm 孔	
7	ϕ5mm 中心钻	钻中心孔	
8	ϕ6mm 钻头	钻 4×ϕ6mm 孔	
编制：×××	审核：×××	批准：×××	

6. 确定切削用量

根据工件的加工质量、效率等综合因素，确定所用刀具相对应的切削用量，填写加工工艺卡，见表 4-2。

表 4-2 加工中心加工工艺卡

零件图号	×××	加工中心加工工艺卡	机床型号	$GSVM8050L_2$
加工程序	O1111		工件零点	X 轴、Y 轴工件中心，Z 轴工件上表面

刀具表		量具表	夹具表
T01	ϕ120 面铣刀	0～150mm 游标卡尺	机床夹具：精密平口钳 附件：等高垫铁 装夹要求： 1）正面加工工件露出平口钳 10mm； 2）反面加工工件露出平口钳 8mm
T02	ϕ12 铣刀（2 刃）	0～150mm 游标卡尺	
T03	ϕ8 铣刀（2 刃）	0～150mm 游标卡尺	
T04	ϕ12 铣刀（4 刃）	50～75mm、75～100mm 千分尺	
T05	ϕ8 铣刀（3 刃）	三针内径千分尺	
T06	镗刀（单刃）	三针内径千分尺	
T07	中心钻		
T08	钻头	0～150mm 游标卡尺	

序号	工艺内容	切削用量			备注
		S/(r/min)	F/(mm/min)	a_p/mm	
1	1 号刀铣工件上表面	1000	80	1	
2	2 号刀粗铣 70mm×90mm 外轮廓、ϕ20mm 孔（螺旋铣）	800	150	5	单边留余量 0.2mm
3	2 号刀粗铣 ϕ20mm 孔（螺旋铣）	800	80	21	单边留余量 0.2mm
4	3 号刀粗铣 16mm×16mm 内槽、30°斜槽	1000	80	4	单边留余量 0.2mm
5	4 号刀精铣 70mm×90mm 外轮廓至尺寸	1500	100	5	
6	5 号刀精铣 16mm×16mm 内槽、30°斜槽至尺寸	1600	80	4	
7	6 号刀精镗 ϕ20mm 内孔	1800	60	21	
8	7 号刀钻 4×ϕ6mm 中心孔	1500	50	5	
9	8 号刀钻 4×ϕ6mm 孔	1500	50	24	
10	去毛刺，工件翻面装夹				锉刀
11	1 号刀铣工件上表面保证厚度尺寸 20mm	1000	80	1	
12	2 号刀粗铣 ϕ80mm 外圆轮廓	800	150	6	单边留余量 0.2mm
13	2 号刀粗铣正六边形外轮廓	800	150	3	单边留余量 0.2mm
14	3 号刀粗铣三角型内槽	1000	100	3	单边留余量 0.2mm
15	4 号刀精铣 ϕ80mm 外圆轮廓	1500	100	6	
16	4 号刀精铣正六边形外轮廓	1500	100	3	
17	5 号刀精铣三角型内槽	1600	80	4	
18	去飞边				锉刀

4.2 加工程序编写

按数控加工中心格式编写程序，参考程序如下：

```
O1111;
G90  G80  G40  G69  G49;
G54;
M06  T01;                    自动换取1号刀
G00  X0  Y0;
G43  Z100  H01;              1号刀进行刀具长度补偿
M08;                         自动开启冷却液
Z10;
M03  S1000;
Y-110;                       刀具下刀点
G01  Z-1  F150;
Y110  F80;                   上表面加工
G00  Z100;
X0  Y0;
G49  Z0;                     1号刀刀具长度补偿取消
M05;                         主轴停止
M06  T02;                    自动换取2号刀
G43  G00  Z100  H02;
M03  S800;
Z10;
X-80  Y-70;                  刀具下刀点
G01  Z-5  F150;
G41  D2  X-45;               2号刀建立刀具半径左补偿
Y35, R10;                    G01倒圆角加工
X-23.42;
G02  X-19.85  Y33.5  R5;
G03  X14.85  R25;
G03  X19.42  Y35  R5;
G01  X35;
Y14, R8;
X45;
```

```
Y-14;
X35, R8;
Y-35;
X-7;
X-45  Y-25;
X-55;
G00  Z100;                  刀具五轴间抬头
G40  X0  Y0;                2 号刀取消刀具半径补偿
Z5;
G01  Z0  F100;
M98  P1112  L21;            连续 21 次调用“O1112”子程序
G49  G00  Z0;
M05;
M06  T03;
G43  G00  Z100  H03;
M03  S1000;
Z5;
G68  X0  Y0  R30;           3 号刀逆时针旋转 30°
G01  Z-4  F100;
G41  D3  Y6;
X-16, R5;
Y-6, R5;
X16, R5;
Y6, R5;
X0;
G40  Y0;
G00  Z10;
G69;                        旋转指令取消
M98  P1113;                 粗加工 16mm×16mm 内槽
G51.1  Y0;                  设置 X 轴为镜像轴
M98  P1113;                 粗加工第二个 16mm×16mm 内槽
G50.1  Y0;                  取消 X 轴为镜像轴
G00  Z100;
X0  Y0;
G49  Z0;
```

```
M05;
M06  T04;
G43  G00  Z100  H04;
M03  S1500;
Z10;
X-80  Y-70;
G01  Z-5  F150;
G41  D4  X-45  F100;
Y35, R10;
X-23.42;
G02  X-19.85  Y33.5  R5;
G03  X14.85  R25;
G03  X19.42  Y35  R5;
G01  X35;
Y14, R8;
X45;
Y-14;
X35, R8;
Y-35;
X-7;
X-45  Y-25;
X-55;
G00  Z100;
G40  X0  Y0;
G49  Z0;
M05;
M06  T05;
G43  G00  Z100  H05;
M03  S1600;
Z5;
G68  X0  Y0  R30;
G01  Z-4  F100;
G41  D3  Y6  F80;
X-16, R5;
Y-6, R5;
```

```
X16, R5;
Y6, R5;
X0;
G40  Y0;
G00  Z10;
G69;
M98  P1113;                                  精加工 16mm×16mm 内槽
G51.1  Y0;
M98  P1113;
G50.1  Y0;
G00  Z100;
X0  Y0;
G49  Z0;
M05;
M06  T06;                                    换 6 号精镗刀
G43  G00  Z100  H06;
M03  S1800;
Z10;
G76  X0  Y0  Z-21  R5  Q0.5  F60;            镗孔加工
G00  Z100;
G49  Z0;
M05;
M06  T07;
G43  G00  Z100  H07;
M03  S1500;
Z10;
G81  X-21  Y7  Z-5  R5  F50;                 钻中心孔
Y-7;
X-33  Y13;
Y-13;
G80;                                         钻孔循环取消
G00  Z100;
G49  Z0;
M05;
M06  T08;
```

```
G43  G00  Z100  H08;
M03  S1500;
Z10;
G83  X-21  Y7  Z-24  R5  Q3  F50;        钻深孔
Y-7;
X-33  Y13;
Y-13;
G80;
G00  Z100;
M09;                                     冷却液关闭
G49  Z0;
M05;
M00;                                     程序暂停，工件进行掉头装夹
G54  G90;                                此处 G54 与第一面加工时的
                                         G54 有 2mm 偏移
M06  T01;
G00  X0  Y0;
G43  Z100  H01;
M08;
Z10;
M03  S1000;
Y-110;
G01  Z-1  F150;
Y110  F80;                               第二表面加工
G00  Z100;
X0  Y0;
G49  Z0;
M05;
M06  T02;
G43  G00  Z100  H02;
M03  S800;
Z10;
X-80  Y-70;
G01  Z-6  F150;
G41  D02  X-40;
```

```
Y0;                                  刀具切线方向进刀
G02  I40;                            整圆加工
G01  Y20;                            切线出刀
G00  Z10;
G40  X0  Y0;
X-80  Y-70;
G01  Z-3  F150;
G41  D02  X-40;
Y0;
X-22  Y34.64;
X22;
X40  Y0;
X22  Y-34.64;
X-22;
X-40  Y0;
Y20;                                 切线出刀
G00  Z100;
G40  X0  Y0;
G49  Z0;
M05;
M06  T03;
G43  G00  Z100  H03;
M03  S1000;
G0  Z10;
G01  Z-4  F100;
G41  D03  X-15;
Y-25.98, R6;
29.995  Y0, R6;
X-15  Y25.98, R6;
Y-1;
G40  X0  Y0;
G00  Z100;
G49  Z0;
M05;
M06  T04;                            自动换取 4 号刀精加工零件
```

```
G43  G00  Z100  H04;
M03  S1500;
Z10;
X-80  Y-70;
G01  Z-6  F150;
G41  D04  X-40  F100;
Y0;
G02  I40;
G01  Y20;
G00  Z10;
G40  X0  Y0;
X-80  Y-70;
G01  Z-3  F150;
G41  D04  X-40  F100;
Y0;
X-22  Y34.64;
X22;
X40  Y0;
X22  Y-34.64;
X-22;
X-40  Y0;
Y20;
G00  Z100;
G40  X0  Y0;
G49  Z0;
M05;
M06  T05;
G43  G00  Z100  H05;
M03  S1600;
Z10;
G01  Z-4  F100;
G41  D05  X-15  F80;
Y-25.98, R6;
29.995  Y0, R6;
X-15  Y25.98, R6;
```

```
Y-1;
G40  X0  Y0;
G00  Z100;
G49  Z0;
M05;
M30;                                程序结束

O1112;                              子程序一
G41  G01  D2  X-10  F80;
G91  G03  I10  Z-1;                 增量编程，刀具螺旋下
G90  G01  G40  X0  Y0;              取消增量编程，取消刀具半径补偿
M99;                                从子程序返回主程序

O1113;                              子程序二
G00  X23  Y20;
Z5;
G01  Z-4  F80;
G41  D3  X15;
Y12, R5;
X31, R5;
Y28, R5;
X15, R5;
Y19;
G40  X23  Y20;
G00  Z10;
M99;
```

4.3 加工准备

1. 对刀

将工件的左边与平口钳的两个左端面对齐（这种装夹方法目的是方便工件翻面后寻找工件中心）并夹紧，采用偏心寻边器将工件中心坐标值（X轴、Y轴）找出并输入到“G54”设定窗口中如图4-6所示。采用试切法对刀，将所用刀具的Z轴坐标值找出并一一对应（即1号刀Z轴坐标值输入到“001”号位置的“形状（H)”中）如图4-7所示。

提示：除1号面铣刀外，其余刀具在Z向对刀时要加上面铣刀铣削掉的1mm深度尺寸。

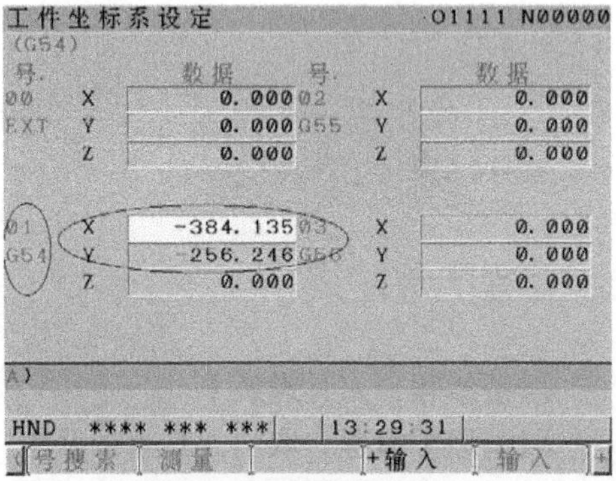

图4-6　工件坐标系设定

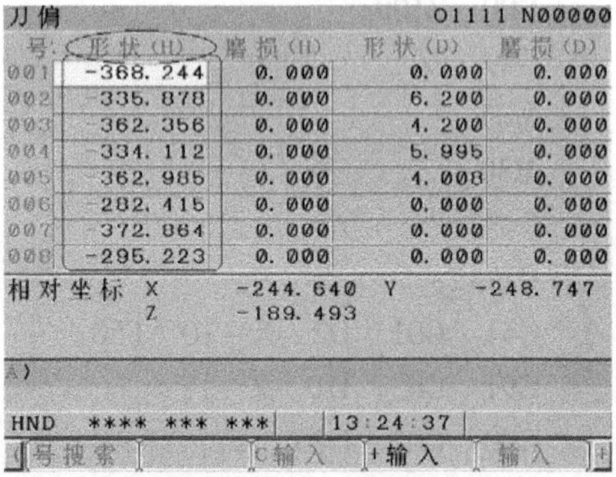

图4-7　Z轴对刀值的输入

翻面装夹后，由于工件装夹位置没有发生移动，工件坐标系值不需改变，但加工图形的坐标系向X轴的负半轴移动了2mm，所以工件坐标系值也需向X轴的负半轴偏移2mm，将光标移动到工件坐标系设定中的“G54”X轴处，在缓存区输入“－2.”如图4-8所示，然后点按显示器下方的“＋输入”按钮如图4-9所示，此时系统弹出提示，如无异议则点按显示器右下角的“执行”按钮如图4-10所示，偏移后新的X轴坐标值产生，如图4-11所示。

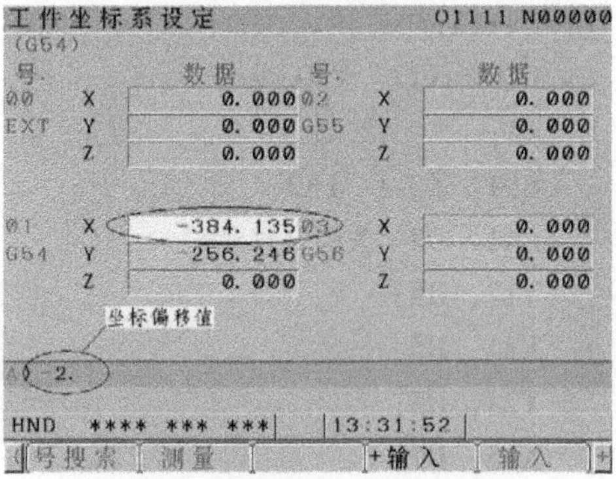

图4-8　缓存区数偏移值输入

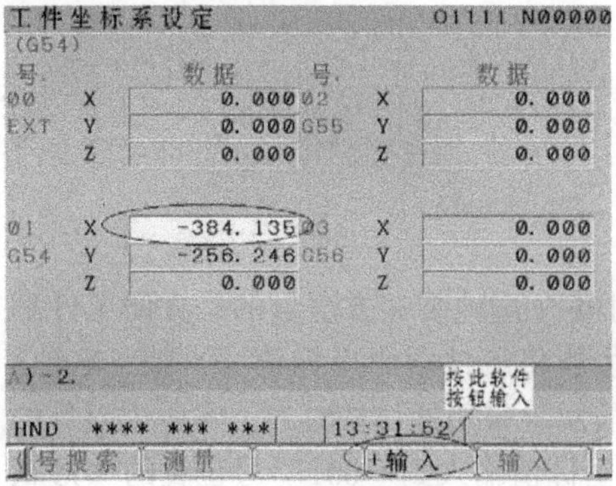

图4-9　软件按钮操作

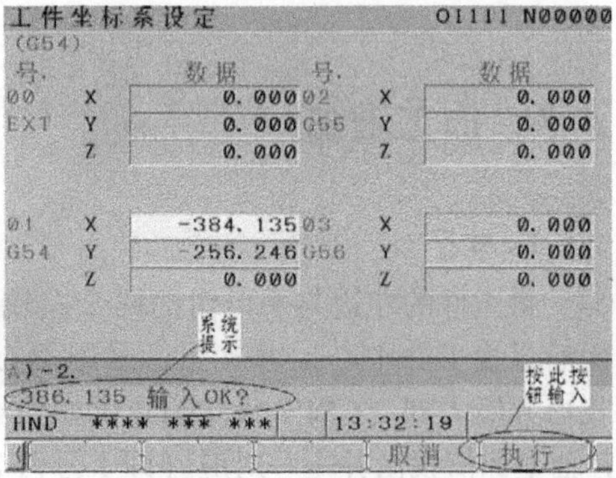

图4-10　软件按钮操作

2. 刀具半径补偿值设置

根据加工工艺的要求，例题中一些内外轮廓需进行粗、精加工。在粗加工时需留有一定的加工余量，如果将这些加工余量值放置在程序指令中实现，计算量大增，极大地增加了手工编程的难度，而且容易出错。如果采用刀具半径补偿指令，编程就变得非常简单了，只需改变刀具的半径值就能实现轮廓尺寸的增减。例题中所用刀具的半径值设置如图 4-12 所示。

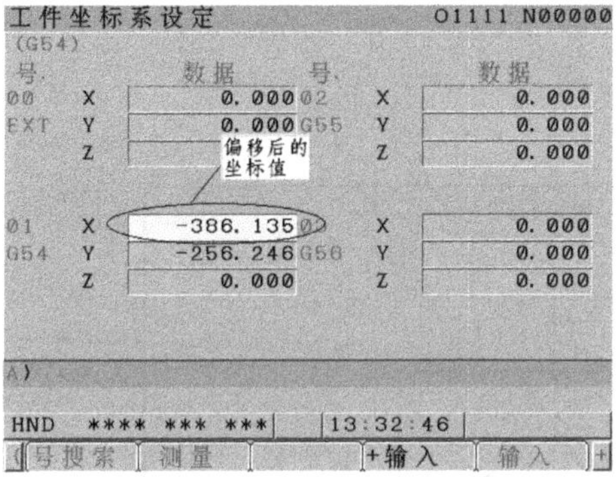

图 4-11 偏移后的坐标值

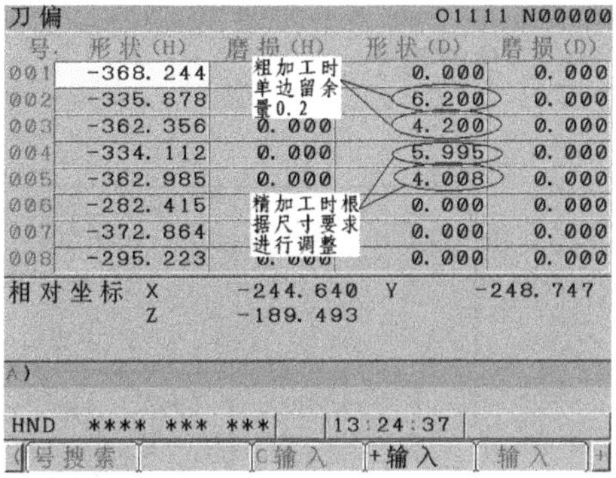

图 4-12 刀具半径值设定

3. 程序输入

将编写好的工件加工程序输入到机床数控系统中如图 4-13 所示。

4. 程序的运行

程序系统内输入完成检查无误后，将光标移动到程序头，将功能旋钮切换到  自动运行处，按“循环起动”按钮运行程序如图 4-14 所示。

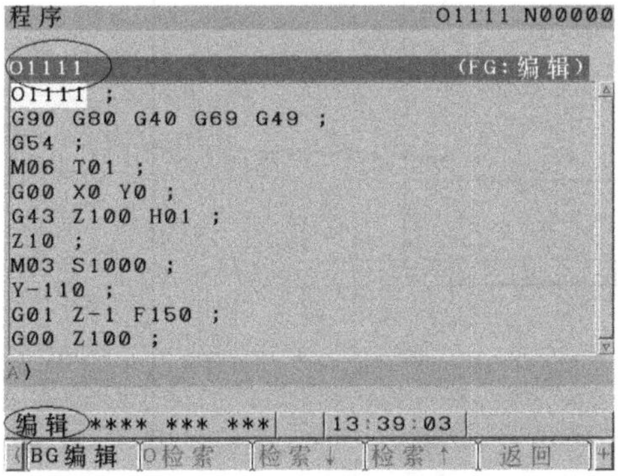

图 4-13 程序系统内输入

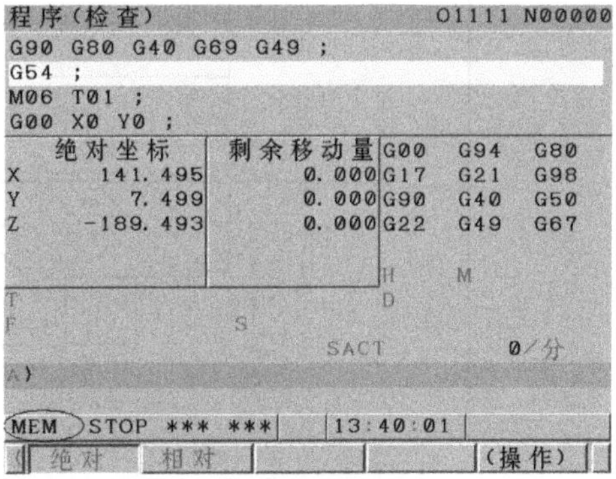

图 4-14 程序运行

第 5 章

数控铣床（加工中心）编程练习题

1. 练习题1

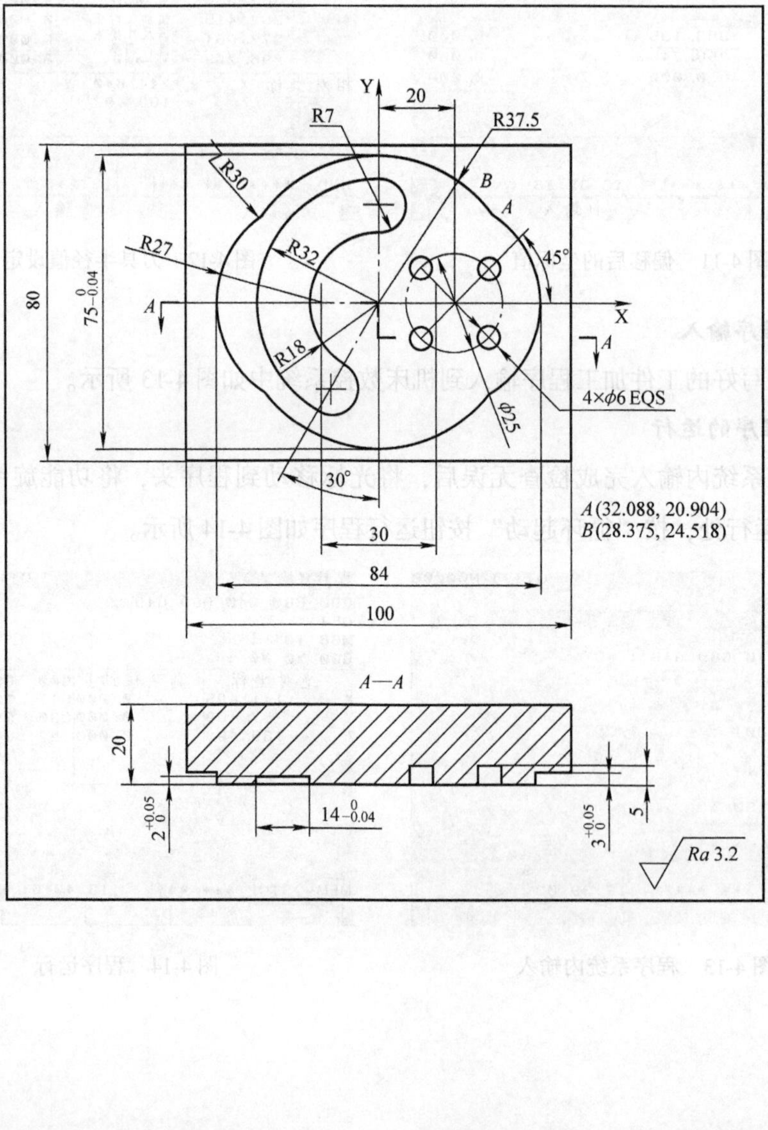

2. 练习题2

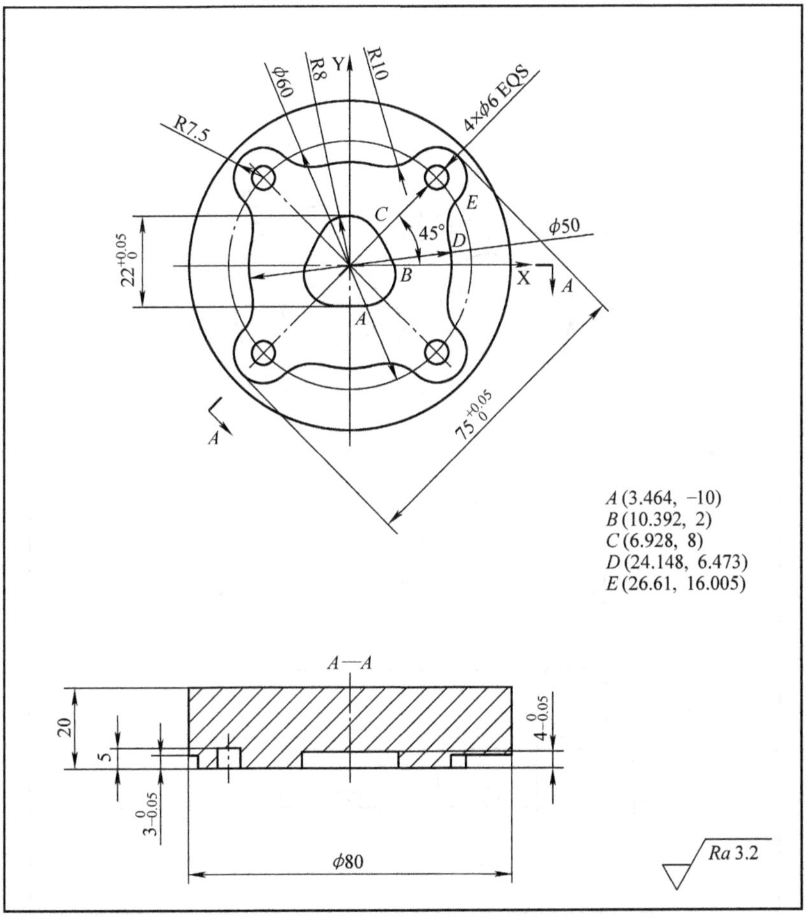

Y
X
φ60
R8
R10
R7.5
4×φ6 EQS
φ50
45°
C
D
E
B
A
22 +0.05 0
75 +0.05 0
A (3.464, −10)
B (10.392, 2)
C (6.928, 8)
D (24.148, 6.473)
E (26.61, 16.005)
A—A
20
5
3 0 −0.05
4 0 −0.05
φ80
Ra 3.2

3. 练习题 3

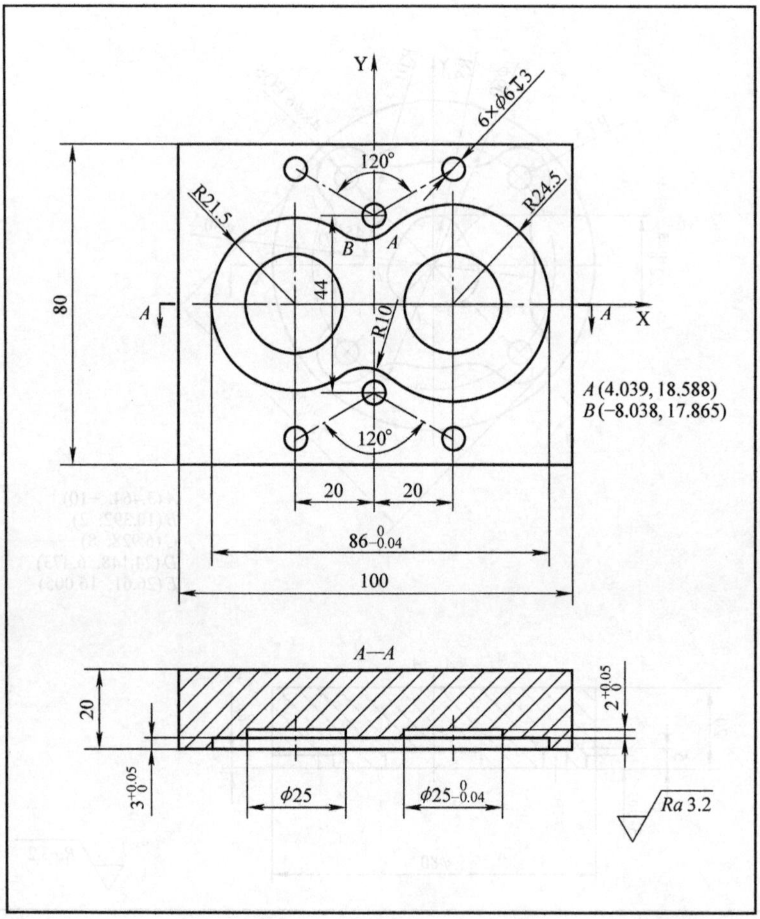
Y
X
6×φ6↧3
120°
R21.5
R24.5
B
A
44
80
R10
A
A
A (4.039, 18.588)
B (−8.038, 17.865)
120°
20
20
86-0.04
100
A—A
20
2+0.05 0
3+0.05 0
φ25
φ25-0.04
Ra 3.2

4. 练习题 4

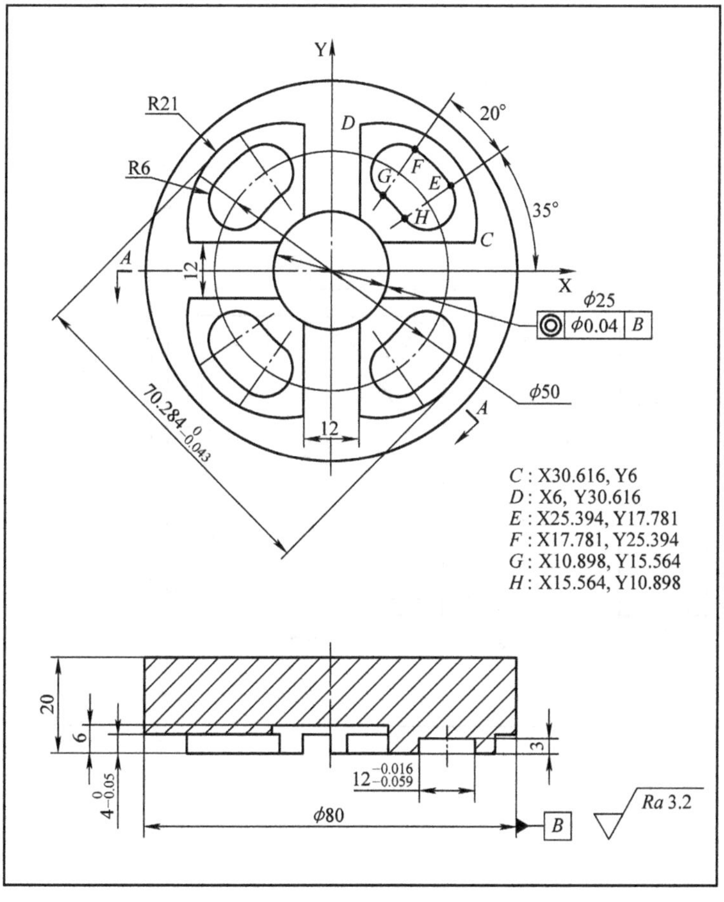
Y
X
R21
R6
D
20°
35°
F
G
E
H
C
A
12
ϕ25
ϕ0.04
B
ϕ50
A
12
70.284 0 −0.043
C : X30.616, Y6
D : X6, Y30.616
E : X25.394, Y17.781
F : X17.781, Y25.394
G : X10.898, Y15.564
H : X15.564, Y10.898
20
6
4 0 −0.05
3
12 −0.016 −0.059
ϕ80
B
Ra 3.2

5. 练习题5

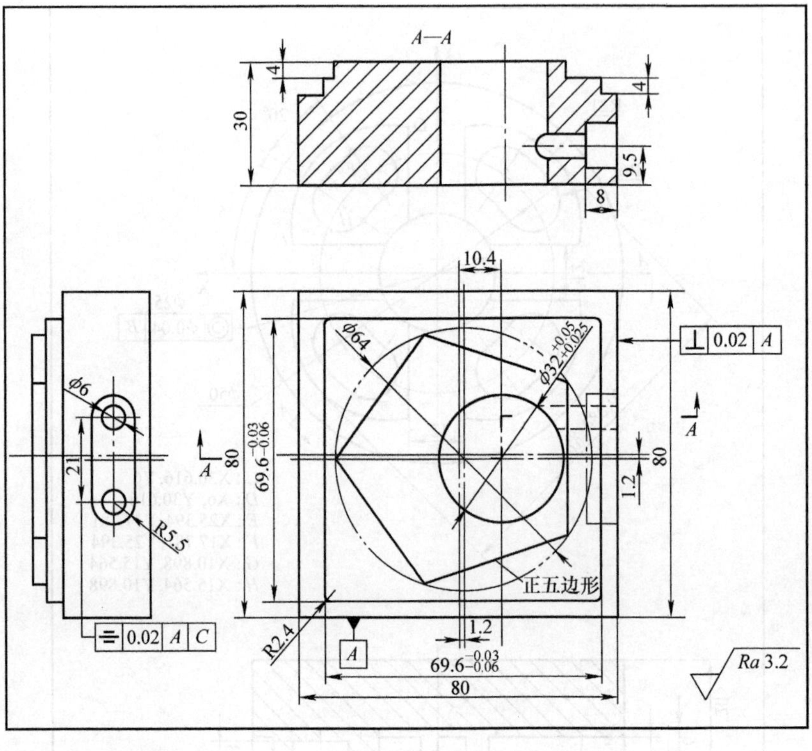
A—A
4
30
4
9.5
8
10.4
⌀64
⌀32+0.05+0.025
⊥ 0.02 A
A
⌀6
21
R5.5
A
80
69.6−0.03−0.06
80
1.2
正五边形
= 0.02 A C
R2.4
A
1.2
69.6−0.03−0.06
80
Ra 3.2

6. 练习题 6

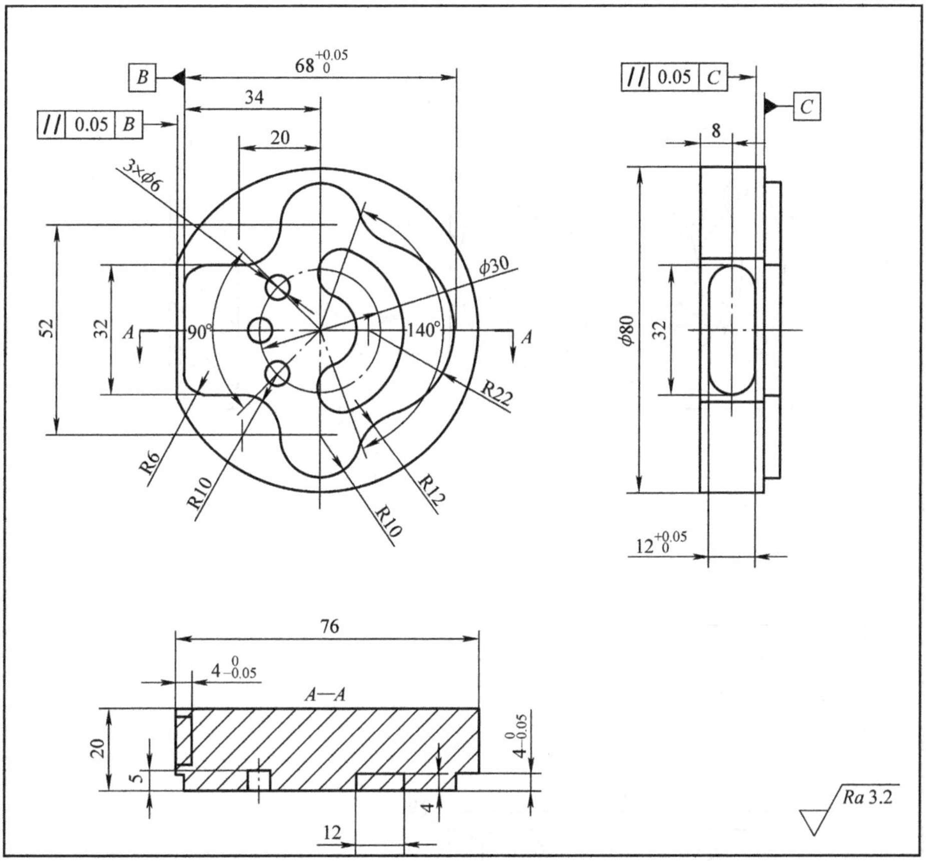
B
68 +0.05 0
34
// 0.05 B
20
3×φ6
52
32
A
90°
140°
A
φ30
R22
R6
R10
R12
R10
// 0.05 C
C
8
φ80
32
12 +0.05 0
76
4 0 -0.05
A—A
20
5
4 0 -0.05
4
12
Ra 3.2

7. 练习题7

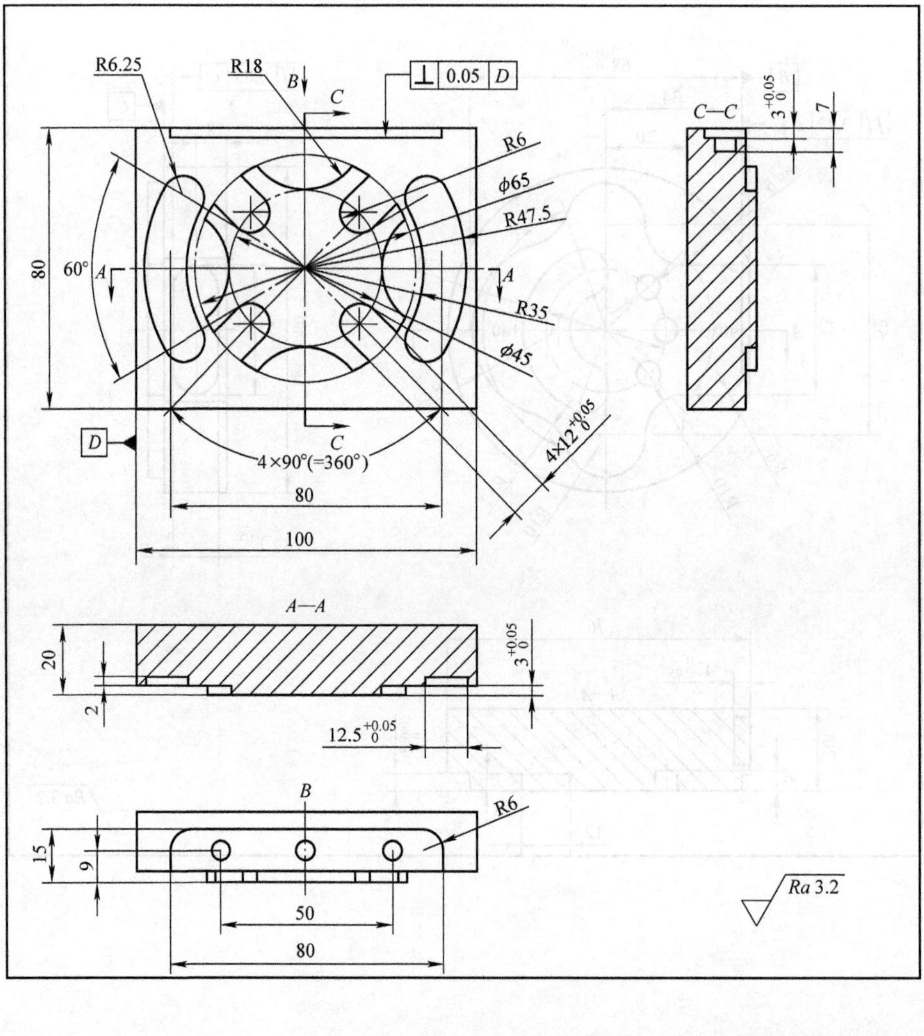
R6.25
R18
B
C
⊥ 0.05 D
C—C
3 +0.05 0
7
R6
ϕ65
R47.5
80
60°
A
R35
ϕ45
D
C
4×90°(=360°)
4×12 +0.05 0
80
100
A—A
20
2
3 +0.05 0
12.5 +0.05 0
B
R6
15
9
50
80
Ra 3.2

8. 练习题 8

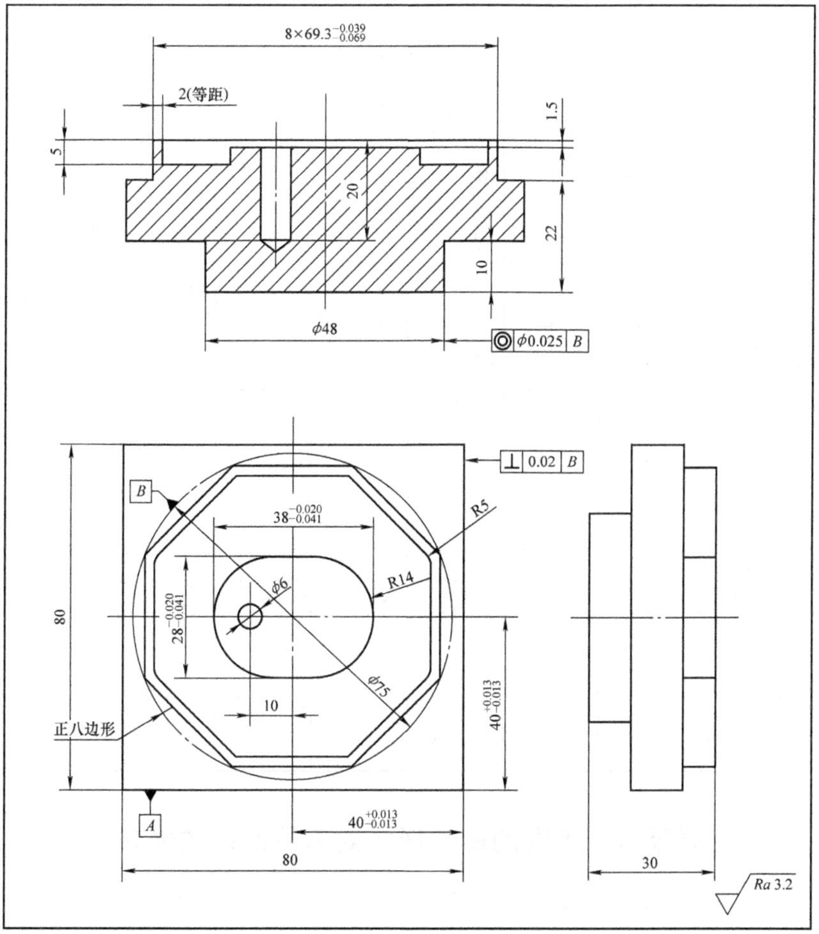
8×69.3$^{-0.039}_{-0.069}$
2(等距)
1.5
5
20
22
10
ϕ48
ϕ0.025 B
0.02 B
B
$38^{-0.020}_{-0.041}$
R5
R14
ϕ6
80
$28^{-0.020}_{-0.041}$
ϕ75
10
$40^{+0.013}_{-0.013}$
正八边形
A
$40^{+0.013}_{-0.013}$
80
30
Ra 3.2

附录

附录 A 立铣刀常见问题及解决方法

解决方法 / 常见问题		刀具材料选择	切削条件							刀具形状			机床装夹				
							切削液										
		选择涂层铣刀	切削速度	进给量	切削深度	切削方向（顺铣、逆铣）	增大切削液量	非水溶性切削液	干式或湿式	螺旋角	刃数	铣刀直径	减少刀具悬伸量	提高刀具安装精度	更换夹头	提高夹紧力	提高工件安装刚性
刀具折断	立铣刀折断			↓	↓						↓	↑	√		√	√	
切削刃损伤	切削刃磨损较快	√	↓	↑		顺铣		√				↑					
	崩刃		↓	↓	↓	顺铣			干				√		√		√
	切屑黏结严重	√					√		湿	↑							
加工精度	表面质量差		↑	↓	↓			√	湿					√			
	起伏			↓	↓					↓	↑	↑		√	√		
	侧面不平			↓	↓	逆铣		√		↑	↑	↑	√				
	毛刺及崩碎、剥落			↓	↓					↓							
	振动较大		↓	↑						↑	↓	↑	√		√	√	√
切屑处理	排屑不畅			↓	↓		√				↓						

附录 B 不同的冷却形式对刀具寿命的影响

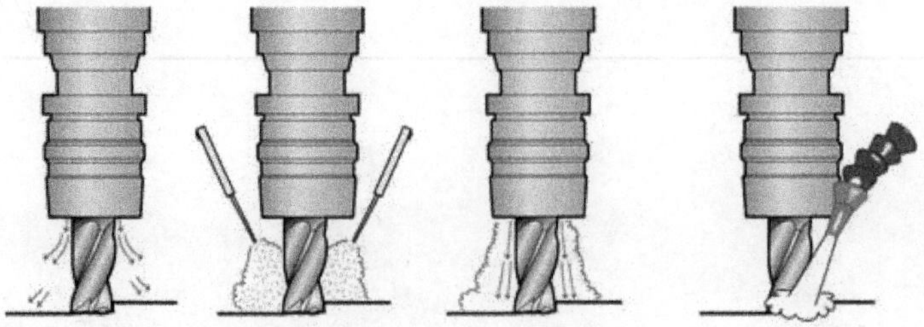

a) b) c) d)

刀具寿命会 ±50%

a）压缩空气（+ + +） b）油雾（+ +） c）内冷却（+） d）外冷却（-）

附录 C 球头铣刀、圆弧铣刀进行轮廓加工周期进给量参考表

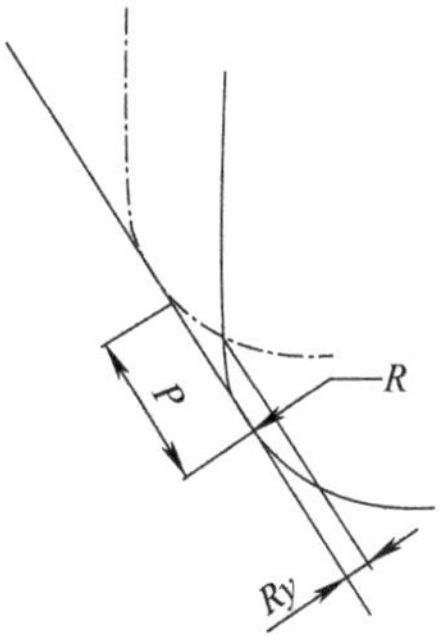

$$Ry = R \times \{1 - \cos[\arcsin(f_r/2R)]\}$$

式中 Ry——加工表面粗糙度理论值；

P——周期进给量；

R——球头铣刀半径或者圆弧铣刀圆弧半径。

Ry / R	周期进给量 P									
	0.1	0.2	0.3	0.4	0.5	0.6	0.7	0.8	0.9	1.0
0.5	0.003	0.010	0.023	0.042	0.067	0.100				
1.0	0.001	0.005	0.011	0.020	0.032	0.046	0.063	0.063	0.107	
1.5	0.001	0.003	0.008	0.013	0.021	0.030	0.041	0.054	0.069	0.086
2.0	0.001	0.003	0.006	0.010	0.015	0.023	0.031	0.040	0.051	0.064
2.5	0.001	0.002	0.005	0.008	0.013	0.018	0.025	0.032	0.041	0.051
3.0		0.001	0.004	0.007	0.010	0.015	0.020	0.027	0.034	0.042
4.0		0.001	0.003	0.005	0.008	0.011	0.015	0.020	0.025	0.031
5.0		0.001	0.002	0.004	0.006	0.009	0.012	0.016	0.020	0.025
6.0			0.002	0.003	0.005	0.008	0.010	0.013	0.017	0.021
8.0			0.001	0.003	0.004	0.006	0.008	0.010	0.013	0.016
10.0			0.001	0.002	0.003	0.005	0.006	0.008	0.010	0.013
12.5			0.001	0.002	0.003	0.004	0.005	0.006	0.008	0.010

Ry / R	周期进给量 P									
	1.1	1.2	1.3	1.4	1.5	1.6	1.7	1.8	1.9	2.0
0.5										
1.0										
1.5	0.104									
2.0	0.077	0.092	0.109							
2.5	0.061	0.073	0.086	0.100						
3.0	0.051	0.061	0.071	0.083	0.095	0.109				
4.0	0.038	0.045	0.053	0.062	0.071	0.081	0.091	0.103		
5.0	0.030	0.036	0.042	0.049	0.057	0.064	0.073	0.082	0.091	0.101
6.0	0.025	0.030	0.035	0.041	0.047	0.054	0.061	0.068	0.076	0.084
8.0	0.019	0.023	0.026	0.031	0.035	0.040	0.045	0.051	0.057	0.063
10.0	0.015	0.018	0.021	0.025	0.028	0.032	0.036	0.041	0.045	0.050
12.5	0.012	0.014	0.017	0.020	0.023	0.026	0.029	0.032	0.036	0.040

附录 D 螺纹底孔直径参考表

● 米制普通螺纹

螺纹代号	推荐底孔直径/mm
M3×0.5	2.5
M3.5×0.6	2.9
M4×0.7	3.3
M5×0.8	4.2
M6×1.0	5.0
M7×1.0	6.0
M8×1.25	6.75
M9×1.25	7.75
M10×1.5	8.5
M11×1.5	9.5
M12×1.75	10.25
M14×2.0	12.0
M16×2.0	14.0
M18×2.5	15.5
M20×2.5	17.5
M24×3.0	21.0
M27×3.0	24.0
M30×3.5	26.5

● 米制细牙螺纹

螺纹代号	推荐底孔直径/mm	螺纹代号	推荐底孔直径/mm
M3×0.35	2.65	M14×1.5	12.5
M3.5×0.35	3.15	M14×1.0	13.0
M4×0.5	3.5	M15×1.5	13.5
M4.5×0.5	4.0	M15×1.0	14.0
M5×0.5	4.5	M16×1.5	14.5
M5.5×0.5	5.0	M16×1.0	15.0
M6×0.75	5.25	M17×1.5	15.5
M7×0.75	6.25	M17×1.0	16.0
M8×1.0	7.0	M18×2.0	16.0
M8×0.75	7.25	M18×1.5	16.5
M9×1.0	8.0	M18×1.0	17.0
M9×0.75	8.25	M20×2.0	18.0
M10×1.25	8.75	M20×1.5	18.5
M10×1.0	9.0	M20×1.0	19.0
M10×0.75	9.25	M22×2.0	20.0
M11×1.0	10.0	M22×1.5	20.5
M11×0.75	10.25	M22×1.0	21.0
M12×1.5	10.5	M24×2.0	22.0
M12×1.25	10.75	M24×1.5	22.5
M12×1.0	11.0	M24×1.0	23.0

附录 E 硬质合金刀片涂层说明

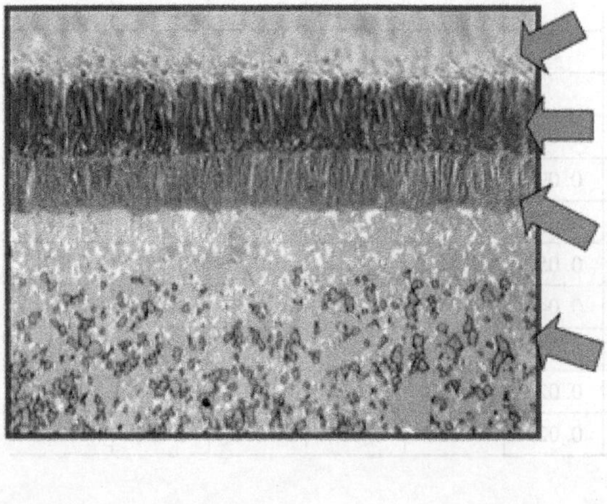

- TiN涂层，容易辨别刀片磨损
- Al_2O_3陶瓷涂层，隔热耐磨
- TiCN涂层，抵抗后刀面磨损
- 硬质合金基体采用梯度烧结技术，刃口区域富含钴粘结基，从而提高刃口的抗破损能力

附录 F　CVD 涂层材料

类别	使用分类代号 分类	代号	ZCC. CT 株硬刀具	SANDVIK 山特维克	KORLOY 可乐伊	TaeguTec 特固克	WALTER 瓦尔特	MiTSUBiSHi 三菱	SUMITOMO 住友电气工业	TUNGALOY 泰珂洛	KYOCERA 京瓷	DIJET 黛杰	HITACHI 日立工具	KENNAMETAL 肯纳金属	SECO 山高工具	ISCAR 伊斯卡
铣削	P	P01														
		P10							ACP100			JC730U		TN2510 TN25M		IC9080 IC4100
		P20	YBM251	GC4020			WAP25	FH7020 F7030	ACP100			JC730U		TN7525	T200M T250M	IC520M
		P30	YBM351	GC4030	NCM335	TT7300	WAP35	F7030	AC230	T3030				KC930M	T250M T350M T25M	IC4050
		P40		GC4240 GC4040					AC230				GF30 GX2030 GX30	KC935M TN7535	T350M	
	M	M01														
		M10												TN25M		
		M20	YBM251					F7030				JC730U		TN7525	T350M T25M	IC520M
		M30	YBM351	GC2040	NCM335		WTP35	F7030		T3030				KC930M TN7535	T250M T25M	IC4050
		M40											GF30 GX30			
	K	K01										JC600				IC9080
		K10	YBD152		NCM310		WAK15	F5010	ACK200 AC211	T1015		JC600		TN5505 TN5515		IC4100
		K20	YBD252	GC3220 GC3020 K20D K20W	NCM320		WAK25	F5020	ACK200	T1015		JC610		KC915M TN5520	T150M T200M	C520M DT7150
		K30		GC3040								JC610		KC930M KC935M	T200M	IC4050

附录 G PVD 涂层牌号

类别	使用分类代号 分类	使用分类代号 代号	ZCC. CT 株硬刀具	SANDVIK 山特维克	KORLOY 可乐伊	TaeguTec 特固克	WALTER 瓦尔特	MiTSUBiSHi 三菱	SUMITOMO 住友电气工业	TUNGALOY 泰珂洛	KYOCERA 京瓷	DIJET 黛杰	HITACHI 日立工具	KENNAMETAL 肯纳金属	SECO 山高工具	ISCAR 伊斯卡
铣削	P	P01						ACP100				JC5003	PTH08M PCA08M PCS08M TB6005 JX1005			
		P10				WXH15 WXM15		ACZ310 ACP100		PR730 PR830	JC5003 JC5030	CY9020 PCA12M TB6005 JX1020 PC20M	KC715M		IC903 IC950	
		P20	YBG202	GC1025	PC230			VP15TF	ACZ310 ACZ330 ACP200		PR630 PR730 PR830 PR660	JC5015 JC5030 JC5040	TB6020 CY150 JX1015	KC522M KC525M	F25M	IC950 IC900 IC908 IC910
		P30	YBG302	GC1030	PC3530 PC130	TT7030 TT7070 TT9030	WXM35	VP15TF VP30RT	ACZ300 ACZ350 ACZ200	GH330 AH330 AH120 AH740	PR630 PR660 PR730 PR830	JC5015 JC5040	TB6045 CY250 CY25 HC844 JX1045 PTH30E	KC725M	F25M F30M	IC900 IC928 IC300 IC328
		P40				TT8020 TT8030	WXP45	VP30RT	ACZ350 ACP300	AH120	PR660	JC5040	PTH30E TB6060 PTH40H	KC735M	F40M T60M	IC900 IC928 IC300 IC328
	M	M01											PCS08M			
		M10		GC1025			WXM15				PR630 PR730 PR830	JC5003	CY9020 JX1020	KC715M		
		M20	YBG202	GC2030		TT8020 TT9030		VP15TF VP20RT	ACZ310 EH20Z	GH330	PR630 PR730 PR830 PR660	JC5015 JC5030 JC5040	TB6020 CY150 JC1015	KC522M KC525M	F25M	IC900 IC903 IC908 IC928
		M30	YBG302	GC2030	PC9530	TT8030	WXM35	VP15TF VP20RT VP30RT	ACZ330 EH20Z ACZ350	AH120	PR630 PR660 PR730 PR830	JC5015 JC5030 JC5040	TB6045 CY250 HC844	KC725M KC735M	F30M F40M	IC928 IC328
		M40						VP30RT	ACZ350	AH140	PR660	JC5015	TB6060 PTH40H JX1060			IC928 IC328

（续）

类别	使用分类代号 分类	使用分类代号 代号	ZCC. CT 株硬刀具	SANDVIK 山特维克	KORLOY 可乐伊	TaeguTec 特固克	WALTER 瓦尔特	MiTSUBiSHi 三菱	SUMITOMO 住友电气工业	TUNGALOY 泰珂洛	KYOCERA 京瓷	DIJET 黛杰	HITACHI 日立工具	KENNAMETAL 肯纳金属	SECO 山高工具	ISCAR 伊斯卡
铣削	K	K01								AH110	PR510 PR905	JC5003	PTH08M PCA08M PCS08M			
		K10	YBG102		PC205K		WXH15 WXM15		ACZ310 ACK200	AH110 GH110	PR510 PR905	JC5003	CY9020 TB6005 CY100H	KC510M		IC900 IC910
		K20	YBG202 YBG152		PC215K	TT6030		VP15TF VP20RT	ACZ310 ACK200	AH120	PR510 PR905	JC5015	TB6020 CY150 PTH13S	KC520M KC525M		IC910 IC950
		K30						VP15TF VP20RT	ACZ330 ACK300			JC5015	TB6045 CY250 PTH40H	KC725M KC735M		IC908 IC950 IC928
	S	S01										JC5003				
		S10	YBG102			TT6030		VP15TF		AH120	PR660	JC5015	PCS08M	KC510M		IC908
		S20		GC1025		TT8020	WXM35	VP15TF			PR660		CY100H CY10H	KC522M KC525M		IC908
		S30		GC2030		TT8030 TT9030					PR660			KC725M	F40M	IC328 IC928
	H	H01										JC5003				
		H10					WXH15	VP15TF				JC5015	PTH08M PCA08M JX1005	KC635M	F15M	
		H20					WXP45	VP15TF						KC635M	F15M	
		H30												KC530M	F30M	

参考文献

[1] 钱东东. 实用数控编程与操作 [M]. 北京：北京大学出版社，2007.

[2] 王志勇，翁迅. 数控机床与编程技术 [M]. 北京：北京大学出版社，2008.

[3] 曹成，郑贞平，张小红. 高级数控技工必备技能与典型实例 [M]. 北京：电子工业出版社，2008.

[4] 顾其俊. 数控机床编程与操作技能实训教程 [M]. 北京：印刷工业出版社，2012.